科学出版社"十三五"普通高等教育本科规划教材

控制工程基础

陈春俊　杨　岗　编著

科学出版社

北京

内 容 简 介

自动控制理论与控制技术正广泛深入地应用到机械工程、仪器科学等领域，本书从工程应用角度阐述了经典控制理论的概念、原理和各种分析方法，内容包括控制系统的基本概念与基本组成、控制系统的数学模型、控制系统的时域分析、控制系统的频域分析、控制系统的稳定性分析、控制系统的根轨迹分析、控制系统的综合与校正，以及 MATLAB 软件在控制系统分析与应用中的案例。本书突出论述自动控制的基本概念、基本原理和基本方法及其工程背景，并以"高速列车车辆垂向动力学振动建模、仿真分析及控制"这一案例贯穿其中。为便于学习，每章配有一定的例题和习题，以帮助读者对重点内容的理解和应用。

本书可作为普通高等学校机械类、仪器类及其他非自动化类专业的教材，也可作为相关工程技术人员的参考书。

图书在版编目(CIP)数据

控制工程基础 / 陈春俊，杨岗编著. —北京：科学出版社，2023.6
科学出版社"十三五"普通高等教育本科规划教材
ISBN 978-7-03-075098-3

Ⅰ. ①控… Ⅱ. ①陈… ②杨… Ⅲ. ①自动控制理论-高等学校-教材 Ⅳ. ①TP13

中国国家版本馆 CIP 数据核字(2023)第 042605 号

责任编辑：邓 静 朱晓颖 / 责任校对：王 瑞
责任印制：侯文娟 / 封面设计：迷底书装

科学出版社 出版
北京东黄城根北街 16 号
邮政编码：100717
http://www.sciencep.com
天津市新科印刷有限公司印刷
科学出版社发行 各地新华书店经销
*
2023 年 6 月第 一 版 开本：787×1092 1/16
2024 年 7 月第二次印刷 印张：15 1/4
字数：390 000
定价：59.00 元
(如有印装质量问题，我社负责调换)

前　言

自动控制作为一门科学技术，有着悠久的历史和重要的地位，20 世纪 50 年代我国就十分重视自动控制技术的发展和人才的培养。几十年来，自动控制技术已经广泛地运用于航空与航天、高速列车与汽车、国防装备与工农业生产、智能家电等众多领域。例如，"两弹一星"伟大工程就包含了许多自动控制的成果。

在自动控制技术的需求驱动下，控制理论取得了显著的进步，从线性控制理论到非线性控制理论，从连续控制理论到离散控制理论，从经典控制理论到现代控制理论，再到先进控制理论。为了响应党的二十大报告提出的"人才强国""科教兴国"等战略要求，适应广大高校自动控制理论相关教学与人才培养需求，编者编写了《控制工程基础》一书。本书主要以经典控制理论为主，重点阐述控制理论的基本概念、基本组成、基本原理、经典分析和设计方法，以及控制理论在相关行业中的融合与应用。

本书编者长期承担"控制工程基础"和"自动控制原理"等课程教学，编者于 2011 年在多年的课程讲义基础上主编出版了高等院校网络教育精品教材《控制工程基础》一书，经过近十年的课程教学与总结，在该书的基础上并参考国内外优秀的教材，进行了大量的内容修改、内容补充和完善后，编著而成了本书。本书系统全面地介绍了经典控制理论的基本内容，主要包括自动控制的基本概念、控制系统的基本组成、控制系统的数学模型、控制系统的时域分析、控制系统的频域分析、控制系统的稳定性分析、控制系统的根轨迹分析、控制系统的综合与校正。为了便于读者深入理解本书所述的重要概念，本书各章力求概念清楚，加强对问题的抽象与总结，选配了一定数量的例题和习题。为将理论与工程结合，本书以高速列车车辆垂向动力学系统为例进行建模、分析及控制等完整的案例分析与设计。

陈春俊教授全面负责本书的内容设计与编写工作，杨岗博士负责材料整理和习题编排工作。在编写本书的过程中参考了国内外优秀的教材，在此对本书引用的所有参考教材的作者表示感谢。本书的出版得到西南交通大学教材出版基金、国家自然科学基金资助项目（51975487）及四川省产教融合示范项目"交大-九洲电子信息装备产教融合示范"资助。

尽管编者长期从事自动控制理论与工程应用的教学和科研工作，但由于水平有限，难免有疏漏之处，恳请读者批评指正。

编　者

2022.11

目　录

第1章 绪 论

控制工程基础是主要阐述自动控制理论与自动控制技术的基础理论，是机械类、仪器类及其他非自动控制类专业的本科生的专业基础课程。本章引导读者走进控制工程领域，主要介绍自动控制的应用、自动控制系统的产生和发展、自动控制系统的组成、自动控制系统的分类、自动控制系统的基本要求及实例分析、控制系统的计算机辅助分析。

1.1 自动控制的应用

现代科学技术的众多领域中，自动控制技术起着越来越重要的作用。控制是指主体对客体施加某种操作或影响，以使客体的状态或物理参数实现主体所希望目标的过程。其中控制的要素有主体、客体、目标和手段。按控制过程是否需要人员参与，将控制分为人工控制和自动控制。自动控制是指在没有人员直接参与的情况下，利用控制装置使机器、设备或生产过程(统称为被控对象或被控制过程)的工作状态或物理参数(即被控变量)自动地按照人的希望目标运行。其中控制装置与被控对象以一定的结构组成，能完成某种控制任务的有机整体称为自动控制系统。如今，自动控制已广泛应用在航空航天、地面交通车辆、国防装备、工业生产、智能建筑、智能家电产品等领域。特别是党的十八大以来，中国在航天航空、轨道交通、国防装备等领域取得了举世瞩目的成就，这与自动控技术的发展和应用密不可分。

1.1.1 航空航天领域的应用

1. 航空器领域的应用

航空是指飞行器在地球大气层内的航行活动，航天是指飞行器在大气层外的宇宙空间内的航行活动。飞机是典型的航空器，自 1903 年莱特兄弟的第一架飞机试飞成功，飞机发展到今天有大型客机、运输机、直升机、战斗机、无人机等机种，但无论哪种飞机，都需要对其飞行轨迹、速度、姿态，飞机的振动，机舱内的温度、湿度与气压进行控制，这些被控参数绝大多数不是由人工控制的，而是需要自动控制系统来实现希望目标的自动控制。其中自动化程度最高的为无人驾驶飞机，即无人机。无人机的应用主要分为军用与民用领域。在军用领域，无人机是执行军事任务的重要装备；在民用领域，无人机广泛应用于航拍、农业、植保等。无人机可以按预定的程序飞行或者实时遥控飞行，其中，实时遥控飞行要依靠强大的立体指挥系统，即通过雷达等设备对无人机进行跟踪和实时定位，发出指令来遥控无人机，从而完成作战任务。

2. 航天器领域的应用

航天器是指飞行在地球大气层以外的宇宙空间中，基本按照天体力学的规律运动的各种飞行器。航天器根据是否载人分为无人航天器和载人航天器，根据是否环绕地球运行则分为人造地球卫星和空间探测器。航天器的发射过程、绕预定轨迹运行、姿态控制、舱内环境参数调整、回收等都离不开自动控制技术。实际上，自动控制的许多新理论与技术都是因航天器领域的实际需求而诞生的。

例如，我国嫦娥一号卫星发射升空后，需要经过多次变轨和修正才能进入绕月轨道。轨道调整或保持需要精确地控制卫星姿态以确保其稳定，这些都需要运用先进的自动控制理论与自动控制技术。又如，我国神舟十号与天宫一号在太空中对接，首先是在地面测控的支持下对神舟十号进行远程引导，靠近天宫一号轨道舱足够近后，两者再自动对接并实现停靠与合体飞行。在它们自动交会对接的瞬间，神舟十号利用摄像机等传感器测量与天宫一号的相对距离、速度和姿态，并在逐渐与其逼近后控制对接机构及各种力传感器，经过捕获、连接、校正、拉回以及缩紧等程序实现两个飞行器的对接控制过程。

1.1.2　地面交通车辆领域的应用

1. 汽车领域的应用

自动控制在汽车的节能环保性、安全性和舒适性控制中起着重要的作用，如燃油喷射控制系统、ABS 防抱死控制系统、制动力分配(EBD/CBC 等)控制系统、制动辅助控制系统、牵引力控制系统、车身稳定控制系统、定速巡航控制系统、自适应巡航控制(ACC)系统、自动泊车入位控制系统、城市安全制动控制系统、自适应灯光控制系统、发动机启停控制系统、车道偏离辅助控制系统、主动悬挂振动控制系统、空气质量控制系统等。无人驾驶汽车是自动控制技术在汽车主动控制上的综合应用结果。

燃油喷射控制系统如图 1-1 所示，在发动机运转中，电子控制单元(ECU)根据进气管上的氧传感器测出进气中氧含量的变化，计算出进入发动机燃烧室的混合气的空燃比，并与设定的目标空燃比进行比较得到误差信号，经 ECU 运算后控制喷油器喷油量，使空燃比保持在设定目标值附近。此外，ECU 还要参考节气门开度、发动机水温、进气温度、海拔高度及怠速工况、加速工况、全负荷工况等运转参数来修正喷油量，以提高喷油量的自动控制精度。

ABS 防抱死控制系统先通过传感器侦测到各车轮的转速，由计算机计算出当时的车轮滑移率，再据此判断车轮是否已抱死，然后命令执行机构调整制动压力，使车轮处于理想的制动状态，即能在紧急制动状况下，保持车轮不被抱死而失控，维持转向能力，避开障碍物。

定速巡航控制系统是一种利用自动控制技术保持汽车自动匀速行驶的控制系统。其主要作用是使汽车驾驶员不用踩油门踏板就可让汽车按驾驶员希望的速度行驶，在高速公路上可有效缓解驾驶员的身体疲劳，且车辆匀速行驶的情况下还更省燃油。其工作原理是巡航 ECU 读取车速传感器发来的脉冲信号，将其与驾驶员设定的速度进行比较，从而发出指令，由伺服执行机构来调整节气门开度的增大或减小，以使车辆始终保持所设定的速度。例如，车辆上坡时速度下降，车速传感器发来的脉冲信号下降，ECU 将发出指令给伺服执行机构，该机构打开相应角度的节气门来保持车速。相反，下坡时将减小节气门的开度。

ACC 系统是一个允许车辆定速巡航控制系统通过调整速度以适应交通状况的汽车功能。其工作原理为通过安装在车辆前方的雷达距离传感器，检测车体车道上是否存在速度更慢的车辆，若存在速度更慢的车辆，ACC 系统会通过与制动系统、速度控制系统协调动作，使车轮适当制动，并使发动机的输出功率下降，以使车辆与前方车辆始终保持安全距离。若系统检测到前方车辆不在本车行驶道路上时，将加快本车速度使之回到之前所设定的定速巡航控制下行驶。此操作实现了在无司机干预下的自主减速、自主加速、低于设定巡航速度及巡航速度下安全车距的匀速行驶。ACC 系统控制车速的主要方式是通过发动机油门进行控制和通过适当的制动自动调整车速。

2. 高速列车领域的应用

高速列车是指最高行车速度每小时达到或超过 200km 的铁道列车。由于高速列车行驶速度大，且车体、门窗均采用全密封技术，所以高速列车安全性与舒适性完全由自动控制系统来保障，例如，确保列车行车安全的列车自动控制(ATC)系统、提升列车振动舒适性的主动悬挂的控制系统、车内气压主动与半主动控制系统、车内温度控制系统及司机室噪声主动控制系统等均为自动控制技术在高速列车安全性与舒适性控制方面的应用。

1) 列车振动控制系统

悬挂振动控制系统是影响铁道车辆振动性能的关键部件，采用能够根据轨道不平顺和车辆运行状态进行实时控制的智能悬挂是提高铁道车辆平稳性、舒适性和安全性的一条重要途径。车辆悬挂的振动控制可分为被动控制、半主动控制和全主动控制三种基本类型。其中将不需要输入能量的振动控制称为被动控制，输入少量能量以调节可变阻尼器的阻尼系数的振动控制称为半主动控制，通过消耗大量外部能量使控制机构给悬挂系统施加一定控制力的振动控制称为全主动控制。图 1-2 为高速列车半主动悬挂振动控制系统示意图，半主动悬挂振动控制系统利用可变阻尼减振器实现了阻尼实时控制，具有优良的可控性、较低的功耗和相对简单的结构，成为目前智能悬挂领域的研究热点。

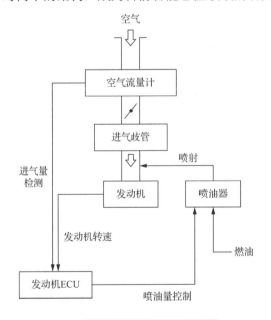

图 1-1 燃油喷射控制系统

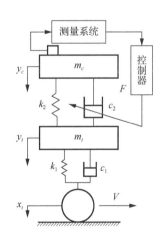

图 1-2 高速列车半主动悬挂振动控制系统

2) 列车车内气压波动控制系统

随着列车运行速度不断提高，列车高速通过隧道时，列车表面会产生剧烈变化的隧道压力波。该隧道压力波通过车体焊接缝隙、门窗等密封缝隙以及换气风道传入车内，从而引起车内气压波动，造成乘客耳鸣、耳痛等症状，严重影响乘客乘坐舒适度。为抑制车内气压波动,在车体换气系统的新风道和废排道各安装一套调节装置,调节装置由调节阀板、驱动风缸、杠杆及电磁阀等器件组成。在列车车头安置车内气压传感器。将传感器所检测的信息实时传送给控制单元,经过运算处理后,控制单元将发出开度信号给电磁阀,由电磁阀控制换气风道的阀门开度,这样即可根据列车运行速度、进出隧道以及气压波动等情况,通过对换气风道的开关控制实现车内气压波动控制,控制原理图如图 1-3 所示。高速列车在线路上运行时,换气系统的新风道和废排道处于正常开启状态,为车内提供所需新风量以及排出车内废气,保证车内空气质量。当列车进入隧道,通过车外气压传感器检测到隧道压力波超过设定控制条件时,控制单元输出控制量对换气风道进行关闭以抑制车内气压波动,这对提升车内旅客人耳舒适性具有很好的效果,等隧道压力波小于或等于设定的控制条件时重新开启换气风道。

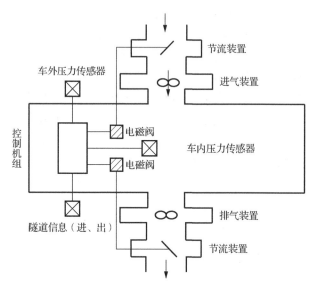

图 1-3　车内气压波动控制原理图

3) 列车自动控制系统

列车自动控制系统是以技术手段对列车运行方向、运行间隔和运行速度进行控制,保证列车能够安全运行,提高运行效率的系统,简称列控系统。列车自动控制系统又分为列车自动防护(ATP)系统、列车自动驾驶(ATO)系统、列车自动监督(ATS)系统和计算机联锁(CI)系统。

其中,列车自动防护系统实时检测列车实际行车位置,自动确定列车最大安全行车速度,连续不间断地实行速度监督,实现超速防护,自动监测列车行车间隔,以保证实现规定的行车间隔。列车自动驾驶系统一方面检测本列车的实际行车速度,另一方面连续获取地面给予的最大允许车速指令,经过计算机的解算,并依据其他与行车有关的因素(如机车牵引特性、区间坡道、弯道等),求得最佳的行车速度,控制列车加速或减速,甚至制动。在列车自动驾驶系统中,司机起监督作用。列车自动监督系统主要是通过计算机来组织和控制行车的一套完整的行车指挥系统,即将现场的行车信息及时传输到行车指挥中心,中心将行车信息综合后，适时无误地向现场下达行车指令，以保证准确、快速、安全、可靠。计算机联锁系统利用计算机对车站作业人员的操作命令及现场表示的信息进行逻辑运算，从而实现对信号机及道岔等进行集中控制，使其成为相互制约的车站联锁设备，即微机集中联锁。它是一种由计算机及其他一些电子、电磁器件组成的具有故障-安全性能的实时控制系统。

1.1.3　国防装备领域的应用

第二次世界大战后，自动控制技术有了长足发展，并深入应用于军队建设和发展，自动控制技术的变革，深刻影响着现代军事战争的格局。自动控制理论，如现代控制理论、图像识别、最优控制和自适应控制等技术的完善，使各种国防装备更加精良，性能也有了质的飞跃。例如，战斗机中的飞行控制系统，扮演着保证战斗机的稳定性和操纵性、提高完成任务的能力与飞行品质、增强飞行安全性的重要角色；现代机载武器(航炮、炸弹和导弹)、舰载武器(舰炮、鱼雷和深水炸弹)等均配有的武器火控系统，是控制射击武器自动实施瞄准与发射的重要载体；太空战略中占有重要地位的反卫星武器技术。这些都是自动控制技术在现代战争中的重要体现。

例如，导弹防御系统可以拦截各种类型的中短程超声速导弹，包括小型超声速导弹、机载导弹、潜艇导弹等，主要由预警卫星、海基和陆基雷达站、空中预警机、指挥中心、防空导弹发射基地、激光电磁干扰中心、军用机场、车载导弹编队等部分组成。当监测系统、空中预警机、雷达站发出导弹入侵预警信息时，该入侵导弹的导弹发射源、时间、弹头轨迹、体积及飞行速度等详细信息，会及时传送给指挥中心和拦截系统。由指挥中心发出拦截命令，根据计算机系统的计算评估得出最佳的拦截方案。接收到拦截命令，雷达站会继续跟踪入侵导弹，采取多方面的拦截方式同时进行拦截，通过电磁干扰、激光打击等使其失去控制；使用小型高速无人机进行碰撞拦截；发射防空导弹进行拦截；通过战斗机发射空对空导弹进行拦截；采用车载导弹对入侵导弹发射源进行打击。

1.1.4　工业生产领域的应用

工业生产过程，如机械数控、香烟生产自动化、啤酒生产自动化、化工生产自动化、石油自动化、冶金自动化等过程中，广泛应用了自动控制技术，来实现对工业生产过程的检测、控制、优化、调度、管理和决策，以达到提高产品品质和产量、降低生产消耗、确保安全等目的。

例如，烟草生产过程中，通过在生产工艺中引入计算机集成制造系统，利用计算机、网络和数据等软硬件手段对生产过程中的原料加工、辅料配送、能源供给、性能检测和数据处理等各个环节予以测量、显示、控制、调度和管理，可以实现生产的自动化，提高生产效率，保证产品质量。

此外，自动控制技术在转炉炼钢自动化中也发挥了积极的作用。转炉炼钢的控制技术有动态控制模型和反馈计算模型两种模型，依托控制系统的检测数据进行控制，因这两种模型的技术不同，所以检测的内容是不同的。氧气和冷却剂的含量是否满足要求，是动态控制模型所需要检测的对象，并依据检测结果对转炉内的钢液温度和含碳量进行相应调整。而反馈计算模型则是对动态控制模型的复检，依据计算得出的误差(或称为偏差)进行重新调整。

精密数控机床通常包括速度控制系统和位置控制系统两大控制系统。速度控制系统作为一个独立的控制单元，由速度调节器、电流调节器及功率驱动放大器等部分组成。位置控制系统由位置控制模块、速度控制单元、位置反馈及检测等部分构成。其工作过程是：将数控机床的位置输入指令中的位移量与位置反馈装置检测出的进给坐标的实际位移量进行比较，把比较得来的误差信号送入位置控制装置进行运算，将结果输出到模/数转换器，变成电压信号，成为速度环给定信号，控制电机向消除误差的方向旋转，直到误差为零时，电机停止运动，到达指定位置。这样，进给坐标的实际位置就能跟随指令变化，构成一个位置控制系统。

1.1.5　智能建筑领域的应用

随着科技的不断发展与进步，国内高层建筑不断兴建，面积体量扩张迅速，其带来的内部建筑设备需求也是大量的。为了提高设备利用率、合理地使用能源、加强对建筑设备状态的监视等，自动控制技术在智能建筑领域的应用不断深入，占据重要地位。

自动控制技术在智能建筑领域的重要应用之一就是楼宇自动控制系统。楼宇自动控制系统对各个子自动控制系统进行整体控制，包括中央空调系统、给排水系统、智能照明系统、电梯监控系统、安全防范控制系统和其他系统，能够自动控制建筑物内的机电设备，通过软件，系统地管理相互关联的设备，发挥设备整体的优势和潜力。

此外，自动控制技术的发展为建筑的防震发挥了重要作用，结构振动控制技术就是重要体现，建筑的结构振动控制目前已经成为结构工程学科中一个十分活跃的研究领域。结构振动控制技术根据所采取的控制措施是否需要外部能源可分为被动控制、主动控制和混合控制。图 1-4 为被动调谐控制的典型控制系统原理图，即调谐质量阻尼器(TMD)的控制系统图。当结构在外激励作用下产生振动时，带动 TMD 系统一起振动，TMD 系统相对运动产生的惯性力反作用到结构上，调谐这个惯性力，使其对结构的振动产生控制作用，从而达到减小结构振动反应的目的。TMD 系统应用的一个简单例子就是运用钟摆原理控制振动，在建筑物中吊一个摆锤装置，当发生振动时，建筑物产生晃动会引起摆锤的摆动，并且摆锤会以相反的方向摆动，这样就使建筑物能被拉回原来的方向。

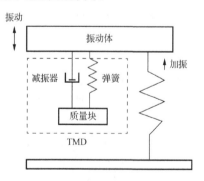

图 1-4　TMD 控制系统

1.1.6　智能家电产品领域的应用

　　智能家电就是在家电产品上应用计算机技术、通信技术、网络技术以及自动控制技术，实现家电产品的自动化、网络化和智能化。智能控制技术是在控制系统中，人们赋予控制系统以人工智能，使得系统能够具备仿人的智能特性，从而实现对复杂性、不确定性更高的系统进行有效的控制。与传统的控制相比，智能控制处理复杂性、不确定性方面的问题的能力更高，能执行更复杂、不确定性更高的任务。智能家电有智能手机、智能电视、空调、冰箱、洗碗机、洗衣机、扫地机器人等。

　　智能扫地机器人是自动控制技术在智能家电领域的应用，如图 1-5 所示。智能扫地机器人利用了超声波测距的原理，通过向前进方向发射超声波脉冲，并接收相应的返回超声波脉冲，对障碍物进行判断，通过控制器实现对超声波脉冲发射和接收的控制，并在处理返回超声波脉冲的基础上加以判断，从而选出一个优化的路径，通过驱动器驱动两个步进电动机，带动驱动轮以实现行走功能。同时，由其自身携带的吸尘部件，对经过的地面进行吸尘清扫。智能扫地机器人的控制系统先通过超声波传感器、接触和接近传感器、红外线传感器等各种传感器的使用，得到机器人控制所需要的各种信号，这些信号被送到控制器，由控制器进行存储、运算、处理，然后发出相应命令，通过执行机构使智能扫地机器人的机械本体完成规定动作。

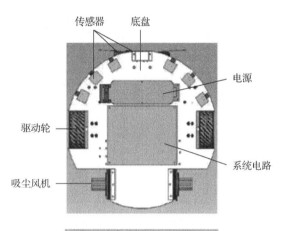

图 1-5　智能扫地机器人结构图

1.2　自动控制系统的产生和发展

1.2.1　古代自动装置的出现与应用

　　古代人类在长期的生产和生活中，学会了利用自然界的动力(风力、水力等)来解放自己的双手，以及用自动装置来代替人的体力和脑力劳动。

　　我国首个涉及自动控制的发明创造是古代的自动计时装置——铜壶滴漏。铜壶滴漏通过盛有恒定水位的容器(壶)的小孔向受水容器(受水壶)滴水以计算时间，同时采用一个浮子式阀门作为自动切断阀，当受水壶的水位升至满刻度时，浮子式阀门就会自动阻塞上级受水壶的出水小孔，切断水滴。

　　100 年，亚历山大的希罗发明了开闭庙门和分发圣水的自动计时装置；132 年，中国科学家张衡(78—139 年)发明了水运浑象仪，研制出自动测量地震的候风地动仪；235 年，中国马钧研制出用齿轮传动的自动指示方向的指南车；1637 年，中国明朝宋应星所著《天工开物》中记载了有程序控制思想的提花织机。

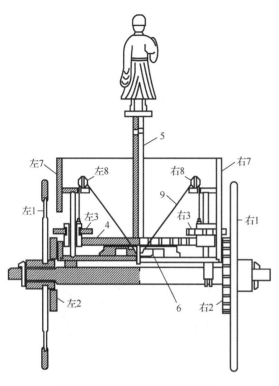

图 1-6 为定轴式指南车的结构示意图，当车直行时，车辕 6 后方处于中位，左右小平轮 3 悬空，左右立轮 2 不与中心大平轮 4 啮合传动，木人不转(不改变指向)；当车左转时，车辕的前端也左转，其后端则必偏右。车辕的这种变化，会使系在车辕上的吊悬两小平轮的绳子发生松紧变化，从而把左边的小平轮向上拉仍使它悬空，右边的小平轮则借铁坠子及其本身的重量下落，从而造成了车轮立轮和中心大平轮的啮合传动。若车子向左转 90°，则在转弯时，左足轮 1 不动，右足轮 1 要转半周。与右足轮相连的右立轮 2 也转半周，经过右小平轮 3 传动到中心大平轮 4，则贯心立轴 5 将以相反的方向转半周，这样木人在和车一起转 90°的同时，又出于齿轮的啮合传动右转了 90°，其结果等于没有转动。车右转时同理。

图 1-6　定轴式指南车结构示意图

1-足轮；2-立轮；3-小平轮；4-中心大平轮；
5-贯心立轴；6-车辕；7-车厢；8-滑轮；9-拉索

随着生产的发展，17 世纪以后在欧洲一些国家也相继出现了多种自动装置，其中比较典型的有：英国机械师 Lee 在公元 1745 年发明的带有风向控制的风磨；俄国机械师波尔祖诺夫发明的保持蒸汽锅炉水位恒定用的浮子式阀门水位调节器等。

1.2.2　经典控制理论的形成

1788 年，瓦特离心调速器在蒸汽机转速控制上得到普遍的应用，开始出现研究控制理论的需求。

蒸汽机离心调速器是一个典型的自动控制系统，其结构如图 1-7 所示。该系统中，由离心机构组成的检测装置对输出转速进行检测，并把它反馈给控制装置，对蒸汽流量进行控制。控制的目的是使蒸汽机的转速 n 保持在一个恒定数值上，这个恒定数值称为控制系统的目标值，转速 n 称为控制系统的被控量或控制系统的输出量。如果给蒸汽机通入额定的蒸汽流量，负荷为额定负荷且保持不变，又没有其他干扰，则蒸汽机的转速即可维持在额定转速，即目标值。但在负荷变化的情况下，蒸汽机的转速必然跟着变化。为了控制系统的被控量，保持转速为目标值，采用离心机构检测被控量。离心机构连接飞锤的连杆张开角度取决于飞锤的离心作用，蒸汽机的转速越大，飞锤的离心作用越大，所产生的张开角度越大，所以离心机构称为控制系统的反馈装置(或称检测装置)。检测被控量的检测装置是自动控制系统必须有的部分。

如果负荷减小，则转速升高，飞锤离心机构旋转速度增大，增加了飞锤连杆的张开角度，使离心机构下部的滑块位置向上移动，通过转换机构减小阀门的开度，从而减小蒸汽流量，将降低蒸汽机的转速；反之，如果负荷增大，则转速降低，飞锤离心机构旋转速度减小，使离心机构连接飞锤的连杆的张开角度变小，离心机构下部的滑块位置向下移动，通过由杠杆构成的转换机构增加阀门打开的程度，从而加大蒸汽流量，提高蒸汽机的转速。如图 1-8 是蒸汽机离心调速控制系统方框图。

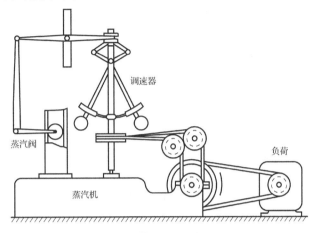

图 1-7 蒸汽机离心调速器结构图

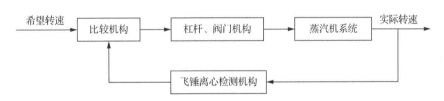

图 1-8 蒸汽机离心调速控制系统方框图

蒸汽机离心调速控制系统之所以在没有人参与的情况下能实现转速的自动控制，是因为系统存在反馈。反馈是控制论中最基本和最重要的概念，反馈指利用检测装置将系统的输出量部分或者全部返回输入端，并与输入信号进行比较的过程。反馈控制是指利用检测装置将系统输出量部分或者全部返回输入端，并将与输入信号进行比较所得的偏差（亦称为误差）作用于系统的控制器，从而调节被控对象的输出过程。反馈控制系统的本质是"检测偏差，用偏差来纠正偏差的过程"，反馈控制系统因存在信息的反馈与闭合的信息环路，故又称为闭环控制系统。

事实上，蒸汽机离心调速器的出现对控制理论的发展起到了极其重要的作用。1868 年，英国物理学家麦克斯韦(Maxwell)用微分方程描述并总结了调节器控制蒸汽机的理论，推导出系统稳定的条件。1877 年，英国数学家劳斯(Routh)提出一般系统稳定性的代数判据，沿用到现在。进入 20 世纪以后，工业生产中广泛应用各种自动调节装置，促进了对调节系统分析和综合的研究。1927 年，美国电气工程师布莱克(Black)引入的反馈概念，使人们对自动调节系统中反馈控制的结构有了更深刻的认识，此后在拉普拉斯变换(Laplace Transform)的基础上，传递函数被引入分析自动调节系统或元件上，成为重要工具。1932 年，美国电信工程师奈奎斯特(Nyquist)提出著名的基于频率法的稳定性判据。1945 年，美国数学家维纳等将控制系统中的反馈、通信等概念推广到生物等系统，并于 1948 年出版了名著《控制论》一书，为控制论奠定了基础。1954 年，中国科学家钱学森全面地总结和提高了控制论在工程系统上应用的理论，并出版了《工程控制论》一书，为控制论开辟了一个新的分支。

1.2.3 现代控制理论的形成和发展

20 世纪 50 年代中期，空间技术的发展迫切要求建立新的控制原理以解决一类更复杂的控制问题。1958 年，苏联科学家庞特里亚金提出极大值原理，美国数学家贝尔曼创立动态规划，极大值原理和动态规划为最优控制提供了理论工具，美国数学家卡尔曼提出了著名的卡尔曼滤波器。1960 年，卡尔曼又提出可控性和可观测性的概念。20 世纪 60 年代初期，一套以状态空间法、极大值原理、动态规划以及卡尔曼滤波为基础的分析和设计控制系统的新原理及方法已经基本确定。

随着现代应用数学新成果的推出和电子计算机技术的应用，为适应宇航技术的发展，自动控制理论跨入了一个新阶段——现代控制理论。现代控制理论的研究对象是多输入、多输出的自动控制系统，用状态空间描述系统变量，所建立的状态空间方程不仅表达系统输入、输出间的关系，还描述系统内部状态变量随时间的变化规律。

现代控制理论的基础部分是线性系统理论，它研究如何建立系统的状态方程，如何由状态方程分析系统的响应、稳定性和系统状态的可观测性与可控性，以及如何利用状态反馈改善系统性能等。现代控制理论的重要部分是最优控制，就是在已知系统的状态方程、初始条件及某些约束条件的情况下，寻求一个最优控制向量，使系统在此最优控制向量作用下的状态或输出遵守某种最优准则。

20 世纪 70 年代，先进控制理论得以形成发展，它包括自适应控制、模糊控制、神经网络控制、预测控制、专家控制等。

近年来，随着计算机技术、现代应用数学、人工智能、大数据分析、深度学习理论的发展，控制理论正朝着智能化和自主化方向发展。

1.3 自动控制系统的组成

在自动控制系统中，被控制的设备或生产过程称为被控对象，被控制的物理量称为被控变量(亦称为被控量或输出量)，能改变被控变量的物理量称为控制量(亦称为控制器的输出量)，妨碍控制量对被控量进行正常控制的所有因素称为干扰量(亦称为干扰信号或扰动)。对于控制系统而言，给定量和扰动都是控制系统的输入量，只是扰动是人们不希望的输入量，按扰动来源，扰动又分为内部扰动和外部扰动。自动控制的任务就是通过自动调整控制量，避免扰动对被控量的影响，使被控对象按照给定量的规律运行。

尽管闭环控制系统的被控对象和使用元件各不相同，形式也多种多样，但闭环控制系统的基本(或典型)组成方框图如图 1-9 所示。图 1-9 中，"⊗"表示比较环节，代表信号进入该比较环节的代数和，其中"+"代表代数和为相加，"−"代表代数和为相减；同时，反馈信号的"−"为负反馈，而"+"为正反馈。信号从输入端沿箭头方向到达输出端的传输通路称为前向通路；系统输出量经测量元件反馈到输入端的传输通路称为反馈通路。前向通路与反馈通路共同构成反馈回路。控制系统可以有多个反馈回路。方框图中只包含一个反馈通路的系统称为单回路系统，有两个或两个以上反馈通路的系统称为多回路系统。

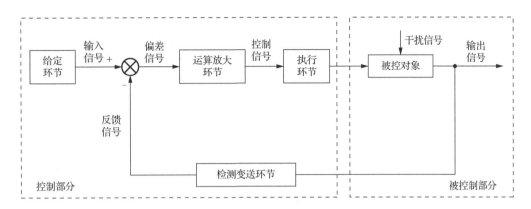

图 1-9 闭环控制系统的基本组成方框图

基本的闭环控制系统由控制部分和被控部分两部分组成，而控制部分又由下述基本环节组成。

给定环节。给定环节的主要任务是确定被控量的给定值，给出系统的输入信号。给定环节发出信号的形式多种多样，可以是电量或者非电量，也可以是模拟量或者数字量，给定环节的精度很大程度上影响着被控量的控制精度。

检测变送环节。检测变送环节主要由两个部分组成，即测量环节和变送环节。系统的被控量对应的物理量在测量环节加以检测，由变送环节转换为便于传送的另一物理量(一般是电量)，最终输出反馈信号。例如，测速发电机用于检测电动机轴的速度并将其转换为电压；热电偶用于检测温度并将其转换为电压等。检测变送环节是闭环控制系统的关键环节，该环节的装置精度及特性直接影响闭环控制系统的控制品质。

比较环节。在比较环节中，将给定环节产生的输入信号和检测变送环节发出的反馈信号进行比较，产生一个小功率的偏差，这个偏差称作偏差信号，偏差信号是比较环节的输出。常用的比较元件有差动放大器、机械差动装置、电桥电路等。

运算放大环节。经由比较环节输出的偏差信号常常需要进行必要的修正和功率放大，以得到适合控制执行系统工作的信号，这个任务主要由闭环控制系统中的运算放大环节完成。运算放大环节常用的元件有晶体管放大器和运算放大器等。

执行环节。执行环节接收到自运算放大环节而来的控制信号，驱动被控对象按照预期规律运行，使被控量达到所要求的数值。常见的执行元件有电动机、液压马达等。

给定环节、检测变送环节、比较环节、运算放大环节和执行环节共同组成了闭环控制系统的控制部分，对被控部分实现控制。控制系统除了上述的反馈控制典型环节组成外，还有多回路反馈控制系统、前馈控制系统、顺馈控制系统及复合控制系统等结构。

1.4 自动控制系统的分类

自动控制系统实现的功能和组成多种多样，因而控制系统有多种分类方法。除了按系统有无反馈分为开环控制系统和闭环控制系统之外，还可以按控制系统的数学模型的线性性质分为线性控制系统和非线性控制系统；按控制系统内部信号的连续性分为连续控制系统和离散控制系统；按控制系统输入量（期望值）随时间的变化规律分为恒值控制系统、程序控制系统和随动控制系统；按控制系统输入与输出变量个数分为单变量控制系统和多变量控制系统等。

特别说明：反馈是客观物理世界存在的普遍现象与规律，并非随反馈控制系统的出现才有的。开环控制系统仍可能存在反馈，将物理系统内部固有存在的反馈称为内反馈；将人为引入检测装置构成的反馈称为外反馈。通常控制理论中所提的反馈均是指外反馈，后面在没有特别说明时所指的反馈均指外反馈，开环控制系统认为不存在反馈也是指没有外反馈。

1.4.1　开环控制系统和闭环控制系统

如果系统的控制装置与被控对象之间只有顺向联系而没有反向联系，则输出量对系统的控制作用没有影响，这样的系统称为开环控制系统，又称为无反馈控制系统。在开环控制系统中，给定一个输入，就有一个输出与之相对应，控制精度完全取决于所用的元件及校准的精度。图 1-10 所示为直流电机转速开环控制系统，当给定电压改变时，电机转速也跟着改变，但在这个控制系统工作过程中，负载变化时，将影响电机转速变化偏离希望转速。但在图 1-12 所示的直流电机转速开环控制系统中，电机转子在转动时会切割磁力线产生感生电压，这个感生电压将抵消电枢的输入电压，导致随着电机转速的增大，电枢电流将减小，即驱动转矩减小，使电机进入稳定的转速运行状态。这个与转速成正比的感生电压就是物理系统固有的内反馈，所以该系统仍称为开环控制系统。

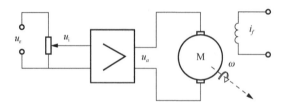

图 1-10　直流电机转速开环控制系统

开环控制系统没有自动修正偏差的能力，抗扰动性较差。但由于其结构简单、调整方便、成本低，在精度要求不高或扰动影响较小的情况下，也大量存在和使用。目前，开环控制系统多用于国民经济各部门的一些自动化装置，如风扇、售货机、洗衣机及指挥交通的红绿灯的转换等。

系统输出端和输入端之间存在反馈回路，输出量对控制过程产生直接影响，这种系统称为闭环控制系统。图 1-11 所示的直流电机转速控制系统即为闭环控制系统。当负载加大时，电机转速会相应降低．在反馈的作用下，偏差增大的同时，电机电压也会升高，转速将上升。

闭环控制系统的特点是不论什么原因，当被控量偏离期望值而出现偏差时，必定会产生一个相应的控制作用去减小或消除这个偏差，使被控量与期望值趋于一致。闭环控制系统具有抑制任何内、外扰动对被控量的影响的能力，有较高的控制精度。但系统需要检测装置等环节，其结构复杂、成本高，而且设计不当还可能使系统不稳定。

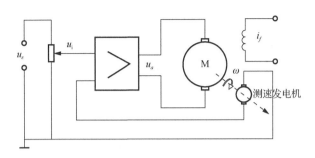

图 1-11 直流电机转速闭环控制系统

1.4.2 线性控制系统和非线性控制系统

自动控制系统，根据所描述的系统的数学模型的线性性质，可以分为线性控制系统和非线性控制系统。由线性微分方程或线性差分方程描述的系统称为线性控制系统，而由非线性微分方程描述的系统则称为非线性控制系统。

线性控制系统由线性元件组成，其描述其运动的线性微分方程如下：

$$a_n(t)\frac{\mathrm{d}^n x_{\mathrm{o}}(t)}{\mathrm{d}t^n} + a_{n-1}(t)\frac{\mathrm{d}^{n-1} x_{\mathrm{o}}(t)}{\mathrm{d}t^{n-1}} + \cdots + a_0(t)x_{\mathrm{o}}(t)$$
$$= b_m(t)\frac{\mathrm{d}^m x_{\mathrm{i}}(t)}{\mathrm{d}t^m} + b_{m-1}(t)\frac{\mathrm{d}^{m-1} x_{\mathrm{i}}(t)}{\mathrm{d}t^{m-1}} + \cdots + b_0(t)x_{\mathrm{i}}(t), \quad n \geqslant m$$

式中，$x_{\mathrm{i}}(t)$ 为系统的输入信号；$x_{\mathrm{o}}(t)$ 为系统的输出信号；$a_i(t)$、$b_j(t)$ 分别为微分方程系数，即系统的物理参数。

线性控制系统的线性是指叠加性和齐次性(亦称为均匀性)。叠加性是指系统受到多个输入信号作用时，其总响应为单个输入对应的响应之和，即当输入信号为 $x_{\mathrm{i}1}(t)$ 和 $x_{\mathrm{i}2}(t)$ 时，系统对应的输出响应分别为 $x_{\mathrm{o}1}(t)$ 和 $x_{\mathrm{o}2}(t)$，而当输入信号为 $x_{\mathrm{i}1}(t) + x_{\mathrm{i}2}(t)$ 时，输出响应为 $x_{\mathrm{o}1}(t) + x_{\mathrm{o}2}(t)$。齐次性是指当输入信号成比例增加时，输出响应也按相同比例增加，即当输入信号为 $x_{\mathrm{i}}(t)$ 时，输出响应为 $x_{\mathrm{o}}(t)$，而当输入信号为 $kx_{\mathrm{i}}(t)$ 时，输出响应为 $kx_{\mathrm{o}}(t)$，其中 k 为任意常数。

非线性微分方程是指方程不满足叠加性和齐次性的微分方程。需要注意的是，在自动控制系统中即使只含有一个非线性环节，整个控制系统也是非线性的。非线性控制系统的形成基于两类原因：一是控制系统中包含不能忽略的非线性因素或非线性元件；二是为提高控制性能或简化控制系统结构而人为地引入非线性元件。非线性控制系统的分析远比线性控制系统复杂，缺乏能统一处理的有效数学工具，因此非线性控制系统至今尚未像线性控制系统一样建立一套完美的理论体系和设计方法。

严格地说，实际的物理系统不可能是完全的线性系统，但是在很多情况下，通过将其近似处理和合理简化为线性系统来进行分析。

1.4.3　连续控制系统和离散控制系统

按控制系统中信号的连续性，可将自动控制系统分为连续控制系统和离散控制系统。系统各组成部分的变量都具有连续变化形式的系统称为连续控制系统，即系统中各部分的信号均为时间变量的连续函数，如电流、电压、位置、速度及温度等。连续控制系统的数学模型是用微分方程描述的，控制器由模拟部件(如模拟调节仪表)实现。

系统一些组成部分的变量具有离散变化形式的系统称为离散控制系统。离散控制系统的特点是，在系统中一处、几处或全部的信号为脉冲序列或数码的形式，在时间上是离散的。离散控制系统的数学模型可用差分方程描述，控制器由计算机来实现，所以离散控制系统也称为计算机控制系统。典型的计算机控制系统的结构框图如图 1-12 所示。

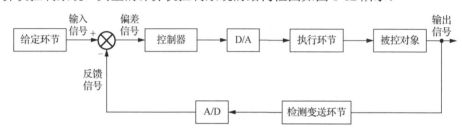

图 1-12　计算机控制系统的结构框图

1.4.4　恒值控制系统、程序控制系统和随动控制系统

按控制系统的输入量(期望值)随时间变化的规律，可以把自动控制系统分为三类：恒值控制系统(或称为定值控制系统)、程序控制系统和随动控制系统(或称为随机控制系统)。

恒值控制系统即系统输入量为一常量的控制系统，对于这种系统来说，分析重点在于避免扰动对被调量的影响。常见的恒值控制系统有稳压电源和恒温系统等。

程序控制系统的输入量不再是一个不变的常量，而是一个给定的时间函数。程序控制系统的功能就是按照预定的程序来控制被控量，即自动控制系统给定环节给出的给定作用作为一个预定的程序。近年来，由于微处理机的发展，更多的数字程序控制系统投入了运行，数控机床、工业机器人及自动生产线等均为程序控制系统。

与前两种控制系统不同，随动控制系统的给定量是时间的未知函数，即给定量的变化规律事先无法确定时，要求输出量能够准确快速地复现给定量，雷达跟踪系统就是典型的随动控制系统，其他较为常见的随动控制系统还有火炮自动瞄准敌机的控制系统、液压仿形刀架随动控制系统等。

1.4.5　单变量控制系统和多变量控制系统

从控制系统的变量个数角度对系统进行划分的原理较为简单，即如果系统的输入、输出变量都是单个的，则称其为单变量控制系统，蒸汽机调速控制系统就是典型的单变量控制系统。在经典控制理论中，单变量控制系统的分析和设计是重点。反之，如果系统有多个输入或多个输出变量，则称此系统为多变量控制系统，多变量控制系统是现代控制理论研究的对象。

1.5 自动控制系统的基本要求

自动控制理论是研究自动控制共性规律的一门学科。尽管自动控制系统的类型多种多样，每个系统的控制目的也各不相同，但在研究系统的原理或对系统进行设计时，侧重点都是在某种典型输入信号下，其被控量变化的全过程。例如，对于恒值控制系统是研究扰动作用引起被控量变化的全过程；对于随动控制系统是研究被控量如何避免扰动影响并跟随输入量变化的全过程。但对每一类控制系统的基本要求都是稳、快和准，即控制系统的稳定性、快速性和准确性。

1. 稳定性

稳定性是指系统在受到外部作用之后的动态过程的倾向和恢复平衡状态的能力。稳定性是保证控制系统正常工作的先决条件，是控制系统分析和设计的首要内容。

在控制系统中，一般含有储能元件或惯性元件(如绕组的电感)。储能元件的能量不会突变，因此，当系统受到扰动或有输入量时，控制过程不会立即完成，而是有一定的延缓，这就使得被控量恢复期望值或跟踪参数量有一个时间过程，称为过渡过程。例如，在反馈控制系统中，由于被控对象的惯性，控制动作不能瞬时纠正被控量的偏差；控制装置的惯性则会使偏差信号不能及时完全转化为控制动作。这样，在控制过程中，当被控量已经回到期望值而使偏差为零时，执行机构本应立即停止工作，但由于控制装置的惯性，控制动作仍继续向原来方向进行，致使被控量超过期望值又产生符号相反的偏差，导致执行机构向相反方向动作，以减小这个新的偏差；另外，当控制动作已经到位时，又由于被控对象的惯性，偏差并未减小为零，因而执行机构继续向原来方向动作，使被控量又产生符号相反的偏差，如此反复进行，致使被控量在期望值附近来回摆动，过渡过程呈现振荡形式。

如果这个振荡过程是逐渐减弱的，系统最后可以达到平衡状态，控制目标得以实现，称为稳定系统。对于稳定的定值控制系统，被控量因扰动而偏离期望值后，经过一个调整时间，被控量应恢复到原来的期望状态；对于稳定的随动控制系统，被控量应能始终跟踪参考输入量的变化。反之，如果振荡过程逐步增强，系统被控量将失控，则称为不稳定系统。

2. 快速性

在控制系统满足稳定性要求的前提下，还必须对其过渡过程的形式和快慢提出要求，一般称为动态性能。快速性就是指当系统输出量与给定的输入量之间产生偏差时，消除这种偏差过程的快慢程度。例如，对于用于稳定高射炮射角随动控制系统，虽然炮身最终能跟踪目标，但如果目标变动迅速，而炮身跟踪目标所需的调整时间过长，就不可能击中目标。

图 1-13 所示为某系统的阶跃响应,对控制系统过渡过程的时间(即快速性)有具体要求。

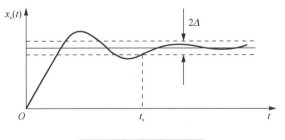

图 1-13 系统的阶跃响应

3. 准确性

准确性也是衡量系统工作性能的重要标准，在技术指标中一般都有具体要求。

在理想情况下，当过渡过程结束后，被控量达到的稳态值（即平衡状态）应与期望值一致。但实际上，由于系统结构、外作用形式以及摩擦、间隙等非线性因素的影响，被控量的稳态值与期望值之间会有误差存在，称为稳态误差。控制系统的稳态误差越小，说明控制精度越高。因此，稳态误差是衡量控制系统准确性的一项重要指标，控制系统设计任务之一就是在兼顾其他性能指标的情况下，使稳态误差尽可能小或者小于某个允许的限制值。

由于被控对象的具体情况不同，各种系统对稳、快、准的要求各有侧重，例如，随动控制系统对快速性的要求较高，而恒值控制系统对稳定性提出较严格的要求。同一系统的稳、快、准是相互制约的。快速性好，可能会有强烈振荡；改善稳定性，控制过程又可能过于迟缓，精度也可能降低。分析和解决这些矛盾，也是本学科讨论的重要内容。对于机械动力学系统的要求，首要的也是稳定性，因为过大的振荡将会使部件过载而损坏，此外还要防止自振、降低噪声、增加刚度等。这些都是控制理论研究的中心问题。

1.6　自动控制系统的实例分析

1. 工作台位置自动控制系统

精密数控直线运动工作台，如数控坐标镗床、数控坐标钻床、激光加工机床等，广泛地用于对坐标尺寸精度有极高要求的工件的加工，图 1-14 为将要介绍的全闭环的数控直线运动工作台的位置控制系统示意图。

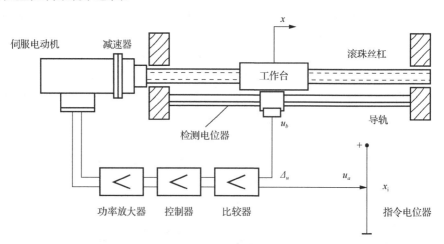

图 1-14　数控直线运动工作台的位置控制系统示意图

其工作原理为：由指令电位器发出的控制指令作为输入信号，通过比较器、控制器和功率放大器，驱动伺服电动机转动，通过齿轮带动滚珠丝杠旋转，丝杠的旋转则通过滚珠推动螺母，继而推动与螺母固定的工作台轴向移动。检测装置光栅尺随时测定工作台的实际位置（即输出信号），将其反馈送回输入端，与控制指令的目标位置比较，根据工作台的实际位置与目标位置之间的误差决定控制动作，达到消除误差的目的。这种全闭环的控制可以达到很高的精度。图 1-15 是该控制系统对应的方框图。

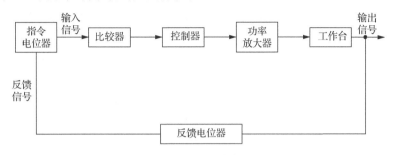

图 1-15 数控直线运动工作台的位置控制系统方框图

2. 电加热炉的炉温控制系统

图 1-16 是电加热炉炉温闭环控制系统原理图。电加热炉内的温度要稳定在某一个给定的温度 T_r 附近，T_r 是由给定的电压信号 u_r 决定的，热电偶作为温度测量元件，测出炉内实际温度 T_c，热电偶输出电压 u_c 与炉内实际温度 T_c 成正比，偏差信号 $u_r - u_c$ 反映炉内期望的温度与实际温度的偏离情况。该偏差信号经放大后控制电机旋转以带动调压器滑片移动，通过改变流过加热电阻丝的电流，消除温度偏差，使炉内实际温度等于或接近期望的温度。

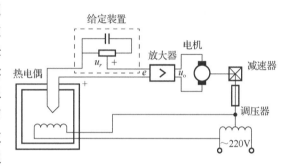

图 1-16 电加热炉炉温闭环控制系统原理图

如果某一时刻 $e > 0$，表明 $u_c < u_r$，电机旋转带动滑片向右移动，通过电阻丝的电流增大，炉温升高，直到偏差 e 等于或接近零，这种状态称为负反馈作用。如果 $e < 0$，电机旋转使调压器滑片向左移动，通过电阻丝的电流减小，炉温继续下降，偏差 e 将不断减小，这种状态称为正反馈作用。概括地说，若反馈信号与输入信号相减，则称为负反馈；若反馈信号与输入信号相加，则称正反馈。实现反馈，首先要测量输出量，然后与输入量相比较而构成反馈回路。因此，存在比较、测量装置是闭环控制系统的基本结构特征。电加热炉的炉温闭环控制系统方框图如图 1-17 所示。

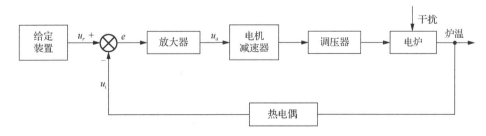

图 1-17 电加热炉的炉温闭环控制系统方框图

3. 火力控制系统

火力控制系统包括防空控制系统、机载火力控制系统、舰载火力控制系统、反坦克导弹控制系统等。火力控制系统常用于地面和舰上火炮、防空火炮、轰炸机防御火炮以及船上和飞机上的火箭、导弹的控制。

图 1-18 是一个自动防空火力控制系统的工作原理图，测量装置是装在指挥仪上的雷达，用以测量目标飞机的方向和距离，自动跟踪目标。根据天线的角度和速度以及炮弹达到目标的射程，计算机计算出火炮炮口的正确提前角。火炮伺服控制系统是一个大功率、快速动作的液压伺服装置。每台火炮有两套伺服机构，一套用于方位角控制，另一套用于俯仰角控制，其系统的方框图如图 1-19 所示。该系统有两个闭合回路：第一个回路称为跟踪回路，其测量装置是雷达，回路的控制作用是使雷达的视线跟踪目标的运动，测出目标运动的角度和角速度；第二个回路是瞄准回路，目标的测量数据传送给计算机，以一定的运算规律得到火炮的瞄准命令，控制火炮瞄向目标。第二个回路的测量装置是自整角机测角线路或旋转调压器。

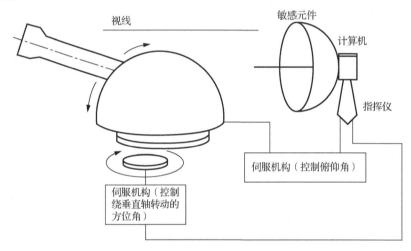

图 1-18　自动防空火力控制系统工作原理图

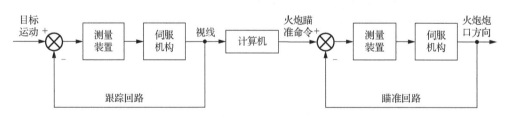

图 1-19　自动防空火力控制系统方框图

1.7　控制系统的计算机辅助分析

控制系统的计算机辅助分析是指利用计算机来计算、分析与设计控制系统。随着计算机和数值计算的发展，控制系统的计算机辅助分析不仅能控制系统进行仿真分析，还为控制理论研究及控制系统设计提供了新的方法。

在 20 世纪 60 年代以前，控制系统的分析和设计主要依靠手工计算与一些图表的帮助，如奈奎斯特图、对数坐标图、尼柯尔斯图、等 M 图和等 N 图等。到了 20 世纪 60 年代，控制系统的分析和设计逐渐采用计算机作为辅助工具。

控制系统计算机辅助分析的发展大致分为三个阶段。第一阶段：从 20 世纪 60 年代到 70 年代初，采用一个或多个控制系统计算程序组成的控制系统计算机辅助设计软件包，这种软件包主要是利用频域分析法和根轨迹法来设计单输入单输出系统的程序，以及利用线性二次型最优控制理论来设计最优控制系统的程序。第二阶段：从 20 世纪 70 年代初到 80 年代，随着多变量频域分析法的出现，出现了功能齐全的用于多变量系统设计的控制系统计算机辅助设计软件包。在这一阶段，微型计算机、光电扫描仪、精密绘图仪、高分辨率图形终端等的出现，加强了人机联系。第三阶段：20 世纪 80 年代中期，形成了控制系统计算机辅助设计专家系统。

1．计算机辅助建立系统数学模型

数学模型是从科学角度进行控制系统设计与分析的基础。建立系统的数学模型时，参数的确定、工作点附近的线性化、通过仿真检验数学模型的精度、系统辨识等一些繁杂的工作均可由计算机辅助完成。

2．数学模型表示方式之间的相互转换

在描述系统数学模型时，有多种数学模型表示方式，为适合不同分析设计方法，需要对数学模型的表示方式进行转换，如传递函数与状态空间方程之间的转换、连续数学模型与离散数学模型之间的转换等。

3．计算机辅助分析和设计控制系统

计算机辅助分析在控制工程的各个领域均获得了广泛的应用和发展，控制工程师利用计算机辅助分析可以高效地设计出控制系统，并可以借助计算机辅助程序分析控制系统的有效性与性能，同时这也促进了控制理论以及系统设计方法的不断发展和完善。

4. MATLAB 简介

MATLAB 是美国 MathWorks 公司出品的商业数学软件，用于算法开发、数据可视化、数据分析、数值计算以及控制系统等领域，主要包括 MATLAB 和 SIMULINK 两大部分。但是，该软件不是专门为控制理论领域的学者开发的，其最初目的是为"线性代数"等课程提供一种方便可行的实验手段。由于 MATLAB 使用方便，且提供了丰富的矩阵处理功能，很快吸引了控制领域研究人员的注意力，研究人员在它的基础上开发了控制理论与 CAD 专门的应用程序集，其很快在国际控制界流行起来。

MATLAB 软件对学习和加深控制理论的理解有明显的效果，借助于该软件设计的程序，学生减少了许多不必要的繁杂的手工计算，同时可以很方便地利用各种分析方法设计系统进行训练，从而加深对控制理论的理解，提高学习效率，更好地获得实际控制系统的设计经验。本书配备了性能良好的控制系统计算机辅助分析程序，供学习自动控制理论时使用。

习　题

1-1　什么是反馈？反馈控制系统由哪些基本环节构成？

1-2　开环控制系统是否有可能存在反馈？若有，请举例说明反馈过程。

1-3　试比较开环控制和闭环控制的优缺点。

1-4　自动控制理论发展经历了哪几个阶段？各个阶段的特点是什么？

1-5　下列这些过程都存在反馈控制，试说明相应的反馈控制的过程，并绘制控制系统的基本组成方框图。

(1)人沿着山区公路骑自行车。

(2)在空旷的平直高速公路上，驾驶员以 100km/h 驾驶汽车匀速行驶。

(3)教师按教学大纲给学生上课。

1-6　图 1-20 所示为两种水位自动控制系统原理图，控制目标是维持水位高度恒定。

(1)说明各系统的工作原理，并绘出各系统的控制方框图。

(2)比较两个系统的工作特点。

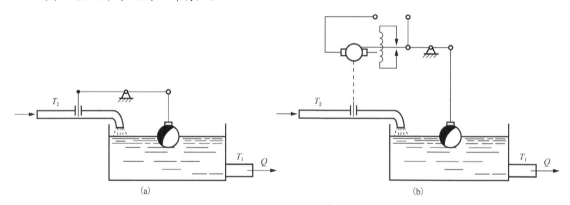

(a)　　　　　　　　　　　　　　　　(b)

图 1-20　两种水位自动控制系统原理图

1-7　图 1-21 所示为发动机转速控制系统原理图，调速器的轴通过减速齿轮以一定角速度旋转，旋转的飞锤所产生的离心力被弹簧力抵消，所要求的速度由弹簧预应力调准，试绘制出其方框图。

1-8　图 1-22 为列车运行自动控制系统方框图，试解释其控制原理，并判断该控制系统是闭环控制系统还是开环控制系统。

1-9　中低速磁浮列车的悬浮系统是一个具有多悬浮点的系统(简称多磁系统)，由多个电磁铁共同作用实现。因此，中低速磁浮列车悬浮自动控制的最基本的问题，可以简化为单个电磁铁的悬浮自动控制问题。图 1-23 即为单个电磁铁悬浮自动控制系统原理图，其中，F 为电磁绕组通以电流后对轨道产生的电磁吸力，$x(t)$ 为轨道与电磁铁模块的理想间隙。试说明其工作原理，并绘制控制系统方框图。

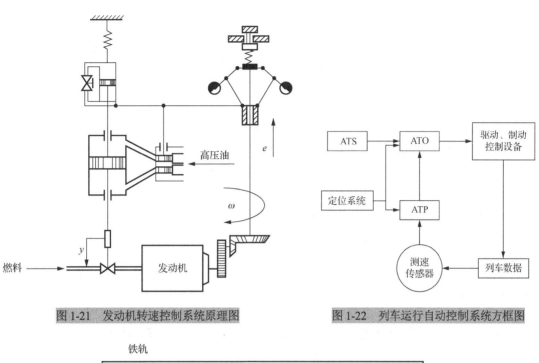

图 1-21　发动机转速控制系统原理图　　　　　　　图 1-22　列车运行自动控制系统方框图

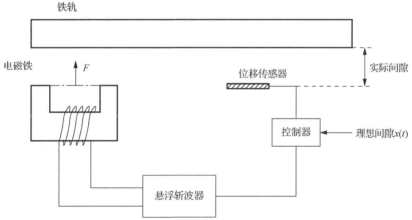

图 1-23　单个电磁铁悬浮自动控制系统原理图

第 2 章　控制系统的数学模型

控制工程研究的对象是控制系统，控制系统广泛地存在于不同领域。在控制系统分析和设计中，首先需要建立控制系统的数学模型，然后在数学模型基础上，进行控制系统的性能分析、设计与综合。对于一个控制系统，需要了解在典型输入信号的作用下控制系统的输出的动态变化过程。如果将在输入信号的作用下，控制系统内部信号传递到输出信号的动态特性用数学表达式描述出来，就得到了控制系统的数学模型。

控制系统的数学模型是指描述控制系统的输入变量、输出变量及内部各变量之间相互关系的数学表达式，它揭示了控制系统的性能与其结构和参数之间的内在关系。

数学模型分为静态数学模型和动态数学模型。静态数学模型是在静态条件(即变量的各阶导数为零)下，描述变量之间关系的代数方程，它是反映稳定系统各变量之间关系的数学模型。动态数学模型是描述系统输入变量与输出变量之间的各阶导数关系的微分方程，它是反映动态系统瞬态及过渡过程的数学模型，也可定义为描述实际系统各物理量随时间演化的数学表达式。动态系统的输出信号不仅取决于系统的输入信号，还与它的初始状态有关。

在自动控制理论中，控制系统的数学模型有多种形式。常用的数学模型包括微分方程模型、差分方程模型、传递函数模型、状态空间模型、动态结构方框图及信号流图等。其中，微分方程是描述控制系统最基本的数学模型，是建立其他数学模型的基础。

建立系统的数学模型通常有两种方法，即解析法和实验法。解析法是利用物理学假设将物理系统简化为物理模型，再利用物理定律建立该物理模型的方程，即得到系统数学模型。解析法要求建模者对物理系统内部结构和物理规律要有清楚的认识。实验法是指在对物理系统内部结构或内部元器件的物理关系不够清楚的情况下，对系统施加外部激励信号，测出其响应信号，通过对所测出的输入数据、输出数据进行分析与处理来拟合系统的数学模型，这种方法也称为系统辨识。解析法适用于简单、典型、常见的系统，而实验法适用于复杂、非常见的系统。本章主要讨论用解析法建立系统的数学模型。

2.1　控制系统的微分方程模型

微分方程模型是在时域中描述系统或元件的动态特性的数学模型，它是一种最基本的数学模型，利用这种数学模型还可得到描述系统或元件的动态特性的其他形式的数学模型。

2.1.1　建立微分方程模型的步骤

建立系统的微分方程模型的一般步骤如下：

(1)将物理系统做一系列的近似处理及物理学假设，得到系统的物理模型，分析物理模型的结构、工作原理以及内部信号传递变换过程，确定系统的输入信号和输出信号；

(2) 从系统的输入信号或输入端开始，根据系统内部各子系统或各部件所遵循的物理定律，依次列写各子系统、各部件关于中间变量的原始微分方程组；

(3) 消去微分方程组的中间变量，得到一个描述系统输入变量与输出变量之间的各阶导数关系的微分方程；

(4) 整理所得输入变量与输出变量的微分方程，一般将与输出变量有关的各项放在方程等号左侧，与输入变量有关的各项放在方程等号右侧，各阶导数项按降幂排列。

2.1.2 典型系统微分方程的建立

1. 电气系统

电阻、电感、电容是电路中最基本的三个元件。电气系统遵循的基本定律为欧姆定律、基尔霍夫电流定律和基尔霍夫电压定律，并由此来建立电气系统的数学模型。

【例 2-1】 图 2-1 所示为无源电路图，$u_i(t)$ 为输入电压，$u_o(t)$ 为输出电压，列写关于输入电压 $u_i(t)$ 与输出电压 $u_o(t)$ 的微分方程。

解：如图 2-1 所示，设电路中的电流 $i(t)$ 为中间变量，利用基尔霍夫电压定律得

$$Ri(t) + L\frac{\mathrm{d}}{\mathrm{d}t}i(t) + u_o(t) - u_i(t) = 0$$

电容两端电压为

$$u_o(t) = \frac{1}{C}\int_0^t i(t)\mathrm{d}t$$

消去中间变量得

$$RC\frac{\mathrm{d}}{\mathrm{d}t}u_o(t) + LC\frac{\mathrm{d}^2}{\mathrm{d}t^2}u_o(t) + u_o(t) - u_i(t) = 0$$

整理得

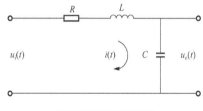

图 2-1 无源电路图

$$LC\frac{\mathrm{d}^2}{\mathrm{d}t^2}u_o(t) + RC\frac{\mathrm{d}}{\mathrm{d}t}u_o(t) + u_o(t) = u_i(t)$$

2. 机械系统

机械系统分为机械平动系统和机械旋转系统，其数学模型主要应用牛顿三大定律、胡克定律和黏性阻尼定律来建立。

1) 机械平动系统

平动即直线运动。在机械系统中，有些构件具有较大的惯性和刚度，有些构件则惯性较小、柔度较大。在集中参数法中，把前类构件的弹性忽略，将其视为质量块；而把后一类构件的惯性忽略，将其视为无质量的弹簧。这样机械系统则可抽象为质量-弹簧-阻尼系统，其遵循牛顿第二定律、胡克定律及黏性阻尼定律。

【例 2-2】 图 2-2(a) 所示为组合机床动力滑台铣平面的物理系统示意图。当切削力变化时，滑台可能产生振动，从而降低加工工件的表面质量，试列写此系统的微分方程。

解：将动力滑同铣平面物理系统抽象成图 2-2(b) 所示的质量-弹簧-阻尼的物理模型。其中，m 为质量，k 为弹簧的弹性系数，c 为黏性阻尼器的阻尼系数，$F_i(t)$ 为输入切削力，$y_o(t)$ 为输出位移。

根据牛顿第二定律，有

$$F_i(t) = c \cdot \dot{y}_o(t) - k \cdot y_o(t) = m \cdot \ddot{y}_o(t)$$

整理得

$$m \frac{d^2 y_o(t)}{dt^2} + \frac{dy_o(t)}{dt} + k \cdot y_o(t) = F_i(t)$$

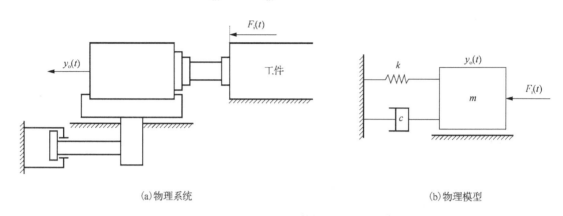

(a)物理系统 (b)物理模型

图 2-2　组合机床动力滑台铣平面的物理系统及其物理模型

2）机械旋转系统

机械旋转系统的用途极其广泛，其建模方法与机械平动系统非常相似，只是将平动的质量、弹簧、阻尼分别变成了转动惯量、扭转弹簧和旋转阻尼，力对应为力矩，线位移对应角位移等，相应的物理定律也对应成立。

【例 2-3】　图 2-3 所示为机械旋转系统，回转体的转动惯量为 J，通过柔性轴与齿轮连接，柔性轴简化为扭转弹簧，k 为弹性系数，回转体的黏性摩擦系数为 B。设齿轮扭转角 $\theta_i(t)$ 为系统的输入，回转体扭转角 $\theta_o(t)$ 为系统的输出，试写出系统的微分方程。

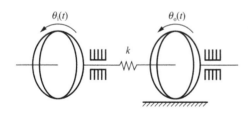

图 2-3　机械旋转系统

解：回转体转动惯量为 J，忽略轴承上的摩擦，设中间变量 T_k 和 T_B 分别为扭转弹簧力矩和黏性阻力矩，则有

$$J \cdot \ddot{\theta}_o(t) = T_k - T_B$$
$$T_k = k \cdot \left[\theta_i(t) - \theta_o(t) \right]$$
$$T_B = B \cdot \dot{\theta}_o(t)$$

消去中间变量，整理得微分方程为

$$J \cdot \ddot{\theta}_o(t) + B \cdot \dot{\theta}_o(t) + k \cdot \theta_o(t) = k \cdot \theta_i(t)$$

3. 机电系统

机电系统是由机械旋转系统与电气系统构成的，电机是机电系统中重要的部件，它遵循机械系统牛顿力学、电学和电磁感应学的相关物理定律，由此可列出机电系统的微分方程。

【例 2-4】　图 2-4 所示为电枢控制的直流电动机的物理模型图，电枢电压 u_a 为输入变量，电动机角速度 ω 为输出变量，B 为电动机轴上的黏性摩擦系数，J 为转动惯量，D 为转子直径，假定负载力矩为 T_L，试列写出其微分方程。

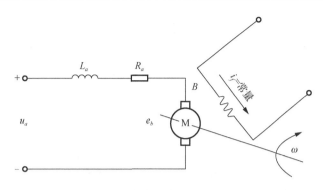

解： 当电枢两端加上电压 u_a 时，电枢回路中就产生电流 i_a，在磁场作用下产生转矩 T_m，使电动机转子加速转动起来，获得不断加大的角速度 ω。在磁场作用下，旋转的转子又产生反电动势 e_b。

对于电枢回路电压方程，有

$$L_a \frac{\mathrm{d}i_a}{\mathrm{d}t} + R_a i_a + e_b - u_a = 0$$

$$e_b = C_e \cdot \omega$$

式中，C_e 为电动机的反电动势常数，由电动机的参数决定；L_a 为转子铜线等效电感。

电动机的力矩平衡方程为

$$J\dot{\omega}(t) = T_m - B\omega$$

$$T_m = C_m i_a$$

式中，$J = \dfrac{GD^2}{4g}$ 为电动机转子的转动惯量；C_m 为电动机的力矩常数。整理上式得

$$\frac{L_a J}{C_m}\ddot{\omega}(t) + \frac{L_a B + R_a J}{C_m}\dot{\omega}(t) + \left(C_e + \frac{R_a B}{C_m}\right)\omega = U_a$$

2.1.3　非线性微分方程的线性化

1. 线性化的理论依据

可以用线性方程描述的系统称为线性系统。如果线性系统的参数不随时间而变化或描述线性系统的方程系数为常数，则称为线性定常系统；反之称为线性时变系统。线性方程是指满足叠加原理的方程，即满足可加性和齐次性的方程。

可加性：

$$f(x_1 + x_2) = f(x_1) + f(x_2) \tag{2-1}$$

齐次性(或称均匀性)：

$$f(\alpha x) = \alpha f(x) \tag{2-2}$$

线性叠加：

$$f(\alpha x_1 + \beta x_2) = \alpha f(x_1) + \beta f(x_2) \tag{2-3}$$

式中，α 和 β 为常数。

用非线性方程描述的系统称为非线性系统。实际的物理系统往往存在死区、饱和、间隙等各类非线性现象。严格地讲，几乎所有实际的物理系统都是非线性的。线性系统也只在一定的范围内保持其线性关系。尽管线性系统的理论已经相当成熟，但非线性系统的理论还远不完善。另外，非线性系统不满足叠加原理，这给求解非线性系统带来很大的不便，故尽量对所研究的系统先进行线性化处理，然后用线性理论进行分析。

当非线性因素对系统的影响很小时，一般予以忽略，可将系统当作线性系统处理。另外，如果系统的变量只发生微小的偏移，可以通过切线法进行线性化，以求得其增量微分方程。增量指的不是各个变量的绝对数量，由于反馈控制系统不允许出现大的偏差，控制系统往往工作在平衡位移附近，这种情况的线性化对于闭环控制系统具有实际意义。

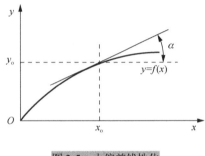

图 2-5 小偏差线性化

通常控制系统的工作状态即稳态，系统受到各种扰动，产生偏差。但对于稳定系统，这种偏差是很小的，即可使用小偏差方法进行线性化。

设一系统的非线性函数特性如图 2-5 所示。令

$$y = f(x) \tag{2-4}$$

在工作过程中，变量在大范围内变化时，将曲线看作直线是难以接受的。但当系统在工作点处稳定工作时，用直线代替曲线来描述系统在工作点处的稳定工作过程就较为合理。其在工作点处线性化的方法如下。

(1)假设 x、y 在平衡点或稳态点 (x_o, y_o) 附近做增量变化，即

$$x = x_o + \Delta x$$
$$y = y_o + \Delta y \tag{2-5}$$

(2)近似处理。在平衡点 (x_o, y_o) 处，以曲线的切线代替曲线，且对平衡点的变化求导，则得近似式

$$\Delta y = \frac{\mathrm{d}f(x)}{\mathrm{d}x}\bigg|_{x=x_o} \Delta x \tag{2-6}$$

上述方法的理论基础本质上为对非线性函数 $f(x)$ 在工作点 x_o 处进行泰勒级数展开后，近似取一阶增量项，即

$$y = y_o + \frac{\mathrm{d}y}{\mathrm{d}x}\bigg|_{x=x_o}(x-x_o) + \frac{\mathrm{d}^2 y}{\mathrm{d}x^2}\bigg|_{x=x_o}\frac{(x-x_o)^2}{2!} + \cdots \tag{2-7}$$

因为 $\Delta x = x - x_o$ 较小，忽略二阶以上项，即

$$y - y_o = \frac{\mathrm{d}y}{\mathrm{d}x}\bigg|_{x=x_o}(x-x_o) \tag{2-8}$$

以增量为变量，得到小偏差线性化微分方程为

$$\Delta y = \frac{\mathrm{d}y}{\mathrm{d}x}\bigg|_{x=x_o} \Delta x \tag{2-9}$$

2．线性化实例

　　流体系统通常是非线性系统，但经过适当的近似处理也可以用线性微分方程来加以描述。流体系统遵循质量守恒定律、动量守恒定律和能量守恒定律，根据这三大守恒定律可列写出流体系统的微分方程。

　　【例 2-5】　图 2-6 所示为液位系统，箱体通过输出端节流阀对外供液。设流入箱体的质量流量 $q_i(t)$ 为系统输入量，液面高度 $h(t)$ 为系统输出量，$q_c(t)$ 为出水管的质量流量，列写系统关于输入与输出的线性增量微分方程。

　　解： 根据流体质量守恒定律有

$$A\frac{\mathrm{d}h(t)}{\mathrm{d}t} = q_i(t) - q_c(t)$$

式中，A 为箱体截面积。

　　设流体是不可压缩的，其流量公式为

$$q_c(t) = a\sqrt{h(t)}$$

式中，a 为节流阀材料及结构决定的流量系数。

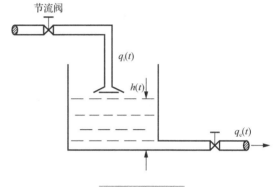

图 2-6　液位系统

　　根据上面两个方程消去中间变量得

$$A\frac{\mathrm{d}h(t)}{\mathrm{d}t} + a\sqrt{h(t)} = q_i(t)$$

可见，这是一个非线性微分方程，故该系统为
非线性系统。现将其线性化处理，当系统处于稳定状态工作时，流入箱体的流量 $q_{io}(t)$ 与流出箱体的流量 $q_{co}(t)$ 相等，此时的液面高度 $h_o(t)$ 为

$$a\sqrt{h_o} = q_{co}$$

　　将非线性函数 $\sqrt{h(t)}$ 展开成泰勒级数，则

$$\sqrt{h} = \sqrt{h_o} + \frac{\mathrm{d}\sqrt{h}}{\mathrm{d}h}\bigg|_{h=h_o}(h-h_o) + \frac{\mathrm{d}^2\sqrt{h}}{\mathrm{d}h^2}\bigg|_{h=h_o}\frac{(h-h_o)^2}{2!} + \cdots$$

　　略去上式的二次以上阶项，并令 $h-h_o=\Delta h$，则

$$\sqrt{h} = \sqrt{h_o} + \frac{1}{2\sqrt{h_o}}\Delta h$$

　　用增量表示系统的非线性微分方程：

$$A\frac{\mathrm{d}(h_o+\Delta h)}{\mathrm{d}t} + a\left(\sqrt{h_o} + \frac{1}{2\sqrt{h_o}}\Delta h\right) = q_{io} + \Delta q_i$$

$$A\frac{\mathrm{d}\Delta h}{\mathrm{d}t} + a\frac{\Delta h}{2\sqrt{h_o}} = q_{io} - a\sqrt{h_o} + \Delta q_i$$

　　在稳定平衡状态时，$q_{io} = q_{co}$，即

$$\frac{\mathrm{d}\Delta h}{\mathrm{d}t} + \frac{a}{2A\sqrt{h_o}}\Delta h = \frac{1}{A}\Delta q_i$$

　　该式即为液位系统的线性增量微分方程。

在系统线性化的过程中，有以下几点需要注意：

(1)线性化是相对某一特定工作点而言的，同一系统工作点变化时的线性化模型参数也往往不同。

(2)系统离工作点的偏差越小，则线性化精度越高，因此必须注意线性方程适用的工作范围。

(3)线性增量微分方程中可认为其初始条件为零，即由广义坐标原点平移到特定工作点处。

(4)线性化只适用于没有间断点、折断点的单值连续函数。某些典型的本质非线性环节，如前面提到的死区、间隙等，由于存在间断点，不能通过泰勒级数展开进行线性化，只有当它们对系统的影响较小时才能忽略不计，否则只能作为非线性问题处理或通过描述函数等方法进行线性化。

2.2　拉氏变换及逆变换

控制系统的微分方程模型在描述系统时，不仅微分方程的求解较烦琐，而且求出的微分方程的解也只代表特定的系统输入对应的响应(假设系统的初始条件为零)，不能直观地揭示控制系统的结构和参数对控制系统稳、快与准三方面的影响。而控制系统的传递函数模型则直接反映系统的结构和参数，且求解更容易。为了建立控制系统的传递函数模型，需要用到拉氏变换。拉普拉斯(Laplace)变换简称拉氏变换。利用拉氏变换，可将微分方程转换为代数方程，使求解大为简化，拉氏变换是分析工程控制系统的基本数学方法之一。

2.2.1　拉氏变换的定义

对于实变量的函数 $x(t)$ ，有下列条件：

(1)当 $t<0$ 时， $x(t)=0$ ；当 $t>0$ 时， $x(t)$ 在每个有限区间上是分段连续的；

(2) $\int_0^\infty x(t)\mathrm{e}^{-\sigma t}\mathrm{d}t<\infty$ ，其中 σ 为正实数，即待变换函数 $x(t)$ 的增长幅度小于指数函数 $\mathrm{e}^{-\sigma t}$ 的衰减幅度，即其乘积在 $0\sim+\infty$ 区间积分有界。

若 $x(t)$ 满足上列条件，则可定义 $x(t)$ 的拉氏变换 $X(s)$ 为

$$X(s)=L[x(t)]\overset{\mathrm{def}}{=\!=}\int_0^\infty x(t)\mathrm{e}^{-st}\mathrm{d}t \tag{2-10}$$

式中， $s=\sigma+\mathrm{j}\omega$ 为复变数，且 $\mathrm{Re}(s)>\sigma$ ； $x(t)$ 为原函数； $X(s)$ 为象函数； L 为拉氏变换的符号。

2.2.2　典型函数的拉氏变换

1．单位脉冲函数

$$f(t)=\delta(t)=\begin{cases}0,&t\neq 0\\\infty,&t=0\end{cases},\qquad\int_{-\infty}^{+\infty}\delta(t)\mathrm{d}t=1$$

其拉氏变换为

$$F(s) = L[\delta(t)] = \int_0^\infty \delta(t) \mathrm{e}^{-st} \mathrm{d}t = \int_{0^-}^{0^+} \delta(t) \mathrm{d}t = 1$$

2．单位阶跃函数

$$u(t) = \begin{cases} 1, & t \geqslant 0 \\ 0, & t < 0 \end{cases}$$

其拉氏变换为

$$F(s) = L[u(t)] = \int_0^\infty u(t) \mathrm{e}^{-st} \mathrm{d}t = -\frac{1}{s} \mathrm{e}^{-st} \bigg|_0^\infty = \frac{1}{s}$$

3．单位斜坡函数

$$f(t) = t \cdot u(t) = \begin{cases} t, & t \geqslant 0 \\ 0, & t < 0 \end{cases}$$

其拉氏变换为

$$F(s) = L[t \cdot u(t)] = \int_0^\infty t \cdot u(t) \mathrm{e}^{-st} \mathrm{d}t = -\frac{t}{s} \mathrm{e}^{-st} \bigg|_0^\infty + \int_0^\infty \frac{1}{s} \mathrm{e}^{-st} \mathrm{d}t = \frac{1}{s^2}$$

4．指数函数

$$f(t) = \begin{cases} \mathrm{e}^{at}, & t \geqslant 0 \\ 0, & t < 0 \end{cases}$$

其拉氏变换为

$$F(s) = L(\mathrm{e}^{at}) = \int_0^{+\infty} \mathrm{e}^{at} \cdot \mathrm{e}^{-st} \mathrm{d}t = \int_0^\infty \mathrm{e}^{-(s-a)t} \mathrm{d}t = \frac{1}{s-a}$$

5．正弦函数和余弦函数

根据欧拉公式，有

$$\mathrm{e}^{\mathrm{j}\theta} = \cos\theta + \mathrm{j}\sin\theta, \quad \mathrm{e}^{-\mathrm{j}\theta} = \cos\theta - \mathrm{j}\sin\theta$$

即

$$\sin\theta = \frac{\mathrm{e}^{\mathrm{j}\theta} - \mathrm{e}^{-\mathrm{j}\theta}}{2\mathrm{j}}, \quad \cos\theta = \frac{\mathrm{e}^{\mathrm{j}\theta} + \mathrm{e}^{-\mathrm{j}\theta}}{2}$$

可以利用上面指数函数拉氏变换的结果，得出正弦函数的拉氏变换，即

$$F(s) = L(\sin\omega t) = \int_0^\infty \sin\omega t \cdot \mathrm{e}^{-st} \mathrm{d}t = \int_0^\infty \frac{1}{2\mathrm{j}} (\mathrm{e}^{\mathrm{j}\omega t} - \mathrm{e}^{-\mathrm{j}\omega t}) \cdot \mathrm{e}^{-st} \mathrm{d}t$$

$$= \frac{1}{2\mathrm{j}} \left(\frac{1}{s - \mathrm{j}\omega} - \frac{1}{s + \mathrm{j}\omega} \right) = \frac{\omega}{s^2 + \omega^2}$$

同理，余弦函数的拉氏变换为

$$F(s) = L(\cos\omega t) = \int_0^\infty \cos\omega t \cdot \mathrm{e}^{-st} \mathrm{d}t = \int_0^\infty \frac{1}{2} (\mathrm{e}^{\mathrm{j}\omega t} + \mathrm{e}^{-\mathrm{j}\omega t}) \cdot \mathrm{e}^{-st} \mathrm{d}t$$

$$= \frac{1}{2} \left(\frac{1}{s - \mathrm{j}\omega} + \frac{1}{s + \mathrm{j}\omega} \right) = \frac{s}{s^2 + \omega^2}$$

6. t 的幂函数

可以利用 Γ 函数的性质得出结果：

$$\Gamma(a) \stackrel{\text{def}}{=} \int_0^\infty x^{a-1} e^{-x} dx, \quad \Gamma(n+1) = n\Gamma(n) = n!$$

令 $u = st$，则 $t = \dfrac{u}{s}$，即 $dt = \dfrac{1}{s} du$，所以

$$L(t^n) = \int_0^\infty t^n \cdot e^{-st} dt = \frac{1}{s^{n+1}} \int_0^\infty u^n e^{-u} du = \frac{n!}{s^{n+1}}$$

2.2.3 拉氏变换的基本性质

1. 叠加性质

若 $L[f_1(t)] = F_1(s)$，$L[f_2(t)] = F_2(s)$，则

$$L[af_1(t) + bf_2(t)] = aF_1(s) + bF_2(s) \tag{2-11}$$

式中，a、b 为非零常数。

证：

$$L[af_1(t) + bf_2(t)] = \int_0^\infty [af_1(t) + bf_2(t)] e^{-st} dt$$
$$= \int_0^\infty af_1(t) e^{-st} dt + \int_0^\infty bf_2(t) e^{-st} dt = aF_1(s) + bF_2(s)$$

2. 微分定理

$$L\left[\frac{d}{dt} f(t)\right] = sF(s) - f(0) \tag{2-12}$$

证：

$$F(s) = \int_0^\infty f(t) e^{-st} dt = \int_0^\infty f(t) \cdot \frac{1}{-s} de^{-st}$$
$$= f(t) \frac{e^{-st}}{-s} \bigg|_0^\infty - \int_0^\infty \frac{e^{-st}}{-s} df(t) = \frac{f(0)}{s} + \frac{1}{s} \int_0^\infty \left[\frac{d}{dt} f(t)\right] e^{-st} dt$$

即

$$F(s) = \frac{f(0)}{s} + \frac{1}{s} L\left[\frac{d}{dt} f(t)\right]$$

所以

$$L\left[\frac{d}{dt} f(t)\right] = sF(s) - f(0)$$

由此，进一步递推下去，有

$$L\left[\frac{d^n}{dt^n} f(t)\right] = s^n F(s) - s^{n-1} f(0) - s^{n-2} f'(0) - \cdots - sf^{n-2}(0) - f^{n-1}(0) \tag{2-13}$$

在零初始条件下，即 $f(0) = f'(0) = \cdots = f^{n-2}(0) = f^{n-1}(0) = 0$，有

$$L\left[\frac{d^n}{dt^n} f(t)\right] = s^n F(s) \tag{2-14}$$

由式 (2-13) 和式 (2-14) 可将微分方程变换为 s 的代数方程。

3. 积分定理

$$L\left[\int f(t)\mathrm{d}t\right] = \frac{F(s)}{s} + \frac{f^{-1}(0)}{s} \tag{2-15}$$

式中，$f^{-1}(0) \stackrel{\mathrm{def}}{=} \int_{0^-}^{0^+} f(t)\mathrm{d}t$ 。

证：

$$L\left[\int f(t)\mathrm{d}t\right] = \int_0^\infty \left[\int f(t)\mathrm{d}t\right]\mathrm{e}^{-st}\mathrm{d}t = \int_0^\infty \left[\int f(t)\mathrm{d}t\right]\frac{1}{-s}\mathrm{de}^{-st}$$

$$= \left[\int f(t)\mathrm{d}t\right]\cdot\frac{\mathrm{e}^{-st}}{-s}\bigg|_0^\infty - \int_0^\infty \frac{\mathrm{e}^{-st}}{-s}f(t)\mathrm{d}t = \frac{f^{-1}(0)}{s} + \frac{F(s)}{s}$$

由此，进一步递推下去，有

$$L\left[\int\cdots\int f(t)(\mathrm{d}t)^n\right] = \frac{F(s)}{s^n} + \frac{f^{-1}(0)}{s^n} + \frac{f^{-2}(0)}{s^{n-1}} + \cdots + \frac{f^{-n}(0)}{s} \tag{2-16}$$

式中，$f^{-n}(0) \stackrel{\mathrm{def}}{=} \int\cdots\int_{0^-}^{0^+} f(t)(\mathrm{d}t)^n\big|_{t=0}$ 。在零初始条件下，即 $f^{-1}(0)=f^{-2}(0)=\cdots=f^{-n}(0)=0$ ，有

$$L\left[\int\cdots\int f(t)(\mathrm{d}t)^n\right] = \frac{F(s)}{s^n} \tag{2-17}$$

4. 衰减定理

$$L\left[\mathrm{e}^{-at}f(t)\right] = F(s+a) \tag{2-18}$$

证：

$$L\left[\mathrm{e}^{-at}f(t)\right] = \int_0^\infty \mathrm{e}^{-at}f(t)\mathrm{e}^{-st}\mathrm{d}t = \int_0^\infty f(t)\mathrm{e}^{-(s+a)t}\mathrm{d}t = F(s+a)$$

5. 延时定理

$$L[f(t-a)] = \mathrm{e}^{-as}F(s) \tag{2-19}$$

证：

$$L[f(t-a)] = \int_0^\infty f(t-a)\mathrm{e}^{-s(t-a)}\mathrm{e}^{-as}\mathrm{d}(t-a) = \mathrm{e}^{-as}\int_0^\infty f(\tau)\mathrm{e}^{-s\tau}\mathrm{d}\tau = \mathrm{e}^{-as}F(s)$$

6. 初值定理

$$\lim_{t\to 0} f(t) = \lim_{s\to\infty} sF(s) \tag{2-20}$$

证：

$$L\left[\frac{\mathrm{d}f(t)}{\mathrm{d}t}\right] = \int_0^\infty \frac{\mathrm{d}f(t)}{\mathrm{d}t}\mathrm{e}^{-st}\mathrm{d}t$$

又因为

$$L\left[\frac{\mathrm{d}f(t)}{\mathrm{d}t}\right] = sF(s) - f(0)$$

故

$$\int_0^\infty \frac{\mathrm{d}f(t)}{\mathrm{d}t}\mathrm{e}^{-st}\mathrm{d}t = sF(s) - f(0), \quad \lim_{s\to\infty}\left[\int_0^\infty \frac{\mathrm{d}f(t)}{\mathrm{d}t}\mathrm{e}^{-st}\mathrm{d}t\right] = \lim_{s\to\infty}[sF(s) - f(0)]$$

即

$$0 = \lim_{s\to\infty} sF(s) - \lim_{s\to\infty} f(0)$$

故

$$\lim_{t \to 0} f(t) = \lim_{s \to \infty} sF(s)$$

7. 终值定理

$$\lim_{t \to \infty} f(t) = \lim_{s \to 0} sF(s) \tag{2-21}$$

证：

$$L\left[\frac{\mathrm{d}f(t)}{\mathrm{d}t}\right] = \int_0^\infty \frac{\mathrm{d}f(t)}{\mathrm{d}t} e^{-st} \mathrm{d}t$$

又因为

$$L\left[\frac{\mathrm{d}f(t)}{\mathrm{d}t}\right] = sF(s) - f(0)$$

故

$$\lim_{s \to 0}\left[\int_0^\infty \frac{\mathrm{d}f(t)}{\mathrm{d}t} e^{-st} \mathrm{d}t\right] = \lim_{s \to 0}[sF(s) - f(0)]$$

即

$$\int_0^\infty \frac{\mathrm{d}f(t)}{\mathrm{d}t} \mathrm{d}t = \lim_{s \to 0}[sF(s) - f(0)]$$

故

$$\lim_{t \to \infty} f(t) - f(0) = \lim_{s \to 0} sF(s) - f(0)$$

所以

$$\lim_{t \to \infty} f(t) = \lim_{s \to 0} sF(s)$$

利用终值定理，可以将控制系统时域中的稳态输出或稳态误差转化为复域中分析求解，而无须进行烦琐的微分方程求解再求极限。特别说明：运用终值定理的前提是时域函数在时间趋于无穷大时终值或极限存在。若极限不存在时，则不能用终值定理。例如，正弦函数不存在极限，则不能对正弦函数使用终值定理。如果闭环控制系统不稳定，则系统的响应是发散的，同样不能利用终值定理去求系统稳态输出或稳态误差。

8. 相似定理

$$L\left[f\left(\frac{t}{a}\right)\right] = aF(as) \tag{2-22}$$

证：设 $t/a = \tau$，$as = \omega$，则 $t = a\tau$，$s = \omega/a$，即

$$L\left[f\left(\frac{t}{a}\right)\right] = \int_0^\infty f\left(\frac{t}{a}\right) e^{-st} \mathrm{d}t = \int_0^\infty f(\tau) e^{-\omega\tau} \mathrm{d}(a\tau) = a\int_0^\infty f(\tau) e^{-\omega t} \mathrm{d}t = aF(\omega) = aF(as)$$

9. $t f(t)$ 的拉氏变换

$$L[t f(t)] = -\frac{\mathrm{d}F(s)}{\mathrm{d}s} \tag{2-23}$$

证：由莱布尼茨法则得

$$\frac{\mathrm{d}F(s)}{\mathrm{d}s} = \frac{\mathrm{d}}{\mathrm{d}s}\int_0^\infty f(t) e^{-st} \mathrm{d}t = \int_0^\infty \frac{\partial}{\partial s}\left[e^{-st} f(t)\right] \mathrm{d}t = -\int_0^\infty t f(t) e^{-st} \mathrm{d}t = -L[t f(t)]$$

所以

$$L[t f(t)] = -\frac{\mathrm{d}F(s)}{\mathrm{d}s}$$

同理推证：

$$L[t^n f(t)] = (-1)^n \frac{\mathrm{d}^n F(s)}{\mathrm{d}s^n} \tag{2-24}$$

10. $\dfrac{f(t)}{t}$ 的拉氏变换

$$L\left[\frac{f(t)}{t}\right] = \int_s^\infty F(s)\mathrm{d}s \tag{2-25}$$

证：

$$\int_s^\infty F(s)\mathrm{d}s = \int_s^\infty \int_0^\infty f(t)\mathrm{e}^{-st}\mathrm{d}t\mathrm{d}s = \int_0^\infty f(t)\mathrm{d}t \int_s^\infty \mathrm{e}^{-st}\mathrm{d}s$$

$$= \int_0^\infty f(t)\mathrm{d}t\left(-\frac{1}{t}\mathrm{e}^{-st}\right)\bigg|_s^\infty = \int_0^\infty \frac{f(t)}{t}\mathrm{e}^{-st}\mathrm{d}t = L\left[\frac{f(t)}{t}\right]$$

11. 周期定理

设函数 $f(t)$ 是以 T 为周期的周期函数，即 $f(t+T) = f(t)$，则

$$L[f(t)] = \frac{1}{1-\mathrm{e}^{-sT}} \int_0^T f(t)\mathrm{e}^{-st}\mathrm{d}t \tag{2-26}$$

证：

$$L[f(t)] = \int_0^\infty f(t)\mathrm{e}^{-st}\mathrm{d}t$$

$$= \lim_{n\to\infty}\left[\int_0^T f(t)\mathrm{e}^{-st}\mathrm{d}t + \int_T^{2T} f(t)\mathrm{e}^{-st}\mathrm{d}t + \cdots + \int_{nT}^{(n+1)T} f(t)\mathrm{e}^{-st}\mathrm{d}t\right]$$

$$= \sum_{n=0}^\infty \int_{nT}^{(n+1)T} f(t)\mathrm{e}^{-st}\mathrm{d}t$$

令 $t = \tau + nT$，则

$$L[f(t)] = \sum_{n=0}^\infty \int_0^T f(\tau + nT)\mathrm{e}^{-s(\tau+nT)}\mathrm{d}\tau = \sum_{n=0}^\infty \mathrm{e}^{-snT} \int_0^T f(\tau)\mathrm{e}^{-s\tau}\mathrm{d}\tau$$

$$= \frac{1}{1-\mathrm{e}^{-sT}} \int_0^T f(t)\mathrm{e}^{-st}\mathrm{d}t$$

12. 卷积分定理

$$L[f(t)*g(t)] = F(s)G(s) \tag{2-27}$$

式中，$f(t)*g(t)$ 为卷积分的数学表达式，定义为

$$f(t)*g(t) = \int_0^t f(t-\tau)g(\tau)\mathrm{d}\tau$$

令 $t - \tau = \xi$，则

$$f(t)*g(t) = -\int_t^0 f(\xi)g(t-\xi)\mathrm{d}\xi = \int_0^t f(\xi)g(t-\xi)\mathrm{d}\xi = g(t)*f(t)$$

证:

$$L[f(t)*g(t)] = L\left[\int_0^t f(t-\tau)g(\tau)d\tau\right] = L\left[\int_0^\infty f(t-\tau)u(t-\tau)g(\tau)d\tau\right]$$

$$= \int_0^\infty \left[\int_0^\infty f(t-\tau)u(t-\tau)g(\tau)d\tau\right]e^{-st}dt$$

$$= \int_0^\infty \int_0^\infty f(t-\tau)u(t-\tau)e^{-s(t-\tau)}dt \cdot g(\tau)e^{-s\tau}d\tau$$

令 $t-\tau=\lambda$ ，则

$$\int_0^\infty f(\lambda)e^{-s\lambda}d\lambda \int_0^\infty g(\tau)e^{-s\tau}d\tau = F(s)G(s)$$

利用典型函数的拉氏变换及以上这些拉氏变换的定理,可以求取出很多一般函数的拉氏变换,以及利用可逆性求出相应相函数的时间函数或时间响应。

【例 2-6】　试求 $L(e^{-at}\cos\omega t)$ 。

解:已知 $L(\cos\omega t) = \dfrac{s}{s^2+\omega^2}$,根据衰减定理,可直接得出

$$L(e^{-at}\cos\omega t) = \frac{s+a}{(s+a)^2+\omega^2}$$

说明:该例题的结论在后面控制系统的时域分析中会用到。

2.2.4　拉普拉斯逆变换

拉氏逆变换公式为

$$L^{-1}[F(s)] = \frac{1}{2\pi j}\int_{\delta-j\infty}^{\delta+j\infty} F(s)e^{st} = f(t) \tag{2-28}$$

拉普拉斯逆变换方法可用于求解微分方程,也是对控制系统进行时域分析的重要手段。由象函数 $F(s)$ 求原函数 $f(t)$,可根据拉氏逆变换公式计算,但一般不用逆变换公式来计算,对于简单的象函数,可直接应用拉氏变换表,查出相应的原函数。工程实践中,求复杂象函数的原函数时,通常先用部分分式展开法将复变函数展开成有理分式函数之和,然后根据拉普拉斯变换表分别利用典型函数的拉氏变换及定理,求出原函数。

【例 2-7】　试求 $F(s) = \dfrac{s}{s^2+4s+13}$ 的拉氏逆变换。

解:

$$f(t) = L^{-1}[F(s)] = L^{-1}\left[\frac{s}{s^2+4s+13}\right] = L^{-1}\left[\frac{(s+2)-2}{(s+2)^2+3^2}\right]$$

$$= L^{-1}\left[\frac{(s+2)}{(s+2)^2+3^2}\right] - \frac{2}{3}L^{-1}\left[\frac{3}{(s+2)^2+3^2}\right]$$

$$= e^{-2t}\cos 3t - \frac{2}{3}e^{-2t}\sin 3t, \quad t \geqslant 0$$

在控制理论中,一般象函数是复变数 s 的有理分式,即 $F(s)$ 可表示为如下两个 s 多项式比的形式:

$$F(s) = \frac{B(s)}{A(s)} = \frac{b_m s^m + b_{m-1} s^{m-1} + \cdots + b_1 s + b_0}{a_n s^n + a_{n-1} s^{n-1} + \cdots + a_1 s + a_0} \quad (2\text{-}29)$$

式中，系数 $a_0, a_1, a_2, \cdots, a_n$、$b_0, b_1, b_2, \cdots, b_m$ 都是实常数；m、n 是正整数，通常 $m \leqslant n$。其中，使分母为零的 s 值称为极点，使分子为零的 s 值称为零点。根据实系数多项式因式分解定理，其分母 n 次多项式应有 n 个根。其中，复数极点与其共轭复数极点成对出现，则式(2-29)可因式分解为

$$F(s) = \frac{b_m s^m + b_{m-1} s^{m-1} + \cdots + b_1 s + b_0}{(s+p_1)^{r_1}(s+p_2)^{r_2} \cdots (s+p_l)^{r_l}(s^2 + c_1 s + d_1)^{k_1} \cdots (s^2 + c_g s + d_g)^{k_g}} \quad (2\text{-}30)$$

式中，$\sum_{i=1}^{l} r_i + 2\sum_{j=1}^{g} k_j = n$，$r_i$ 为实数极点的数量，k_j 为复数极点的数量。

针对式(2-30)的极点不同的情况，可通过部分分式展开法求其逆变换。

1. 仅含不同单实数极点的情况

$$F(s) = \frac{b_m s^m + b_{m-1} s^{m-1} + \cdots + b_1 s + b_0}{a_n s^n + a_{n-1} s^{n-1} + \cdots + a_1 s + a_0} = \frac{b_m s^m + b_{m-1} s^{m-1} + \cdots + b_1 s + b_0}{(s+p_1)(s+p_2) \cdots (s+p_n)}$$

$$= \frac{c_1}{s+p_1} + \frac{c_2}{s+p_2} + \cdots + \frac{c_{n-1}}{s+p_{n-1}} + \frac{c_n}{s+p_n} \quad (2\text{-}31)$$

式中，$c_k (k = 1, 2, \cdots, n)$ 为常值，即 $s = -p_k$ 极点处的留数，可由式(2-32)求得

$$c_k = \left[F(s) \cdot (s+p_k) \right]_{s=-p_k} = \frac{B(s)}{\dot{A}(s)} \bigg|_{s=-p_k} \quad (2\text{-}32)$$

将式(2-31)进行拉氏逆变换，可利用拉氏变换表得

$$f(t) = L^{-1}[F(s)] = \sum_{i=1}^{n} c_i \mathrm{e}^{-p_i t} \cdot u(t) \quad (2\text{-}33)$$

【例 2-8】　试求 $F(s) = \dfrac{1}{s^2 + 3s + 2}$ 的拉氏逆变换。

解：

$$F(s) = \frac{1}{s^2 + 3s + 2} = \frac{1}{(s+1)(s+2)} = \frac{c_1}{s+1} + \frac{c_2}{s+2}$$

式中

$$c_1 = \left[\frac{1}{(s+1)(s+2)} \cdot (s+1) \right]_{s=-1} = 1, \quad c_2 = \left[\frac{1}{(s+1)(s+2)} \cdot (s+2) \right]_{s=-2} = -1$$

则

$$f(t) = L^{-1}\left[\frac{1}{s+1} \right] + L^{-1}\left[\frac{-1}{s+2} \right] = (\mathrm{e}^{-t} - \mathrm{e}^{-2t}) \cdot u(t)$$

2. 含有共轭复数单极点的情况

$$F(s) = \frac{b_m s^m + b_{m-1} s^{m-1} + \cdots + b_1 s + b_0}{a_n s^n + a_{n-1} s^{n-1} + \cdots + a_1 s + a_0} = \frac{b_m s^m + b_{m-1} s^{m-1} + \cdots + b_1 s + b_0}{(s+\sigma+\mathrm{j}\beta)(s+\sigma-\mathrm{j}\beta)(s+p_3) \cdots (s+p_n)}$$

$$= \frac{c_1 s + c_2}{(s+\sigma+\mathrm{j}\beta)(s+\sigma-\mathrm{j}\beta)} + \frac{c_3}{s+p_3} + \cdots + \frac{c_{n-1}}{s+p_{n-1}} + \frac{c_n}{s+p_n} \quad (2\text{-}34)$$

式中，$c_1, c_2, \cdots, c_n$ 可以通过通分及待定系数进行确定。

对于这种含共轭复数根的情况，确定待定系数时也可用前面论述的第一种情况的方法，此时相应的两个分式的 c_k 和 c_{k+1} 是共轭复数，只要求出其中一个值，另一个也就确定了。但是如果这样做，则相应的两个原函数分量中会出现复数，此时必须使用欧拉公式消除复数项。为了避免这个步骤，针对一对共轭复数根的情况，也可以将其合写为一项 $\dfrac{c_1 s + c_2}{s^2 + \beta_1 s + \beta}$。然后通过配方法，先化成正弦、余弦象函数形式，而后求其逆变换。

【例 2-9】 求 $F(s) = \dfrac{s+1}{s^3 + s^2 + s}$ 的拉氏逆变换。

解：

$$F(s) = \frac{s+1}{s(s^2 + s + 1)} = \frac{c_1}{s + \frac{1}{2} + j\frac{\sqrt{3}}{2}} + \frac{c_2}{s + \frac{1}{2} - j\frac{\sqrt{3}}{2}} + \frac{c_3}{s}$$

则

$$c_1 = \left[\frac{s+1}{s^3 + s^2 + s} \left(s + \frac{1}{2} + j\frac{\sqrt{3}}{2} \right) \right]_{s = -\frac{1}{2} - j\frac{\sqrt{3}}{2}} = -\frac{1}{2} + j\frac{\sqrt{3}}{6}$$

$$c_2 = -\frac{1}{2} - j\frac{\sqrt{3}}{6}$$

$$c_3 = \left[\frac{s+1}{s^3 + s^2 + s} s \right]_{s=0} = 1$$

$$F(s) = \frac{s+1}{s^3 + s^2 + s} = \frac{-\frac{1}{2} + j\frac{\sqrt{3}}{6}}{s + \frac{1}{2} + j\frac{\sqrt{3}}{2}} + \frac{-\frac{1}{2} - j\frac{\sqrt{3}}{6}}{s + \frac{1}{2} - j\frac{\sqrt{3}}{2}} + \frac{1}{s}$$

根据欧拉公式，有

$$f(t) = \left[\left(-\frac{1}{2} + j\frac{\sqrt{3}}{6} \right) e^{-\left(\frac{1}{2} + j\frac{\sqrt{3}}{2} \right)t} + \left(-\frac{1}{2} - j\frac{\sqrt{3}}{6} \right) e^{-\left(\frac{1}{2} - j\frac{\sqrt{3}}{2} \right)t} + 1 \right] \cdot u(t)$$

$$= \left(-e^{-\frac{1}{2}t} \cos\frac{\sqrt{3}}{2}t + \frac{\sqrt{3}}{3} e^{-\frac{1}{2}t} \sin\frac{\sqrt{3}}{2}t + 1 \right) \cdot u(t)$$

或

$$F(s) = \frac{s+1}{s^3 + s^2 + s} = \frac{-\frac{1}{2} + j\frac{\sqrt{3}}{6}}{s + \frac{1}{2} + j\frac{\sqrt{3}}{2}} + \frac{-\frac{1}{2} - j\frac{\sqrt{3}}{6}}{s + \frac{1}{2} - j\frac{\sqrt{3}}{2}} + \frac{1}{s}$$

$$= \frac{1}{s} + \frac{-\left(s + \frac{1}{2} \right)}{\left(s + \frac{1}{2} \right)^2 + \left(\frac{\sqrt{3}}{2} \right)^2} + \frac{\sqrt{3}}{3} \times \frac{\frac{\sqrt{3}}{2}}{\left(s + \frac{1}{2} \right)^2 + \left(\frac{\sqrt{3}}{2} \right)^2}$$

则

$$f(t) = \left(1 - e^{-\frac{1}{2}t}\cos\frac{\sqrt{3}}{2}t + \frac{\sqrt{3}}{3}e^{-\frac{1}{2}t}\sin\frac{\sqrt{3}}{2}t\right) \cdot u(t)$$

3. 含多重实数极点的情况

$$F(s) = \frac{b_m s^m + b_{m-1} s^{m-1} + \cdots + b_1 s + b_0}{s^n + a_{n-1} s^{n-1} + \cdots + a_1 s + a_0} = \frac{b_m s^m + b_{m-1} s^{m-1} + \cdots + b_1 s + b_0}{(s + p_1)^r (s + p_2)\cdots(s + p_l)}$$

$$= \frac{c_r}{(s + p_1)^r} + \frac{c_{r-1}}{(s + p_1)^{r-1}} + \cdots + \frac{c_1}{s + p_1} + \frac{\beta_2}{s + p_2} + \cdots + \frac{\beta_l}{s + p_l} \qquad (2\text{-}35)$$

式中，$c_k (k = 1, 2, 3, \cdots, r)$ 可由下列公式求得

$$c_r = \left[F(s)(s + p_1)^r \right]_{s=-p_1}$$

$$c_{r-1} = \left\{ \frac{\mathrm{d}}{\mathrm{d}s}\left[F(s)(s + p_1)^r \right] \right\}_{s=-p_1}$$

$$\vdots$$

$$c_{r-j} = \frac{1}{j!}\left\{ \frac{\mathrm{d}^j}{\mathrm{d}s^j}\left[F(s)(s + p_1)^r \right] \right\}_{s=-p_1} \qquad (2\text{-}36)$$

$$\vdots$$

$$c_1 = \frac{1}{(r-1)!}\left\{ \frac{\mathrm{d}^{r-1}}{\mathrm{d}s^{r-1}}\left[F(s)(s + p_1)^r \right] \right\}_{s=-p_1}$$

根据拉氏变换表，有

$$L^{-1}\left[\frac{1}{(s + p_1)^k} \right] = \frac{t^{k-1}}{(k-1)!}e^{-p_1 t} \cdot u(t) \qquad (2\text{-}37)$$

根据此式，可求出含多重实数极点情况的拉氏逆变换公式。

【例 2-10】 求 $F(s) = \dfrac{s^2 + 2s + 3}{(s+1)^3}$ 的拉氏逆变换。

解：

$$\frac{s^2 + 2s + 3}{(s+1)^3} = \frac{c_3}{(s+1)^3} + \frac{c_2}{(s+1)^2} + \frac{c_1}{s+1}$$

式中

$$c_3 = \left[\frac{s^2 + 2s + 3}{(s+1)^3} \cdot (s+1)^3 \right]_{s=-1} = 2$$

$$c_2 = \left\{ \frac{\mathrm{d}}{\mathrm{d}s}\left[\frac{s^2 + 2s + 3}{(s+1)^3} \cdot (s+1)^3 \right] \right\}_{s=-1} = (2s + 2)_{s=-1} = 0$$

$$c_1 = \frac{1}{2!}\left\{ \frac{\mathrm{d}^2}{\mathrm{d}s^2}\left[\frac{s^2 + 2s + 3}{(s+1)^3} \cdot (s+1)^3 \right] \right\}_{s=-1} = \frac{1}{2}(2)_{s=-1} = 1$$

即

$$F(s) = \frac{2}{(s+1)^3} + \frac{1}{s+1}$$

所以

$$f(t) = (t^2 e^{-t} + e^{-t}) \cdot u(t)$$

2.2.5　用拉氏变换求解线性微分方程

用拉氏变换求解线性微分方程的一般步骤如下：

(1)对待求解的微分方程等号两端分别进行拉氏变换；

(2)代入微分方程的初始条件，得到关于 $X_o(s)$ 的代数方程；

(3)解变换后的代数方程，并写成部分分式之和；

(4)利用典型函数的拉氏变换及其性质，对各部分进行拉氏逆变换，求出微分方程的解。

【例 2-11】 某线性微分方程为 $\dfrac{d^2 x_o(t)}{dt^2} + 5\dfrac{dx_o(t)}{dt} + 6x_o(t) = x_i(t)$，设输入信号 $x_i(t) = 6u(t)$，初始条件 $x_o(0)=2$，$\dot{x}_o(0)=2$，试用拉氏变换法求解该线性系统的输出信号 $x_o(t)$。

解： 对微分方程等号两端分别进行拉氏变换，得

$$[s^2 X_o(s) - sx_o(0) - \dot{x}_o(0)] + 5[sX_o(s) - x_o(0)] + 6X_o(s) = \frac{6}{s}$$

将初始条件代入上式得

$$s^2 X_o(s) - 2s - 2 + 5sx_o(s) - 10 + 6X_o(s) = \frac{6}{s}$$

整理得

$$s^2 X_o(s) + 5sX_o(s) + 6X_o(s) = 2s + 12 + \frac{6}{s}$$

解变换代数方程，得

$$X_o(s) = \frac{2s^2 + 12s + 6}{s(s^2 + 5s + 6)}$$

将 $X_o(s)$ 展开为部分分式之和，即

$$X_o(s) = \frac{1}{s} - \frac{4}{s+3} + \frac{5}{s+2}$$

求逆变换，即得微分方程的解为

$$x_o(t) = (1 - 4e^{-3t} + 5e^{-2t})u(t)$$

值得注意：应用拉氏变换法求解微分方程时，由于拉氏变换的微分性，初始条件已自动地包含在微分方程的拉氏变换公式中，所以该方法求出的微分方程的解已是全解；在进行控制系统时域分析时，通常控制系统的初始条件为零，则微分方程的拉氏变换可以简单地用 s^n 代表 n 阶微分。

2.3　控制系统的传递函数模型

传递函数模型是在微分方程模型的基础上，以拉氏变换为工具得到的系统本身的结构和参数所描述的线性定常系统的数学关系式，它表达了系统本身的固有特性。但它不能对应物理系统的物理结构和物理特性，许多物理性质完全不相同的物理系统存在相同的传递函数模型，正如一些不同的物理现象可以用相同的微分方程描述一样。

2.3.1　传递函数的概念

对于线性定常系统，在零初始条件下（即初始时刻系统的输入、输出及它们的各阶导数均为零），系统输出信号的拉氏变换与输入信号的拉氏变换之比称为系统的传递函数。

设线性定常系统的微分方程为

$$a_n \frac{\mathrm{d}^n x_\mathrm{o}(t)}{\mathrm{d}t^n} + a_{n-1} \frac{\mathrm{d}^{n-1} x_\mathrm{o}(t)}{\mathrm{d}t^{n-1}} + \cdots + a_0 x_\mathrm{o}(t)$$
$$= b_m \frac{\mathrm{d}^m x_\mathrm{i}(t)}{\mathrm{d}t^m} + b_{m-1} \frac{\mathrm{d}^{m-1} x_\mathrm{i}(t)}{\mathrm{d}t^{m-1}} + \cdots + b_0 x_\mathrm{i}(t), \quad n \geqslant m \tag{2-38}$$

式中，a_n、b_m $(n, m = 0, 1, 2, \cdots)$ 为常数；$x_\mathrm{o}(t)$ 为系统输出信号；$x_\mathrm{i}(t)$ 为系统输入信号。

设 $x_\mathrm{i}(t)$ 和 $x_\mathrm{o}(t)$ 及其各阶导数在初始时刻的值均为零，将式 (2-38) 进行拉氏变换，得

$$(a_n s^n + a_{n-1} s^{n-1} + \cdots + a_1 s + a_0) X_\mathrm{o}(s) = (b_m s^m + b_{m-1} s^{m-1} + \cdots + b_1 s + b_0) X_\mathrm{i}(s)$$

则系统传递函数为

$$G(s) = \frac{X_\mathrm{o}(s)}{X_\mathrm{i}(s)} = \frac{b_m s^m + b_{m-1} s^{m-1} + \cdots + b_1 s + b_0}{a_n s^n + a_{n-1} s^{n-1} + \cdots + a_1 s + a_0} \tag{2-39}$$

因此，系统输出的拉氏变换可写为

$$X_\mathrm{o}(s) = G(s) X_\mathrm{i}(s) \tag{2-40}$$

系统在时域中的输出为

$$x_\mathrm{o}(t) = L^{-1} \big[G(s) X_\mathrm{i}(s) \big] \tag{2-41}$$

传递函数表示系统输入与输出之间的关系，可用如图 2-7 所示的方框图直观描述。在控制工程基础中，传递函数是个非常重要的概念，它是分析线性定常系统的有力数学工具，它直接反映系统的结构和参数，用传递函数便可对系统的动态过程进行分析。传递函数具有下列主要特点：

图 2-7　传递函数的方框图

(1) 由于传递函数是微分方程经过拉普拉斯变换导出的，而拉普拉斯变换是一种线性积分运算，因此传递函数的概念仅适用于线性定常系统。

(2) 传递函数只适用于单输入单输出 (SISO) 系统的描述。如果系统存在多个输入与输出，则按线性系统的叠加原理对输入与输出进行分析和叠加。

(3) 传递函数是在零初始条件下定义的，即在零时刻之前系统对于所给定的平衡工作点处于相对静止状态。因此，传递函数不能反映初始条件引起的系统输出情况。

(4)传递函数完全取决于系统内部的结构和参数，与系统的输入信号和输出信号形式无关，但传递函数无法反映系统内部的中间变量的相互作用变化情况，只能描述系统输入与输出关系的模型，且同一传递函数可能对应着不同的物理系统。

(5)传递函数虽然完全取决于系统内部的结构和参数，但与系统的输入与输出物理量的选取有关，即传递函数可以是有量纲的，也可以是无量纲的。例如，在机械系统中，若输出为位移(cm)，输入为力(N)，则传递函数 $G(s)$ 的量纲为 cm/N；若输出为位移(cm)，输入亦为位移(cm)，则 $G(s)$ 为无量纲比值，或称为量纲指数为零。

(6)通常传递函数分母中 s 的阶次 n 大于等于分子中 s 的阶次 m，即 $n \geq m$，因为实际系统或元件输出与输入之间存在因果性。

(7)若输入已经给定，则系统的输出完全取决于其传递函数。当输入是单位脉冲信号时，传递函数就表示系统的输出函数，所以，传递函数也可以看成系统的单位脉冲响应的拉氏变换。

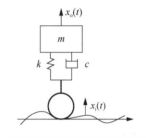

【例 2-12】 图 2-8 所示为汽车 1/4 物理模型，其输入为公路的垂向不平顺位移 $x_i(t)$，输出为车厢的垂向振动位移 $x_o(t)$。根据牛顿第二定律可得汽车 1/4 物理模型的微分方程为

$$m\ddot{x}_o(t) + c\dot{x}_o(t) + k x_o(t) = c\dot{x}_i(t) + k x_i(t)$$

上式两端在零初始条件进行拉氏变换可得

$$ms^2 X_o(s) + cs X_o(s) + k X_o(s) = cs X_i(s) + k X_i(s)$$

图 2-8　汽车 1/4 物理模型图

故传递函数为

$$G(s) = \frac{X_o(s)}{X_i(s)} = \frac{cs + k}{ms^2 + cs + k}$$

2.3.2　传递函数的零点和极点

系统的传递函数 $G(s)$ 是以复变数 s 作为自变量的函数。式(2-39)的传递函数 $G(s)$ 的分子多项式与分母多项式分别表示为 $N(s)$ 和 $D(s)$，经因式分解后，传递函数 $G(s)$ 可以写成如下两种形式(式(2-42)称为传递函数的静态增益模型；式(2-43)称为传递函数的零极点增益模型)：

$$G(s) = \frac{N(s)}{D(s)} = K \cdot \frac{\prod_{j=1}^{m}(T_j s + 1)}{\prod_{i=1}^{n}(T_i s + 1)} \tag{2-42}$$

$$G(s) = \frac{N(s)}{D(s)} = K^* \cdot \frac{\prod_{j=1}^{m}(s - z_j)}{\prod_{i=1}^{n}(s - p_i)} \tag{2-43}$$

式中，K 为系统的静态放大比例或称静态增益值；K^* 为系统传递系数或根轨迹增益；$N(s) = b_m s^m + b_{m-1}s^{m-1} + \cdots + b_1 s + b_0$ 为分子多项式；$D(s) = a_n s^n + a_{n-1}s^{n-1} + \cdots + a_1 s + a_0$ 为分母多项式，也称为系统的特征多项式；T_i 与 T_j 为时间常数；$z_j(j=1,2,\cdots,m)$ 为传递函数 $G(s)$ 的零点，即 $N(s) = 0$ 的解；$p_i(i=1,2,\cdots,n)$ 为传递函数 $G(s)$ 的极点，即

$$\lim_{s \to p_i} G(s) = \infty \tag{2-44}$$

故称 $p_1, p_2, \cdots, p_n$ 为 $G(s)$ 的极点，是特征方程 $D(s) = 0$ 的解，极点又称为系统的特征根。传递函数的零点和极点可以是实数，也可是复数。这种用零点和极点表示传递函数的方法在根轨迹法中使用较多。系统的零点和极点数值完全取决于系统结构与参数。将传递函数的零极点表示在复平面上的图形称为传递函数的零极点分布图。在图中，一般用"○"表示零点，用"×"表示极点。传递函数的零极点分布图可以更形象地反映系统的全面特性，图 2-9 为系统 $G(s) = \dfrac{k(s+2)}{(s+3)(s^2+2s+2)}$ 的零极点分布图。

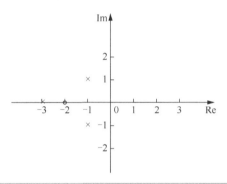

图 2-9　系统 $G(s) = \dfrac{k(s+2)}{(s+3)(s^2+2s+2)}$ 的零极点分布图

2.3.3　典型环节的传递函数

控制系统通常由被控对象、检测变送环节、执行环节和控制器等典型环节构成，其控制系统的阶次较高，不利于直接分析系统，但控制系统的各环节通常又由电气、机械、电机、流体等若干元件或部件以一定形式连接而成，这些不同的物理元件或部件却可能存在完全相同的数学模型。在控制工程中，一般将具有某种确定信息传递关系的最小单位的元件、组件或元件的一部分称为一个环节，将控制系统中经常遇到的基本环节称为典型环节。复杂控制系统常常由一些简单的典型环节组成，求出这些典型环节的传递函数，就可以求出系统的传递函数，这给研究复杂控制系统带来很大的方便。

在控制系统中，常见的典型环节有比例环节、积分环节、微分环节、惯性环节、二阶振荡环节和延迟环节，下面将介绍这些典型环节的传递函数。

1. 比例环节

在时域里，如果输出变量与输入变量成正比，输出信号不失真也不延迟而按比例地反映输入信号的环节称为比例环节(或称为放大环节)，可表示为

$$x_o = K x_i(t) \tag{2-45}$$

设初始条件为零，将式(2-45)两边进行拉氏变换，得

$$X_o(s) = K X_i(s)$$

则传递函数为

$$G(s) = \frac{X_o(s)}{X_i(s)} = K \tag{2-46}$$

式中，K 为常数，即为环节的放大比例或增益。

【例 2-13】 如图 2-10 所示的运算放大电路系统，求系统的传递函数。其中，$u_i(t)$ 为输入电压，$u_o(t)$ 为输出电压，R_1、R_2 为电阻。

解：由有源电路理论知

$$u_o(t) = -\frac{R_2}{R_1} u_i(t)$$

经拉氏变换后得

$$U_o(s) = -\frac{R_2}{R_1} U_i(s)$$

则传递函数为

$$G(s) = \frac{U_o(s)}{U_i(s)} = -\frac{R_2}{R_1}$$

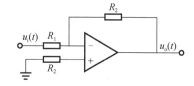

图 2-10 运算放大电路系统

【例 2-14】 如图 2-11 所示的齿轮传动副系统，求系统的传递函数。其中，$n_i(t)$ 为输入轴转速，$n_o(t)$ 为输出轴转速，z_1、z_2 为齿轮齿数。

解：设传动副无传动间隙，刚性为无穷大，那么一旦有了输入 $n_i(t)$，就会产生输出 $n_o(t)$，且满足运动方程：

$$n_i(t)z_1 = n_o(t)z_2$$

经拉氏变换后得

$$N_i(s)z_1 = N_o(s)z_2$$

则传递函数为

$$G(s) = \frac{N_o(s)}{N_i(s)} = \frac{z_1}{z_2} = K$$

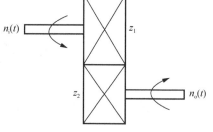

图 2-11 齿轮传动副系统

比例环节在传递信息过程中既不延时也不失真，只是将输入信号变为原来的 K 倍。机械系统中略去弹性的杠杆、无侧隙的减速器、丝杠等机械传动装置，以及高质量的测速发电机和伺服放大器等都可以认为是比例环节。

2. 积分环节

在时域里，如果输出变量正比于输入变量的积分，即

$$x_o(t) = \frac{1}{T} \int_0^t x_i(t)dt \tag{2-47}$$

则该环节称为积分环节。将式 (2-47) 两边进行拉氏变换后得

$$X_o(s) = \frac{1}{Ts} X_i(s)$$

则传递函数为

$$G(s) = \frac{X_o(s)}{X_i(s)} = \frac{1}{Ts} \tag{2-48}$$

式中，T 为积分时间常数。

【例 2-15】　如图 2-12 所示的有源积分网络，求系统的传递函数。其中，$u_i(t)$ 为输入电压，$u_o(t)$ 为输出电压，R 为电阻，C 为电容。

解：由基尔霍夫电流定律有

$$\frac{u_i(t)}{R} = -C\frac{du_o(t)}{dt}$$

经拉氏变换后得

$$\frac{1}{R}U_i(s) = -CsU_o(s)$$

则传递函数为

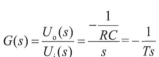

$$G(s) = \frac{U_o(s)}{U_i(s)} = \frac{-\dfrac{1}{RC}}{s} = -\frac{1}{Ts}$$

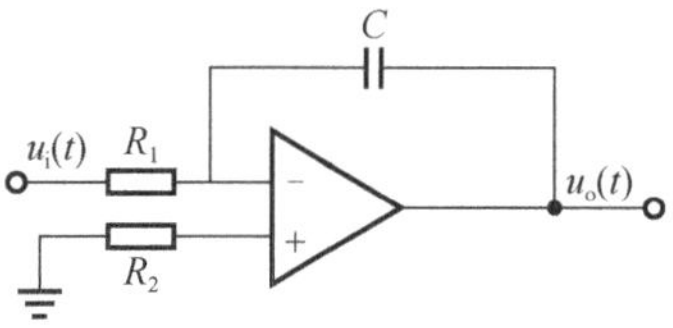

图 2-12　有源积分网络

式中，$T=RC$，为积分时间常数。

3．微分环节

在时域里，如果输出变量正比于输入变量的微分，即

$$x_o(t) = T\dot{x}_i(t) \tag{2-49}$$

则该环节称为微分环节。将式 (2-49) 两边进行拉氏变换后得

$$X_o(s) = TsX_i(s)$$

则传递函数为

$$G(s) = \frac{X_o(s)}{X_i(s)} = Ts \tag{2-50}$$

式中，T 为微分时间常数。

【例 2-16】　如图 2-13 所示的直流发电机系统，求系统的传递函数。其中，$\theta_i(t)$ 为输入转角，$u_o(t)$ 为输出电压。

解：根据电磁感应定律有

$$u_o(t) = T\frac{d\theta_i(t)}{dt}$$

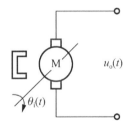

进行拉氏变换后得

$$U_o(s) = Ts\theta_i(s)$$

则传递函数为

图 2-13　直流发电机系统

$$G(s) = \frac{U_o(s)}{\theta_i(s)} = Ts$$

微分环节的输出反映输入的微分。当输入为单位阶跃函数时，输出就是脉冲函数，这在实际中是不可能的。因此，微分环节不可能单独存在，它是与其他环节同时存在的。

微分环节对控制系统有如下三方面的作用：

(1) 微分环节能提前预报系统的输出；

(2) 微分环节作为反馈环节时，可以增加系统的阻尼，提高系统稳定性；

(3) 当系统受到高频噪声作用时，微分环节会强化系统的噪声。

说明：在实际工作中，系统受惯性影响及能量有限的限制，传递函数的分母阶次大于等于分母阶次，所以将式(2-50)称为理想微分环节，理想微分环节在物理上是难以实现的，实际中用近似微分环节(或称实际微分环节)$\dfrac{kTs}{Ts+1}$(k、T 为常数)代替。

4．惯性环节

在时域里，如果输入和输出函数可表达为如下一阶微分方程：

$$T\dot{x}_o(t) + x_o(t) = x_i(t) \tag{2-51}$$

则此环节为惯性环节(或称为一阶惯性环节)。设初始条件为零，将式(2-51)两边进行拉氏变换，得

$$TsX_o(s) + X_o(s) = X_i(s)$$

则传递函数为

$$G(s) = \frac{X_o(s)}{X_i(s)} = \frac{1}{Ts+1} \tag{2-52}$$

式中，T 为惯性时间常数。

惯性环节一般包含一个储能元件和一个耗能元件。

【例 2-17】 如图 2-14 所示的无源滤波电路系统，求系统的传递函数。其中，$u_i(t)$ 为输入电压，$u_o(t)$ 为输出电压，R 为电阻，C 为电容。

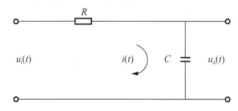

图 2-14 无源滤波电路系统(一)

解：设电流 $i(t)$ 为中间变量，则

$$\begin{cases} u_i(t) = i(t)R + \dfrac{1}{C}\displaystyle\int i(t)\mathrm{d}t \\[3mm] u_o(t) = \dfrac{1}{C}\displaystyle\int i(t)\mathrm{d}t \end{cases}$$

经拉氏变换后得

$$\begin{cases} U_i(s) = I(s)R + \dfrac{1}{Cs}I(s) \\[3mm] U_o(s) = \dfrac{1}{Cs}I(s) \end{cases}$$

消去 $I(s)$，得

$$(RCs+1)U_o(s) = U_i(s)$$

则

$$G(s) = \frac{U_o(s)}{U_i(s)} = \frac{1}{RCs+1}$$

式中，$RC = T$ 为惯性时间常数。

本系统之所以成为惯性环节，是因为含有容性储能元件 C 和阻性耗能元件 R。

【例 2-18】 如图 2-15 所示的弹簧-阻尼系统，求系统的传递函数。其中，$x_i(t)$ 为输入位移，$x_o(t)$ 为输出位移，k 为弹簧的弹性系数，c 为黏性阻尼系数。

解： 由系统运动规律有

$$k[x_i(t) - x_o(t)] = c\frac{\mathrm{d}x_o(t)}{\mathrm{d}t}$$

经拉氏变换后得

$$k[X_i(s) - X_o(s)] = csX_o(s)$$

即

$$\left(\frac{c}{k}s + 1\right)X_o(s) = X_i(s)$$

则传递函数为

$$G(s) = \frac{X_o(s)}{X_i(s)} = \frac{1}{\dfrac{c}{k}s + 1}$$

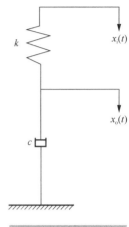

图 2-15 弹簧-阻尼系统

式中，$c/k = T$ 为惯性时间常数。

本系统之所以成为惯性环节，是因为含有弹性储能元件(弹簧，其弹性系数为 k)和阻尼耗能元件(阻尼器，其黏性阻尼系数为 c)。

上述两例说明，不同物理系统具有相同的传递函数。例如，许多热力系统，包括热电偶等在内，也是惯性系统，也具有上传递函数形式。

5. 振荡环节

在时域里，如果输入函数和输出函数可表达为如下二阶微分方程：

$$T^2\ddot{x}_o(t) + 2\xi T\dot{x}_o(t) + x_o(t) = x_i(t) \tag{2-53}$$

则该环节称为振荡环节(或称二阶振荡环节)。将式(2-53)两边进行拉氏变换后得

$$T^2s^2X_o(s) + 2\xi TsX_o(s) + X_o(s) = X_i(s)$$

则传递函数为

$$G(s) = \frac{X_o(s)}{X_i(s)} = \frac{1}{T^2s^2 + 2\xi Ts + 1} \tag{2-54}$$

或写成

$$G(s) = \frac{\omega_n^2}{s^2 + 2\xi\omega_n s + \omega_n^2} \tag{2-55}$$

式中，T 为系统振荡周期，$T = 1/\omega_n$；ω_n 为无阻尼固有频率；ξ 为阻尼比，$0 \leqslant \xi < 1$。

说明：对于二阶环节描述的系统含有两个储能元件和一个耗能元件，由于两个储能元件之间有能量交换，通常会使系统输出发生振荡。但当阻尼比大于等于 1 时，二阶系统不再振荡。从数学模型来看，当传递函数极点为一对复数极点时，系统输出就会发生振荡，且阻尼比 ξ 越小，振荡越激烈；当系统存在耗能元件时，振荡是逐渐衰减的，所以将式(2-53)或式(2-54)描述的二阶环节笼统称为二阶振荡环节并不严密。例如，二阶系统在阶跃输入信号的作用下，输出会出现两种情况：

(1)当 $0 \leqslant \xi < 1$ 时，输出为一振荡过程，此时二阶环节即为二阶振荡环节；

(2)当 $\xi \geqslant 1$ 时，输出为一指数上升曲线而不振荡，最后达到常值输出。

【例2-19】　如图2-16(a)所示的机器隔振系统，图2-16(b)为其抽象出的物理模型，$f_i(t)$为输入力，$y_o(t)$为输出位移，求系统的传递函数。

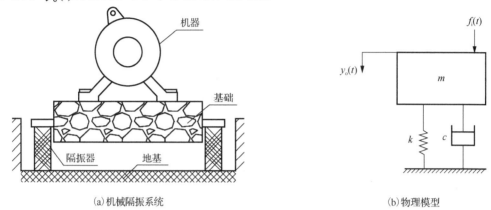

(a)机械隔振系统　　　　　　　　　　　　(b)物理模型

图2-16　机器隔振系统及其物理模型

解：根据牛顿第二定律有

$$m\ddot{y}_o(t) = f_i(t) - ky_o(t) - c\dot{y}_o(t)$$

经拉氏变换后得

$$ms^2 Y_o(s) = F_i(s) - kY_o(s) - csY_o(s)$$

则传递函数为

$$G(s) = \frac{Y_o(s)}{F_i(s)} = \frac{1}{ms^2 + cs + k} = \frac{\dfrac{1}{k} \cdot \dfrac{k}{m}}{s^2 + 2 \times \dfrac{c}{2\sqrt{mk}} \cdot \sqrt{\dfrac{k}{m}} \cdot s + \dfrac{k}{m}} = \frac{1}{k} \cdot \frac{\omega_n^2}{s^2 + 2\xi \cdot \omega_n s + \omega_n^2}$$

$$\omega_n = \sqrt{\frac{k}{m}}, \qquad \xi = \frac{c}{2\sqrt{mk}}$$

6. 延迟环节

延迟环节(或称为延迟环节和滞后环节)是指输出信号滞后于输入信号时间τ后，不失真地传递出输入信号的环节。延迟环节一般与其他环节共存，而不单独存在。

在时域里，延迟环节的输出与输入有如下关系：

$$x_o(t) = x_i(t - \tau) \tag{2-56}$$

式中，τ为延迟时间。将式(2-56)两边进行拉氏变换后得

$$X_o(s) = e^{-\tau s} X_i(s)$$

则传递函数为

$$G(s) = \frac{X_o(s)}{X_i(s)} = e^{-\tau s} \tag{2-57}$$

延迟环节与惯性环节不同，惯性环节的输出需要延迟一段时间才接近于所要求的输出，但它从输入开始时刻起就已有了输出。延迟环节在输入开始之初的时间τ内并无输出，而在经过时间τ后，输出就完全等于一开始的输入，且不再有其他滞后过程。简言之，输出等于输入，只是在时间上延迟了一段时间τ。

【例 2-20】　如图 2-17 所示的带钢厚度检测控制系统。带钢在 A 点轧出时，产生厚度偏差 Δh，但厚度偏差在 B 点被传感器检测到。轧辊处厚度 $x_i(t)$ 为输入量，被测处厚度 $x_o(t)$ 为输出量，测厚传感器距机架的距离为 L，带钢机速度为 v。

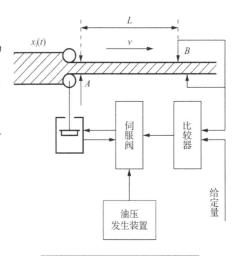

解：$x_o(t)=x_i(t-\tau)$，$\tau=L/v$ 为延迟时间，经拉氏变换后得

$$X_o(s)=\mathrm{e}^{-\tau s}X_i(s)$$

则传递函数为

$$G(s)=\frac{X_o(s)}{X_i(s)}=\mathrm{e}^{-\tau s}$$

关于典型环节数学建模中的几点说明如下：

图 2-17　带钢厚度检测控制系统

(1)建立系统数学模型时，典型环节是根据其相对独立功能写出的微分方程来划分的，往往不是按一个具体的物理装置或一个具体的物理元件划分的。例如，例 2-17 中的一阶惯性环节是由电阻和电容两个元件构成的一个完整充电回路功能来划分的。

(2)一个环节往往由几个元件之间的运动特性共同组成。例如，例 2-17 中的一阶惯性环节是由电阻和电容两个元件构成的环节。

(3)对于同一物理元件在不同系统中的情况，由于分析的问题不同，选取的元件输入物理量或输出物理量不同，其得到的微分方程不同，从而得到不同的环节。

2.4　控制系统的方框图模型

控制系统有多个典型环节，多个典型环节间按一定的连接关系组成一个有机的控制系统。前面介绍的微分方程模型和传递函数模型都是用纯粹的数学表达式来表示的，不能展现出环节间的连接关系。为了更直观地表述控制系统的环节间的相互连接与作用关系，引入了控制系统的方框图(亦称为方块图)描述。将纯粹的数学模型与图形连接相结合，将环节以方框表示，其间用相应的变量及信号流向联系起来，就构成系统的方框图。

系统方框图具体而形象地表示了系统内部各环节的数学模型、各变量之间的相互关系以及信号流向。事实上，它是系统数学模型的一种图形表示方法，它提供了关于系统动态性能的有关信息，可以揭示和评价每个组成环节对系统的影响。而且，对方框图模型通过一定的等效简化，可避免较烦琐的方程组消元计算，直接求得系统总的传递函数，故方框图对于系统的描述、分析、计算非常方便，因而在控制系统分析与设计中得到广泛应用。

2.4.1　系统方框图的组成和建立

1. 系统方框图的组成

方框图是通过将环节接连图及环节对应的数学模型相结合来描述控制系统的又一种模

型，构成方框图的基本单元或符号有四种，如图 2-18 所示。

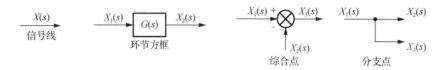

图 2-18　方框图的基本符号

(1)信号线：带有箭头的直线，箭头表示信号的流向，在直线旁标记信号的时间函数或象函数。

(2)环节方框(或称函数方框)：传递函数的图解表示，指向方框的箭头表示输入信号的拉氏变换，离开方框的箭头表示输出信号的拉氏变换，方框中表示的是该输入输出之间的环节的传递函数，所以，方框的输出应是方框中的传递函数乘其输入，即

$$X_2(s) = G(s) \cdot X_1(s) \tag{2-58}$$

因此，传递方框是单向传递的增益放大算子，输出信号的量纲等于输入信号的量纲与传递函数量纲的乘积。

(3)综合点(亦称为比较点或加减点)：进行信号之间代数加减运算的元件，用符号"$\otimes$"(一些参考书上亦用"$\oplus$"或"$\bigcirc$")及相应的信号箭头"$\rightarrow$"表示，每个箭头前方的"+"号或"−"号表示相加或相减，"+"号可省略不写，相加减的量应具有相同的量纲。相加点可以有多个输入，但输出是唯一的。几个相邻的综合点可以互换、合并、分解，即满足代数加减运算的交换律和结合律。

(4)分支点(或称引出点)：表示同一信号在不同方向的传递，从同一信号支路引出的分支点的信号完全是相等的。

值得注意：在控制系统方框图模型中，信号线的长短、粗细没有实际物理意义。

2. 系统方框图的基本连接形式

在控制系统方框图中，其基本连接形式有串联连接、并联连接和反馈连接。

1)串联连接

环节串联是指方框和方框首尾相连，前一环节的输出为后一环节的输入，如图 2-19(a)所示。当各环节之间不存在(或可忽略)负载效应时，串联连接后的传递函数为

$$G(s) = \frac{X_o(s)}{X_i(s)} = \frac{Y(s)}{X_i(s)} \cdot \frac{X_o(s)}{Y(s)} = G_1(s) \cdot G_2(s) \tag{2-59}$$

故环节串联后总的传递函数等于每个串联环节传递函数的乘积，即图 2-19(a)所示的串联连接方框图可等效为图 2-19(b)。

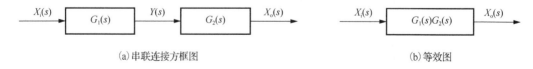

(a)串联连接方框图　　　　　　　　　　　　　　(b)等效图

图 2-19　串联连接方框图及其等效图

如果有 n 个环节串联，则系统的总传递函数为

$$G(s) = \prod_{i=1}^{n} G_i(s) \tag{2-60}$$

值得注意：此处的串联均是环节传递函数的串联，并非物理元件与器件之间的串联，否则会有串联的负载效应。

2）并联连接

环节并联是指多个方框图具有同一个输入，而输出为各个环节输出的代数和，如图 2-20（a）所示。并联连接后的传递函数为

$$G(s) = \frac{X_o(s)}{X_i(s)} = \frac{Y_1(s) + Y_2(s)}{X_i(s)} = G_1(s) + G_2(s) \tag{2-61}$$

故环节并联后总的传递函数等于所有并联环节传递函数之和，即图 2-20（a）所示的并联连接方框图可等效为图 2-20（b）。

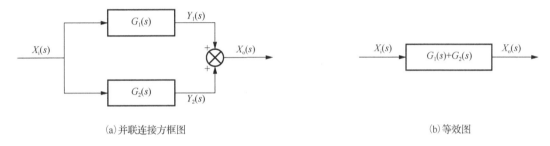

（a）并联连接方框图　　　　　　　　　　　　　　　　　　　（b）等效图

图 2-20　并联连接方框图及其等效图

如果有 n 个环节并联，则系统的总传递函数为

$$G(s) = \sum_{i=1}^{n} G_i(s) \tag{2-62}$$

3）反馈连接

若传递函数分别为 $G(s)$ 和 $H(s)$ 的两个方框，以图 2-21（a）形式连接，则称为反馈连接。其中，$G(s)$ 称为前向通路传递函数，它是输出信号 $X_o(s)$ 与偏差信号 $E(s)$ 之比，即

$$G(s) = \frac{X_o(s)}{E(s)} \tag{2-63}$$

$H(s)$ 称为反馈通路传递函数，它是反馈信号 $B(s)$ 与输出信号 $X_o(s)$ 之比，即

$$H(s) = \frac{B(s)}{X_o(s)} \tag{2-64}$$

前向通路传递函数 $G(s)$ 与反馈通路传递函数 $H(s)$ 的乘积定义为系统的开环传递函数 $G_k(s)$，它也是反馈信号 $B(s)$ 与偏差信号 $E(s)$ 之比，即

$$G_k(s) = \frac{B(s)}{E(s)} = G(s)H(s) \tag{2-65}$$

值得说明：开环传递函数是闭环控制系统的一个重要概念，它并不是开环控制系统的传递函数，而是指闭环控制系统的开环。封闭回路在综合点断开以后，以 $E(s)$ 作为输入，经 $G(s)$、$H(s)$ 而产生输出 $B(s)$，此输出与输入的比值 $B(s)/E(s)$ 是一个闭环控制系统断开后没有反馈

的开环传递函数。由于 $B(s)$ 和 $E(s)$ 在相加点的量纲相同,因此,开环传递函数无量纲,而且 $H(s)$ 的量纲是 $G(s)$ 的量纲的倒数。

输出信号 $X_o(s)$ 与输入信号 $X_i(s)$ 之比,定义为系统的闭环传递函数 $G_b(s)$,即

$$G_b(s) = \frac{X_o(s)}{X_i(s)} \tag{2-66}$$

由图 2-21(a)可得

$$X_i(s) - B(s) = E(s)$$
$$E(s) \cdot G(s) = X_o(s)$$
$$X_o(s) \cdot H(s) = B(s)$$

即

$$X_i(s) - X_o(s) \cdot H(s) = E(s)$$

所以

$$[X_i(s) - X_o(s) \cdot H(s)]G(s) = X_o(s)$$

则

$$G_b(s) = \frac{X_o(s)}{X_i(s)} = \frac{G(s)}{1 + G(s)H(s)} \tag{2-67}$$

即如图 2-21(a)所示的反馈连接方框图可等效为图 2-21(b)。其中,综合点的 $B(s)$ 处为"–"号,表示输入信号与反馈信号相减,为负反馈;反之若综合点的 $B(s)$ 处为"+"号,则表示相加,为正反馈。

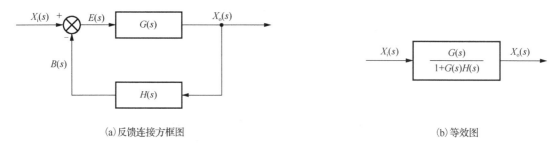

(a)反馈连接方框图　　　　　　　　　　　　　　　(b)等效图

图 2-21　反馈连接方框图及其等效图

同理,对于正反馈环节有

$$G_b(s) = \frac{X_o(s)}{X_i(s)} = \frac{G(s)}{1 - G(s)H(s)} \tag{2-68}$$

故反馈连接时,其等效传递函数等于前向通路传递函数除以 1 加(或减)系统开环传递函数(前向通路传递函数与反馈通路传递函数的乘积)。若反馈通路的传递函数 $H(s) = 1$,则系统称为单位反馈控制系统。

3. 系统方框图的建立

系统方框图建立的基本步骤可归纳如下:

(1)确定系统输入和输出变量或信号;

(2)列写关于中间变量的原始微分方程组;

(3)在零初始条件下对微分方程组进行拉氏变换,得到相应的 s 代数方程组;

(4)根据 s 代数方程组中各式的因果关系，按照输入信号绘制在最左边，输入量(或输入信号)作用产生中间变量的顺序，依次将各中间变量、传递函数方框图连接起来(同一变量的信号通路连接在一起)，直至输出量(或输出信号)绘制于最右端，便得到系统的传递函数方框图。

【例 2-21】　如图 2-22 所示的无源 RC 电路系统，设输入端电压为 $u_i(t)$，输出端电压为 $u_o(t)$，绘制相应方框图。

解：根据基尔霍夫定律得

$$Ri(t) = u_i(t) - u_o(t)$$

$$u_o(t) = \frac{1}{C} \int i(t) \mathrm{d}t$$

零初始条件下，经拉氏变换，得

$$RI(s) = U_i(s) - U_o(s)$$

$$U_o(s) = \frac{1}{Cs} I(s)$$

即

$$I(s) = [U_i(s) - U_o(s)] / R$$

$$U_o(s) = \frac{1}{Cs} I(s)$$

绘制相应的方框图如图 2-23 所示。

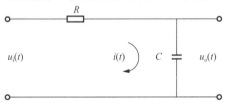

图 2-22　无源 RC 电路系统

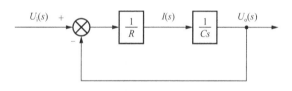

图 2-23　无源 RC 电路系统方框图

下面给出更复杂的情况下建立系统方框图的例子。

【例 2-22】　绘制如图 2-24 所示系统的方框图。

解：设中间点 A，根据图 2-24，有

$$i_1(t) = \frac{u_i(t) - u_A(t)}{R_1}$$

$$u_A(t) = \frac{1}{C_1} \int \left[i_1(t) - i_2(t) \right] \mathrm{d}t$$

$$i_2(t) = \frac{u_A(t) - u_o(t)}{R_2}$$

$$u_o(t) = \frac{1}{C_2} \int i_2(t) \, \mathrm{d}t$$

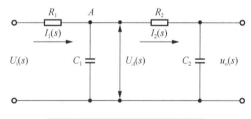

图 2-24　无源滤波电路系统(二)

将其在零初始条件下进行拉氏变换，得

$$I_1(s) = \frac{U_i(s) - U_A(s)}{R_1}, \quad U_A(s) = \frac{1}{C_1 s}\left[I_1(s) - I_2(s)\right]$$

$$I_2(s) = \frac{U_A(s) - U_o(s)}{R_2}, \quad U_o(s) = \frac{1}{C_2 s} I_2(s)$$

由此可得各环节方框图如图 2-25 所示。

将各环节方框图结合成一体，得系统方框图如图 2-26 所示。

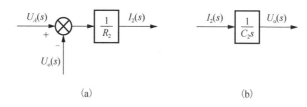

(a)   (b)

图 2-25　系统各环节方框图

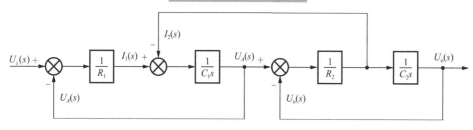

图 2-26　系统方框图(一)

需要指出：环节方框图的串联与具体物理元件的串联有时是不对应的，原因是物理环节存在负载效应。例如，图 2-24 所示电路是由两个图 2-22 所示电路串联而成的，但两个图 2-22 所示电路串联而成的方框图，即两个图 2-23 相串联，与图 2-24 电路的方框图(图 2-26)并不相同，这是由于物理元件的负载效应的缘故。如果在电路之间加上放大倍数为 1 的隔离放大器，则具体电路的串联与相应方框图的串联可以对应起来。

2.4.2　系统方框图的等效变换和简化

为了分析控制系统的动态特性，需要对控制系统进行等效变换求出总的传递函数。这种运算和变换就是将方框图化成一个等效的方框，而方框中的数学表达式就是系统总的传递函数。方框图的变换应按等效原则进行，等效就是对方框图的任一部分进行变换时，变换前后输入与输出之间总的数学关系应保持不变。其实，等效变换的本质是对所描述的系统的方程组进行消元，求出系统输入与输出的总关系式。

1. 方框图的等效变换

方框图变换的规则是在可能的情况下，利用传递环节的串联连接、并联连接及反馈连接的效应变化规则或变换公式，进行整个系统传递函数的方框图的简化。不能直接利用这些公式时，常需改变系统的分支点和综合点的位置，将系统局部化为最基本的串联连接、并联连接和反馈连接来进行简化，但这些变动必须遵照变动前后的输入与输出的数学关系不变的原则，即等效的原则进行。表 2-1 列出了方框图的等效变换规则。

表 2-1 方框图等效变换规则

序号	原方框图	等效方框图	说明
1	$A \rightarrow \boxed{G} \rightarrow AG$; AG	$A \rightarrow \boxed{G} \rightarrow AG$; $\boxed{G} \rightarrow AG$	分支点前移
2	$A \rightarrow \boxed{G} \rightarrow AG$; A	$A \rightarrow \boxed{G} \rightarrow AG$; $AG \rightarrow \boxed{\frac{1}{G}} \rightarrow A$	分支点后移
3	$A \rightarrow \boxed{G} \rightarrow AG \rightarrow \otimes \rightarrow AG-B$; $-B$	$A \rightarrow \otimes \rightarrow A-\frac{B}{G} \rightarrow \boxed{G} \rightarrow AG-B$; $\frac{B}{G}$; $\boxed{\frac{1}{G}} \leftarrow B$	综合点前移
4	$A \rightarrow \otimes \rightarrow A-B \rightarrow \boxed{G} \rightarrow AG-BG$; $-B$	$A \rightarrow \boxed{G} \rightarrow AG \rightarrow \otimes \rightarrow AG-GB$; $B \rightarrow \boxed{G} \rightarrow BG$	综合点后移
5	A ; B	B ; A	相邻分支点的位置变换
6	$A \rightarrow \otimes \rightarrow A-B \rightarrow \otimes \rightarrow A-B+C$; B ; C	$A \rightarrow \otimes \rightarrow A+C \rightarrow \otimes \rightarrow A-B+C$; C ; B	加法交换律
7	C ; $A \rightarrow \otimes \rightarrow A-B+C$; B	C ; $A \rightarrow \otimes \rightarrow A-B \rightarrow \otimes \rightarrow A-B+C$; B	加法结合律
8	$A \rightarrow \otimes \rightarrow A-B$; $A-B$; B	B ; $A \rightarrow \otimes \rightarrow A-B$; $\otimes \rightarrow A-B$; B	分支点越过综合点

2. 方框图的简化

　　系统方框图的简化方法主要是通过移动分支点或相加点，消除交叉连接，使其成为独立的小回路，以便用串联、并联和反馈连接的效应变化规则进一步简化。一般应先简化内回路，再逐步向外回路，一环环简化，最后求得系统的闭环传递函数。需要指出：分支点和综合点之间的移动往往将系统变得更复杂，非特殊情况不建议使用这种简化方法。

　　【例 2-23】 利用方框图等效变换法，求图 2-27(a)所示控制系统的等效传递函数。

　　解： 分支点前移，如图 2-27(b)所示，得到图 2-27(c)所示方框图。逐次合并反馈环节，如图 2-27(d)~(f)所示，得到图 2-27(g)所示传递函数。

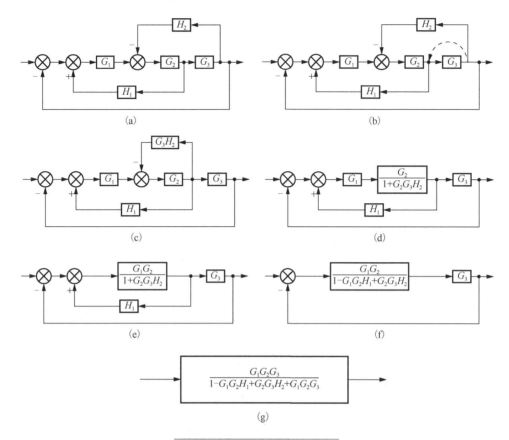

图 2-27　例 2-23 方框图简化过程

2.4.3　考虑干扰时闭环控制系统的传递函数

实际控制系统会受到两类输入的作用：一类是有用输入信号(亦称为给定输入，或参考输入)；另一类则是干扰信号。对于系统而言干扰也是输入，只是将不希望的输入信号称为

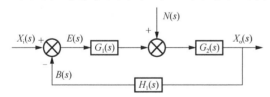

图 2-28　扰动作用下的典型系统方框图

干扰信号。有用的输入信号加在系统控制装置的输入端，也就是控制系统的输入端；而干扰信号一般作用于被控对象上，影响系统的输出。为了尽可能消除扰动对系统输出的影响，一般采用反馈控制的方式，将系统设计成闭环控制系统。图 2-28 所示为扰动作用下的典型系统方框图。

为了研究输入信号 $X_i(s)$ 作用对系统输出信号 $X_o(s)$ 的影响，需要求取有用输入信号作用下的闭环传递函数 $X_o(s)/X_i(s)$。同样，为了研究扰动 $N(s)$ 对系统输出信号 $X_o(s)$ 的影响，也需要求取扰动作用下的闭环传递函数 $X_o(s)/N(s)$。此外，在控制系统的分析和设计中，还常用到在输入信号 $X_i(s)$ 或扰动 $N(s)$ 作用下，以偏差信号 $E(s)$ 作为输出量的偏差传递函数 $E(s)/X_i(s)$ 或 $E(s)/N(s)$。以下分别进行研究。

1．输入信号下的闭环传递函数

应用线性系统的叠加原理，图 2-28 中令 $N(s)=0$，可直接求得输入信号 $X_i(s)$ 到输出信号 $X_o(s)$ 之间的闭环传递函数为

$$G_{oi}(s) = \frac{X_o(s)}{X_i(s)} = \frac{G_1(s)G_2(s)}{1+G_1(s)G_2(s)H(s)} \tag{2-69}$$

则输入引起的系统输出为

$$X_{oi}(s) = \frac{G_1(s)G_2(s)}{1+G_1(s)G_2(s)H(s)} \cdot X_i(s) \tag{2-70}$$

式 (2-70) 表明，系统在输入信号作用下的输出响应 $X_{oi}(s)$，取决于闭环传递函数 $X_o(s)/X_i(s)$ 及输入信号 $X_i(s)$ 的形式。

2．扰动作用下的闭环传递函数

应用叠加原理，图 2-28 中令 $X_i(s)=0$，可求得扰动 $N(s)$ 到输出信号 $X_o(s)$ 之间的闭环传递函数为

$$G_{on}(s) = \frac{X_o(s)}{N(s)} = \frac{G_2(s)}{1+G_1(s)G_2(s)H(s)} \tag{2-71}$$

同样，由此可求得系统在扰动作用下的输出为

$$X_{on}(s) = \frac{G_2(s)}{1+G_1(s)G_2(s)H(s)} \cdot N(s) \tag{2-72}$$

当输入信号 $X_i(s)$ 和扰动 $N(s)$ 同时作用于线性系统时，系统的总输出为

$$X_o(s) = X_{oi}(s) + X_{on}(s)$$
$$= \frac{G_1(s)G_2(s)}{1+G_1(s)G_2(s)H(s)} \cdot X_i(s) + \frac{G_2(s)}{1+G_1(s)G_2(s)H(s)} \cdot N(s) \tag{2-73}$$

在式 (2-73) 中，如果满足 $|G_1(s)G_2(s)H(s)| \gg 1$ 和 $|G_1(s)H(s)| \gg 1$ 的条件，则其可简化为

$$X_o(s) = \frac{1}{H(s)} \cdot X_i(s) \tag{2-74}$$

式 (2-74) 表明，在一定的条件下，系统的输出只取决于反馈回路传递函数 $H(s)$ 及输入信号 $X_i(s)$，既与前向通路传递函数无关，也不受扰动作用的影响。特别是当 $H(s)=1$，即单位反馈时，$X_o(s) \approx X_i(s)$，从而近似实现了对输入信号的完全复现，且对扰动具有较强的抑制能力。

3．闭环控制系统的偏差传递函数

闭环控制系统在输入信号和干扰信号同时作用的情况下，以偏差信号 $E(s)$ 作为输出量时的传递函数称为偏差传递函数。

仅在输入信号 $X_i(s)$ 的作用下，以 $E(s)$ 为输出信号的偏差传递函数为

$$G_{ei}(s) = \frac{E(s)}{X_i(s)} = \frac{1}{1+G_1(s)G_2(s)H(s)} \tag{2-75}$$

仅在扰动 $N(s)$ 的作用下，以 $E(s)$ 为输出信号的偏差传递函数为

$$G_{en}(s) = \frac{E(s)}{N(s)} = \frac{-G_2(s)H_1(s)}{1+G_1(s)G_2(s)H(s)} \tag{2-76}$$

2.5　控制系统的信号流图模型

控制系统的信号流图模型与方框图模型类似，是由环节传递函数与图形相结合的一种模型表示方法。信号流图起源于梅森(Mason)利用图示法来描述一个和一组线性代数方程，是由支点和支路组成的一种信号传递网络，这种传递网络可以不必像方框图那样进行等效变换以求系统的传递函数，也不必进行中间变量的消元，而是直接采用梅森增益公式直接求出系统的传递函数。

2.5.1　信号流图的概念及其建立方法

当系统方框图比较复杂时，可以将之转化为信号流图，并据此采用梅森增益公式求出系统的传递函数。

与图 2-29 所示系统方框图对应的系统信号流图如图 2-30 所示。

这里可以看到，信号流图中的网络是由一些定向线段(曲线)将一些节点连接起来组成的。其中，节点用来表示变量或信号，其值等于所有进入该节点的信号之和，节点用"○"表示；输入节点(或称源点)指只有输出的节点，代表系统的输入变量；输出节点(或称阱点，或汇点)指只有输入的节点，代表系统的输出变量；混合节点(亦称为中间节点)是指既有输入又有输出的节点；定向线段(曲线)称为支路，其上的箭头表明信号的传递方向，并在各支路上标明了增益，即支路上的传递函数；沿支路箭头方向穿过各个相连支路的路径称为通路，从输入节点到输出节点的通路上通过的任何节点都不重复(或不多于一次)的通路称为前向通路；除起点与终点重合外，与任何节点不重复(或不多于一次)的闭合通路称为回路。

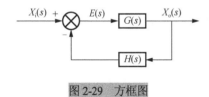

图 2-29　方框图

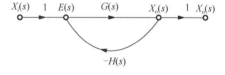

图 2-30　与图 2-29 对应的系统信号流图

在图 2-30 中，从左至右的节点中，$X_i(s)$ 为源点，$E(s)$ 和 $X_o(s)$ 为混合节点，$X_o(s)$ 为阱点。从输入信号经过 1，途经过 $G(s)$，再经过 1 到输出信号(即 $1 \rightarrow G(s) \rightarrow 1$)为前向通路。

信号流图具有下列性质：

(1)以节点代表变量。源点代表输入变量，阱点代表输出变量，混合节点表示的变量是所有流入该点的信号的代数和，而从节点流出的各支路信号均为该节点的信号。

(2)以支路表示变量或信号的传输和变换过程，信号只能沿着支路的箭头方向传输。在信号流图中每经过一条支路，相当于在方框图中经过一个用方框表示的环节。

(3)增加一个具有单位传输的支路，可以把混合节点化为阱点。

(4)对于同一个系统，信号流图的形式不是唯一的。

信号流图的建立方法有两种：一种是由方框图转化得到；另一种是在微分方程模型或传递函数模型建立过程中，对于关于中间变量 s 的代数方程组不用消去中间变量，而以信号作用的先后顺序按照信号流图规则直接绘制出系统的信号流图。

2.5.2　梅森增益公式及其应用

从输入变量到输出变量的系统传递函数可由梅森增益公式求得。梅森增益公式可表示为

$$P = \frac{1}{\Delta}\sum_{k=1}^{n} P_k \Delta_k \tag{2-77}$$

式中，P 为系统总传递函数；P_k 为第 k 条前向通路的传递函数；n 为从输入节点到输出节点的前向通路总数；Δ_k 为第 k 条前向通路对应的特征余因子，即除去第 k 条前向通路后，剩余信号流图的特征式为 Δ_k；Δ 为系统信号流图的特征式。

$$\Delta = 1 - \sum_a L_a + \sum_{b,c} L_b L_c - \sum_{d,e,f} L_d L_e L_f + \cdots \tag{2-78}$$

式中，L_a、L_b 和 L_c 为信号流图中回路传递函数的乘积，$\sum\limits_a L_a$ 为所有不同回路的传递函数乘积之和；$\sum\limits_{b,c} L_b L_c$ 为每两个互不接触回路的传递函数乘积之和；$\sum\limits_{d,e,f} L_d L_e L_f$ 为每三个互不接触回路的传递函数乘积之和。

【例 2-24】　图 2-26 所示系统方框图可表示为图 2-31 所示的信号流图，试用梅森增益公式求其传递函数。

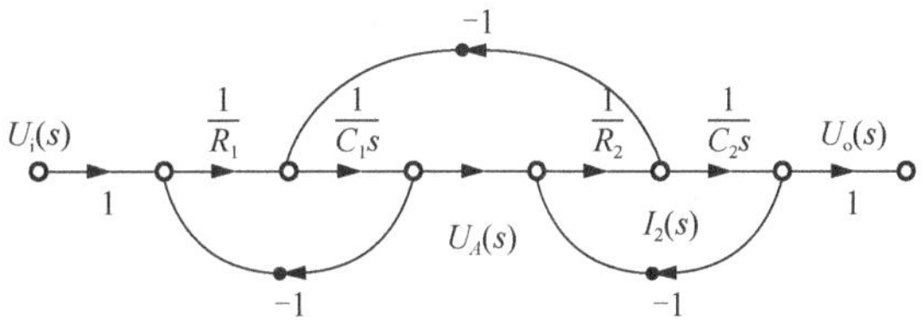

解：由图 2-31 可见，有三个不同的回路，即

图 2-31　网络的信号流图

$$\sum_a L_a = -\frac{1}{R_1 C_1 s} - \frac{1}{R_2 C_1 s} - \frac{1}{R_2 C_2 s}$$

有两个互不接触的回路，即

$$\sum_{b,c} L_b L_c = \frac{1}{R_1 C_1 s} \cdot \frac{1}{R_2 C_2 s}$$

$$\Delta = 1 - \sum_a L_a + \sum_{b,c} L_b L_c = 1 + \frac{1}{R_1 C_1 s} + \frac{1}{R_2 C_1 s} + \frac{1}{R_2 C_2 s} + \frac{1}{R_1 C_1 s} \cdot \frac{1}{R_2 C_2 s}$$

一条前向通路：

$$P_1 = \frac{1}{R_1} \cdot \frac{1}{C_1 s} \cdot \frac{1}{R_2} \cdot \frac{1}{C_2 s}, \quad \Delta_1 = 1$$

根据梅森增益公式，有

$$\frac{U_o(s)}{U_i(s)} = \frac{1}{\Delta}\sum_{k=1}^{n} P_k \Delta_k = \frac{1}{\Delta} P_1 \Delta_1 = \frac{\dfrac{1}{R_1} \cdot \dfrac{1}{C_1 s} \cdot \dfrac{1}{R_2} \cdot \dfrac{1}{C_2 s}}{1 + \dfrac{1}{R_1 C_1 s} + \dfrac{1}{R_2 C_1 s} + \dfrac{1}{R_2 C_2 s} + \dfrac{1}{R_1 C_1 s} \cdot \dfrac{1}{R_2 C_2 s}}$$

$$= \frac{1}{R_1 R_2 C_1 C_2 s^2 + (R_1 C_1 + R_2 C_2 + R_1 C_2)s + 1}$$

2.6　相　似　原　理

从前面的系统微分方程模型和传递函数模型建立过程中可知,对于不同的物理系统(或环节,或元件),可用形式相同的微分方程与传递函数来描述,即模型结构与阶次相同,仅模型参数存在不同,将这种用形式相同的数学模型所描述的物理系统(或环节)称为相似系统(或环节),将微分方程或传递函数中对应位置的物理量称为相似量。例如,2.3 节中,例 2-17 的电路系统与例 2-18 的机械系统的数学模型都是一阶惯性环节,二者即为相似系统。

注意,这里讲的"相似"只是数学形式的相似,而非物理系统的相似。但由于相似系统(或环节)的数学模型在形式上相同,所以可以用相同的数学方法对相似系统进行研究,也可以将一种物理系统转化为相似系统来进行研究。特别是现代电气、电子技术的发展,为采用相似原理对不同系统(或环节)进行研究提供了良好的条件。

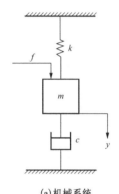

(a) 机械系统

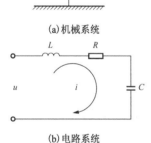

(b) 电路系统

图 2-32　机械系统和电路系统

在机械工程系统中,通常包括机械系统、电气系统、流体系统等系统,下面就它们的相似性做一些讨论。图 2-32(a)为一个弹簧-质量-阻尼的机械系统,而图 2-32(b)为一个电感-电容-电阻组成的电路系统。

对于图 2-32(a)所示的机械系统,微分方程模型为

$$m\ddot{y} + c\dot{y} + ky = f$$

对应传递函数模型为

$$G(s) = \frac{Y(s)}{F(s)} = \frac{1}{ms^2 + cs + k}$$

对于图 2-32(b)所示的电路系统,微分方程模型为

$$L\frac{\mathrm{d}i}{\mathrm{d}t} + Ri + \frac{1}{C}\int i\mathrm{d}t = u$$

若以电量 q 表示输出,则有

$$L\ddot{q} + R\dot{q} + \frac{1}{C}q = u$$

对应的传递函数模型为

$$G(s) = \frac{Q(s)}{U(s)} = \frac{1}{Ls^2 + Rs + \frac{1}{C}}$$

显然,这两个系统为相似系统,其相似量列于表 2-2。这种相似称为力-电压相似。有兴趣的读者还可从有关参考书中找到力-电流相似的机械、电路系统。

表 2-2　机械系统和电路系统的相似量

机械系统	电路系统
力 f(力矩 T)	电压 u
质量 m(转动惯量 J)	电感 L
黏性阻尼系数 c	电阻 R
弹簧的弹性系数 k	电容的倒数 $1/C$
位移 y(角位移 θ)	电量 q
速度 $\dot{y}$(角速度 $\dot{\theta}$)	电流 $i(\dot{q})$

同类的相似系统很多，表 2-3 中给出了数例。

表 2-3　相似的电路系统和机械系统

电路系统	机械系统
$\dfrac{U_o(s)}{U_i(s)} = \dfrac{1}{RCs+1}$	$\dfrac{X_o(s)}{X_i(s)} = \dfrac{1}{\dfrac{c}{k}s+1}$
$\dfrac{U_o(s)}{U_i(s)} = \dfrac{RCs}{RCs+1}$	$\dfrac{X_o(s)}{X_i(s)} = \dfrac{\dfrac{c}{k}s}{\dfrac{c}{k}s+1}$
$\dfrac{U_o(s)}{U_i(s)} = \dfrac{(R_2C_2s+1)(R_1C_1s+1)}{sR_1C_2+(R_2C_2s+1)(R_1C_1s+1)}$	$\dfrac{X_o(s)}{X_i(s)} = \dfrac{\left(1+\dfrac{c_1}{k_1s}\right)\left(1+\dfrac{c_2}{k_2s}\right)}{\dfrac{c_1}{k_2s}+\left(1+\dfrac{c_1}{k_1s}\right)+\left(1+\dfrac{c_2}{k_2s}\right)}$
$\dfrac{U_o(s)}{U_i(s)} = \dfrac{R_2C_2s+1}{C_2/C_1(R_1C_1s+1)(R_2C_2s+1)}$	$\dfrac{X_o(s)}{X_i(s)} = \dfrac{\dfrac{c_1}{k_1}s+1}{\left(\dfrac{c_1}{k_1}s+1\right)+\left(\dfrac{c_2}{k_2}s+1\right)\dfrac{k_2}{k_1}}$

对于流体系统，当考虑流体的惯性、流体所受的阻力及流体与系统的弹性时，类似于电路系统，可定义出流感、流阻、流容等物理量，就可得到与质量、黏性阻尼系数、弹簧的弹性系数或与电感、电阻及电容相似的流体系统的特征物理量。

最后应指出，在机械、电气、流体系统中，阻尼、电阻、流阻都是耗能元件，而质量、电感、流感与弹簧、电容、流容都是储能元件。前三者可称为惯性或感性储能元件，后三者可称为弹性或容性储能元件。每当系统中增加一个储能元件时，其内部就增加一层能量的交换，即增多一层信息的交换，一般来讲，系统的微分方程将增高一阶。

2.7 控制系统的状态空间模型

传递函数模型是经典控制理论中最常用的一种数学模型，随着空间技术的发展及计算机的应用，控制理论发展到多输入多输出（MIMO）的现代控制理论阶段。状态空间模型是现代控制理论中发展起来的数学模型，状态空间模型是描述系统的输入变量、内部状态变量及输出变量之间的关系的数学模型，它以控制系统的时域分析为基础，可以适用于多输入多输出系统、线性与非线性系统、定常系统与时变系统。

2.7.1 状态空间模型的基本概念

这里首先介绍有关状态、状态变量、状态向量、状态空间、状态方程和输出方程等状态空间描述的基本概念。

（1）状态：能描述系统时域行为的变量。

（2）状态变量：能完全确定系统时域行为所需要的最小数目的一组变量（或状态）。若 $x_1(t),x_2(t),\cdots,x_n(t)$ 是状态变量，应满足下列两个条件：

① 在任一初始时刻 $t=t_0$，这组状态变量的值 $x_1(t_0),x_2(t_0),\cdots,x_n(t_0)$ 都能完全表征系统在该时刻的状态；

② 当系统在 $t \geqslant t_0$ 的输入和上述初始状态确定时，状态变量应能完全表征系统在将来的行为。

例如，质量-弹簧-阻尼构成的二阶系统中，质量块的速度和弹簧的变形量都是描述系统行为的状态，而且两者完全能够描述系统的动力学行为，所以是一组最小状态变量。又如，电容-电感-电阻构成的二阶系统中，电容两端的电压和电感两端的电流都是描述电路行为的状态。需要指出：对于同一个物理系统，其状态变量的选取是非唯一的。

（3）状态向量：设描述一个系统有 n 个状态变量，如 $x_1(t),x_2(t),\cdots,x_n(t)$，用这 n 个状态变量作为分量所构成的向量 $X(t)$ 称作该系统的状态向量，即 $X(t)=[x_1(t) \quad x_2(t) \quad \cdots \quad x_n(t)]^T$。

（4）状态空间：状态向量 $X(t)$ 的所有可能值的集合所在的空间，或者说由 n 根轴 $x_1,x_2,\cdots,x_n$ 所张成的 n 维空间。系统在任一时刻的状态都可用状态空间中的一点来表示。

（5）状态方程：描述系统的状态变量与系统输入之间关系的一阶微分方程组。

（6）输出方程：在指定系统输出的情况下，输出量与状态变量之间的函数关系式。

【例 2-25】　试确定图 2-33 的 *RLC* 直流电路的状态变量与状态方程。

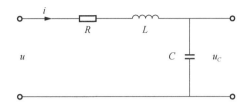

图 2-33　*RLC* 直流电路

解： 根据基尔霍夫定律可得系统的微分方程：

$$L\frac{\mathrm{d}i}{\mathrm{d}t} + Ri + \frac{1}{C}\int i\mathrm{d}t = u$$

现选择 i 和 u_C 作为状态变量，则上式可写成

$$LC\frac{\mathrm{d}^2 u_C}{\mathrm{d}t^2} + RC\frac{\mathrm{d}u_C}{\mathrm{d}t} + u_C = u$$

令状态变量为

$$\begin{cases} x_1 = i = C\dfrac{\mathrm{d}u_C}{\mathrm{d}t} \\ x_2 = u_C \end{cases}$$

则原式可写成

$$L\dot{x}_1 + Rx_1 + x_2 = u$$

将各式整理得

$$\begin{cases} \dot{x}_1 = -\dfrac{R}{L}x_1 - \dfrac{1}{L}x_2 + \dfrac{1}{L}u \\ \dot{x}_2 = \dfrac{1}{C}x_1 \end{cases}$$

上式就是图 2-33 所示电路的状态方程，写成矩阵形式如下：

$$\begin{bmatrix} \dot{x}_1 \\ \dot{x}_2 \end{bmatrix} = \begin{bmatrix} -\dfrac{R}{L} & -\dfrac{1}{L} \\ \dfrac{1}{C} & 0 \end{bmatrix}\begin{bmatrix} x_1 \\ x_2 \end{bmatrix} + \begin{bmatrix} \dfrac{1}{L} \\ 0 \end{bmatrix}u$$

令

$$\dot{X} = \begin{bmatrix} \dot{x}_1 \\ \dot{x}_2 \end{bmatrix}, \quad X = \begin{bmatrix} x_1 \\ x_2 \end{bmatrix}, \quad A = \begin{bmatrix} -\dfrac{R}{L} & -\dfrac{1}{L} \\ \dfrac{1}{C} & 0 \end{bmatrix}, \quad B = \begin{bmatrix} \dfrac{1}{L} \\ 0 \end{bmatrix}$$

则上面的状态方程为

$$\dot{X} = AX + Bu \tag{2-79}$$

若指定 $x_2 = u_C$ 作为输出量，则该系统的输出方程为

$$y = x_2$$

将上式写成矩阵形式：

$$Y = \begin{bmatrix} 0 & 1 \end{bmatrix} \begin{bmatrix} x_1 \\ x_2 \end{bmatrix}$$

令

$$C = \begin{bmatrix} 0 & 1 \end{bmatrix}, \quad X = \begin{bmatrix} x_1 \\ x_2 \end{bmatrix}$$

则系统的输出方程为

$$Y = CX \tag{2-80}$$

式(2-79)状态方程和式(2-80)输出方程共同构成系统的状态空间方程，或称为系统的状态空间模型。

2.7.2　线性系统的状态方程描述

从例 2-25 可得到状态方程的求法，并且可以看出，写状态方程的一般步骤是：

(1)根据实际系统各变量所遵循的运动规律写出它的运动的微分方程；

(2)选择适当的状态变量，把运动的微分方程化为关于状态变量的一阶微分方程组。

现在考虑一个单变量的线性定常系统，它的运动方程是一个 n 阶的常系数线性微分方程：

$$y^{(n)} + a_1 y^{(n-1)} + \cdots + a_{n-1}\dot{y} + a_n y = b_0 u^{(m)} + b_1 u^{(m-1)} + \cdots + b_{m-1}\dot{u} + b_m u \tag{2-81}$$

式中，u 为输入函数；y 为输出函数，且 $n \geqslant m$。

若输入函数不含导数项，则系统的运动方程为

$$y^{(n)} + a_1 y^{(n-1)} + \cdots + a_{n-1}\dot{y} + a_n y = u \tag{2-82}$$

根据微分方程理论，若 $y(0), \dot{y}(0), \cdots, y^{(n-1)}(0)$ 及 $t \geqslant 0$ 时的输入 $u(t)$ 已知，则系统未来的运动状态完全确定。

取 $y(t), \dot{y}(t), \cdots, y^{(n-1)}(t)$ 这 n 个变量作为系统的一组状态变量，将这些变量相应记为

$$\begin{cases} x_1 = y \\ x_2 = \dot{y} \\ \vdots \\ x_n = y^{(n-1)} \end{cases} \tag{2-83}$$

由此看出，这些状态变量依次是变量 y 的各阶导数，满足此条件的变量常称为相变量。采用相变量作为状态变量，式(2-83)可写为

$$\begin{cases} \dot{x}_1 = x_2 \\ \dot{x}_2 = x_3 \\ \vdots \\ \dot{x}_{n-1} = x_n \\ \dot{x}_n = -a_n x_1 - a_{n-1} x_2 - \cdots - a_1 x_n + u \end{cases} \tag{2-84}$$

将式(2-84)改写成矩阵形式，有

$$\underbrace{\begin{bmatrix} \dot{x}_1 \\ \dot{x}_2 \\ \vdots \\ \dot{x}_{n-1} \\ \dot{x}_n \end{bmatrix}}_{\dot{X}} = \underbrace{\begin{bmatrix} 0 & 1 & 0 & \cdots & 0 \\ 0 & 0 & 1 & \cdots & \vdots \\ \vdots & \vdots & \vdots & & 0 \\ 0 & 0 & \cdots & \cdots & 1 \\ -a_n & -a_{n-1} & -a_{n-2} & \cdots & -a_1 \end{bmatrix}}_{A} \underbrace{\begin{bmatrix} x_1 \\ x_2 \\ \vdots \\ x_{n-1} \\ x_n \end{bmatrix}}_{X} + \underbrace{\begin{bmatrix} 0 \\ 0 \\ \vdots \\ 0 \\ 1 \end{bmatrix}}_{B} u \tag{2-85}$$

即

$$\dot{X} = AX + Bu \tag{2-86}$$

式(2-86)便是 n 阶线性定常单输入单输出系统的状态方程。$y = x_1$ 作为输出量，则系统输出方程的矩阵形式是

$$Y = \begin{bmatrix} 1 & 0 & \cdots & 0 \end{bmatrix} \begin{bmatrix} x_1 \\ x_2 \\ \vdots \\ x_n \end{bmatrix} \tag{2-87}$$

令

$$C = \begin{bmatrix} 1 & 0 & \cdots & 0 \end{bmatrix}, \quad X = \begin{bmatrix} x_1 \\ x_2 \\ \vdots \\ x_n \end{bmatrix}$$

即

$$Y = CX \tag{2-88}$$

同传递函数方框图类似，系统的状态方程和输出方程也可以用方框图表示。对于式(2-88)所描述的单输入单输出系统，其传递函数方框图即为图 2-34。

图 2-34 中，单箭线表示标量信号，双箭线表示向量信号。

更一般的情况，当系统为图 2-35 所示的多输入多输出系统时，系统的状态方程和输出方程的向量表达式分别为

$$\dot{X} = AX + Bu$$
$$Y = CX + Du \tag{2-89}$$

式中，$X = \begin{bmatrix} x_1 \\ x_2 \\ \vdots \\ x_n \end{bmatrix}$ 为 n 维状态向量；$Y = \begin{bmatrix} y_1 \\ y_2 \\ \vdots \\ y_m \end{bmatrix}$ 为 m 维输出向量；$u = \begin{bmatrix} u_1 \\ u_2 \\ \vdots \\ u_r \end{bmatrix}$ 为 r 维控制向量；

$A = \begin{bmatrix} a_{11} & a_{12} & \cdots & a_{1n} \\ a_{21} & a_{22} & \cdots & a_{2n} \\ \vdots & \vdots & & \vdots \\ a_{n1} & a_{n2} & \cdots & a_{nn} \end{bmatrix}$ 为 $n \times n$ 的系统矩阵；$B = \begin{bmatrix} b_{11} & b_{12} & \cdots & b_{1r} \\ b_{21} & b_{22} & \cdots & b_{2r} \\ \vdots & \vdots & & \vdots \\ b_{n1} & b_{n2} & \cdots & b_{nr} \end{bmatrix}$ 为 $n \times r$ 的控制矩阵；

$$C = \begin{bmatrix} c_{11} & c_{12} & \cdots & c_{1n} \\ c_{21} & c_{22} & \cdots & c_{2n} \\ \vdots & \vdots & & \vdots \\ c_{m1} & c_{m2} & \cdots & c_{mn} \end{bmatrix}$$ 为 $m \times n$ 的输出矩阵；$$D = \begin{bmatrix} d_{11} & d_{12} & \cdots & d_{1r} \\ d_{21} & d_{22} & \cdots & d_{2r} \\ \vdots & \vdots & & \vdots \\ d_{m1} & d_{m2} & \cdots & d_{mr} \end{bmatrix}$$ 为 $m \times r$ 的直接输出

矩阵。

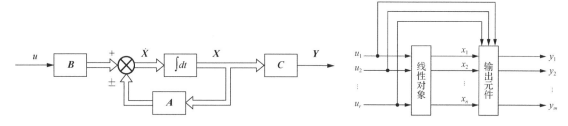

图 2-34　系统传递函数方框图(一)　　　　　图 2-35　多输入多输出系统

如果系统是线性时变系统，也即其系数随时间而变化，则状态方程和输出方程应改写为

$$\begin{cases} \dot{X} = A(t)X + B(t)u \\ Y = C(t)X + D(t)u \end{cases} \tag{2-90}$$

图 2-36 是由式(2-90)所确定的系统的方框图。

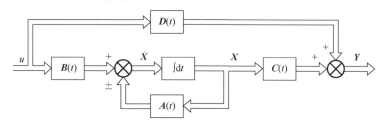

图 2-36　系统传递函数方框图(二)

对于非线性系统，由于不能应用叠加原理，其系统动态方程应表示成

$$\begin{cases} \dot{X}(t) = f[X(t), u(t), t] \\ Y(t) = g[X(t), u(t), t] \end{cases} \tag{2-91}$$

式中，f 和 g 为非线性函数；$u(t)$ 为一个 r 维向量；$X(t)$ 为一个 n 维向量；$Y(t)$ 为一个 m 维向量。

2.7.3　传递函数与状态方程之间的关系

一个线性定常系统既可以用传递函数描述，也可以用状态方程描述，两者之间必然有内在的联系。下面以单输入单输出系统为例，分析系统的传递函数与状态方程之间的关系。

设所要研究的系统的传递函数为

$$G(s) = \frac{Y(s)}{U(s)} \tag{2-92}$$

该系统的状态空间方程可以表示为

$$\begin{cases} \dot{X} = AX + Bu \\ Y = CX + Du \end{cases} \qquad (2\text{-}93)$$

式中，X 为 n 维状态向量；u 为输入量；Y 为输出量；A 为 $n \times n$ 的系统矩阵；B 为 $n \times 1$ 的控制矩阵；C 为 $1 \times n$ 的输出矩阵；D 为 1×1 的直接输出矩阵，在这里实际上是个常量。当满足零初始条件时，式(2-93)的 Laplace 变换为

$$\begin{cases} (sI - A)X(s) = BU(s) \\ Y(s) = CX(s) + DU(s) \end{cases} \qquad (2\text{-}94)$$

式中，I 为单位矩阵。用 $(sI - A)^{-1}$ 左乘式(2-94)，得

$$X(s) = (sI - A)^{-1}BU(s) \qquad (2\text{-}95)$$

将式(2-95)代入式(2-94)，得

$$Y(s) = \left[C(sI - A)^{-1}B + D \right] U(s) \qquad (2\text{-}96)$$

由式(2-96)可以看出

$$G(s) = \frac{Y(s)}{U(s)} = C(sI - A)^{-1}B + D \qquad (2\text{-}97)$$

这就是以 A、B、C、D 的形式表示的传递函数。应该指出，传递函数具有不变性，即对状态方程进行线性变换后，其对应的传递函数应该不变。

2.8　机电控制系统建模实例

前面介绍的微分方程模型、传递函数模型和方框图模型的建立，均是仅对于一个典型环节或元件的数学模型建立，并未建立完整的控制系统数学模型。本节以一个完整的机电控制系统为例，对给定环节、检测变送环节、运算放大环节、执行环节及被控机械系统进行微分方程模型、传递函数模型及方框图模型的建立。

【例 2-26】　直线电动机控制机床工作台进给控制系统如图 2-37 所示。当工作台实际位置与希望位置不一致时，通过与工作台滚珠丝杠相连的电位器Ⅱ，引出电压反馈，完成反馈控制，使工作台实际位置与希望位置一致。

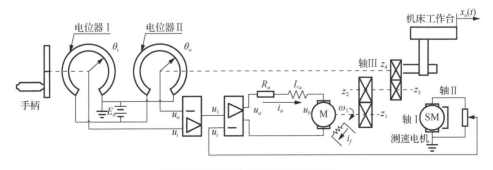

图 2-37　机床工作台进给控制系统

解： 通过分析机床工作台进给控制系统的工作原理与过程，从输入环节开始根据信号的作用过程引入图 2-37 中的一系列中间变量，按照相应的物理定律列写关于各环节或元件中间变量的原始微分方程如下。

(1) 电位器 Ⅰ 和电位器 Ⅱ 的方程。

$$u_i = K_1 \theta_i, \qquad u_o = K_1 \theta_o$$

式中，$K_1 = \dfrac{E_o}{2\pi}\alpha$，$\alpha$ 为电位器满量程所占据圆弧角度；E_o 为电位器两固定端所加电压。

(2) 放大器输入端和输出端的方程。

$$u_1(t) = K_{p1}\left(u_i - u_o\right), \qquad u_a(t) = K_{p2}\left[u_1(t) - u_t(t)\right]$$

式中，K_{p1}、K_{p2} 为两级比较放大器的放大比例。

(3) 直流电动机方程。

直流电动机磁通正比例于励磁电流，即

$$\varPhi = K_f \cdot i_f$$

电枢回路的电压方程为

$$L_a \cdot \frac{\mathrm{d}i_a}{\mathrm{d}t} + R_a \cdot i_a = u_a - u_b$$

式中，u_b 为电动机的反电动势，即 $u_b = K_b \cdot \omega_1$，K_b 为反电动势常数，ω_1 为电动机和齿轮 z_1 的角速度。

电动机的转矩方程为

$$T_m = K_m \cdot \varPhi \cdot i_a$$

式中，K_m 为常数；i_a 为电枢电流。

将 $\varPhi$ 的表达式代入上式可得

$$T_m = K_m \cdot K_f \cdot i_f \cdot i_a = C_T i_a$$

式中，C_T 为电动机转矩常数。

(4) 测速发电机方程。

$$u_t = K_t \cdot \omega_1$$

式中，K_t 为测速发电机系数。

(5) 齿轮传动的方程。

首先给出一些定义与符号说明：J_1、J_2、J_3 分别为三个轴和齿轮、电机转子等机构的转动惯量；B_1、B_2、B_3 分别为三个齿轮传动部件的黏性摩擦系数；θ_1、θ_2、θ_o 分别为三个轴的角位移；z_1、z_2、z_3、z_4 为各齿轮的齿数；M 为工作台移动部件的质量；C_m 为工作台移动时的黏性阻尼系数。

将工作台等直线移动部件质量 M 折算到轴Ⅲ上的转动惯量为

$$J_M = M\left(\frac{L}{2\pi}\right)^2$$

式中，L 表示机床工作台上丝杠螺母的丝杠螺距，即丝杠每旋转一周，工作台移动的直线距离。轴Ⅲ和工作台总转动惯量为

$$J_{3M} = J_3 + M\left(\frac{L}{2\pi}\right)^2$$

工作台位移与轴Ⅲ的角位移关系为

$$x_o(t) = \frac{L}{2\pi}\theta_o$$

同理，轴Ⅲ和工作台总黏性阻尼系数为

$$B_{3M} = B_3 + C_m\left(\frac{L}{2\pi}\right)^2$$

设 T_{21} 为齿轮 1 对齿轮 2 的驱动转矩，T_{12} 为齿轮 2 对齿轮 1 的阻力矩，T_{43} 为齿轮 3 对齿轮 4 的驱动转矩，T_{34} 为齿轮 4 对齿轮 3 的阻力矩。轴转矩平衡方程为

$$J_1\frac{\mathrm{d}^2}{\mathrm{d}t^2}\theta_1 + B_1\frac{\mathrm{d}}{\mathrm{d}t}\theta_1 = T_m - T_{12}$$

$$J_2\frac{\mathrm{d}^2}{\mathrm{d}t^2}\theta_2 + B_2\frac{\mathrm{d}}{\mathrm{d}t}\theta_2 = T_{21} - T_{34}$$

$$J_{3M}\frac{\mathrm{d}^2}{\mathrm{d}t^2}\theta_o + B_{3M}\frac{\mathrm{d}}{\mathrm{d}t}\theta_o = T_{43} - T_L$$

式中，T_L 为负载阻力矩。

由齿轮传递关系

$$\frac{\theta_2}{\theta_1} = \frac{z_1}{z_2} = \frac{1}{i_1}, \qquad \frac{\theta_o}{\theta_2} = \frac{z_3}{z_4} = \frac{1}{i_2}$$

得

$$\theta_o = \frac{\theta_1}{i_1 i_2}$$

式中，i_1 为齿轮 1 和齿轮 2 的传动比；i_2 为齿轮 3 和齿轮 4 的传动比。

由于齿轮 1 做功和齿轮 2 做功相等，所以

$$\frac{T_{21}}{T_{12}} = \frac{\theta_1}{\theta_2} = i_1$$

故

$$T_{12} = \frac{T_{21}}{i_1}$$

同理有

$$T_{34} = \frac{T_{43}}{i_2}$$

整理得

$$\left(J_1 + \frac{J_2}{i_1^2} + \frac{J_{3M}}{i_1^2 i_2^2}\right)\frac{\mathrm{d}^2\theta_1}{\mathrm{d}t^2} + \left(B_1 + \frac{B_2}{i_1^2} + \frac{B_{3M}}{i_1^2 i_2^2}\right)\frac{\mathrm{d}\theta_1}{\mathrm{d}t} = T_m - \frac{T_L}{i_1 i_2}$$

令

$$J = J_1 + \frac{J_2}{i_1^2} + \frac{J_{3M}}{i_1^2 i_2^2}, \qquad B = B_1 + \frac{B_2}{i_1^2} + \frac{B_{3M}}{i_1^2 i_2^2}$$

则上式简化为

$$J\ddot{\theta}_1 + B\dot{\theta}_1 = T_m - \frac{T_L}{i_1 i_2}$$

角速度与角位移的关系为

$$\omega_1 = \frac{\mathrm{d}\theta_1}{\mathrm{d}t}$$

即

$$J\dot{\omega}_1 + B\omega_1 = T_m - \frac{T_L}{i_1 i_2}$$

至此，控制系统的原始微分方程模型已经全部列出。下面推导传递函数模型和方框图结构图。表 2-4 列出了例 2-26 的微分方程及其拉氏变换。

表 2-4　例 2-26 的微分方程及其拉氏变换

微分方程	拉氏变换
$u_i = K_1\theta_i$	$U_i(s) = K_1\theta_i(s)$
$u_o = K_1\theta_o$	$U_o(s) = K_1\theta_o(s)$
$u_1(t) = K_{p1}(u_i - u_o)$	$U_1(s) = K_{p1}[U_i(s) - U_o(s)]$
$u_a(t) = K_{p2}[u_1(t) - u_t(t)]$	$U_a(s) = K_{p2}[U_1(s) - U_t(s)]$
$u_t = K_t \cdot \omega_1$	$U_t = K_t \cdot \Omega_1(s)$
$T_m = C_T i_a$	$T_M(s) = C_T I_a(s)$
$L_a \cdot \dfrac{\mathrm{d}i_a}{\mathrm{d}t} + R_a \cdot i_a = u_a - u_b$	$(L_a s + R_a)I_a(s) = U_a(s) - U_b(s)$
$u_b = K_b \cdot \omega_1(t)$	$U_b(s) = K_b \cdot \Omega_1(s)$
$\omega_1 = \dfrac{\mathrm{d}\theta_1}{\mathrm{d}t}$	$\theta_1(s) = \dfrac{1}{s}\Omega_1(s)$
$J\dot{\omega}_1 + B\omega_1 = T_m - \dfrac{T_L}{i_1 i_2}$	$(Js+B)\Omega_1(s) = T_m(s) - \dfrac{T_L(s)}{i_1 i_2}$ $s(Js+B)\theta_1(s) = T_m(s) - \dfrac{T_L(s)}{i_1 i_2}$
$\theta_o = \dfrac{\theta_1}{i_1 i_2}$	$\theta_o(s) = \dfrac{1}{i_1 i_2}\theta_1(s)$
$x_o(t) = \dfrac{L}{2\pi}\theta_o$	$X_o(s) = \dfrac{L}{2\pi}\theta_o(s)$

下面根据 s 代数方程组绘制控制系统的方框图，如图 2-38 所示。

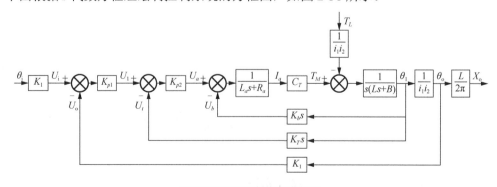

图 2-38　控制系统的方框图

闭环传递函数为

$$G_b(s) = \frac{X_o(s)}{\theta_i(s)} = \frac{K_1 K_{p1} K_{p2} L C_T}{2\pi} \cdot \frac{1}{D(s)}$$

式中，$D(s) = i_1 i_2 J L_a s^3 + i_1 i_2 (J R_a + B L_a) s^2 + i_1 i_2 (R_a B + C_T K_b + K_{p2} K_T C_T) s + K_{p1} K_{p2} K_1 C_T$

2.9　利用 MATLAB 进行数学模型分析

　　MATLAB 是美国 MathWorks 公司于 20 世纪 80 年代中期推出的高性能数值计算软件，目前已经发展成为多学科计算和仿真功能强大的科技应用软件之一，在 30 多个面向不同学科领域而扩展的工具箱的支持下，MATLAB 在许多学科领域中成为计算机辅助分析、设计、算法研究及应用开发的基本工具和平台。

　　MATLAB 在控制系统的数学模型分析中，主要处理以传递函数为主要特征的控制问题。现就利用 MATLAB 表示传递函数、利用 MATLAB 求解线性微分方程和利用 MATLAB 进行系统方框图的简化进行简单介绍。

2.9.1　传递函数的表示

　　一般地，控制系统的传递函数可以表示为如下形式：

$$G(s) = \frac{b_m s^m + b_{m-1} s^{m-1} + \cdots + b_1 s + b_0}{a_n s^n + a_{n-1} s^{n-1} + \cdots + a_1 s + a_0}$$

在 MATLAB 中，用 num=$[b_m, b_{m-1}, \cdots, b_0]$ 和 den=$[a_n, a_{n-1}, \cdots, a_0]$ 分别表示分子和分母的多项式系数，然后利用下面的语句就可以表示这个系统：

```
sys=tf(num,den)
```

其中，tf() 代表用传递函数的形式描述系统，也可以用零极点形式来描述，语句为

```
ss=zpk(sys)
```

而且传递函数形式和零极点形式之间可以相互转化，语句为

```
[z,p,k]=tf2zp(num,den)
[num,den]=zp2tf(z,p,k)
```

当传递函数复杂时，可采用多项式乘法处理函数，语句为

```
den1=[a₁,a₂,a₃]
den2=[b₁,b₂,b₃,b₄,b₅]
den=conv(den1,den2)
```

　　【例 2-27】　已知多项式 $A(s) = 2s + 3$，$B(s) = 5s^2 + 40s + 6$，求 $G(s) = A(s)B(s)$。

　　解：输入以下 MATLAB 命令：

```
A=[2,3];
B=[5,40,6];
```

```
G=conv(A,B);
```

运行结果为

```
G=10  95  132  18
```

得出的 $G(s)$ 多项式为

$$G(s) = A(s)B(s) = (2s+3)(5s^2+40s+6) = 10s^3 + 95s^2 + 132s + 18$$

【例 2-28】 已知控制系统的传递函数为 $G(s) = \dfrac{(s+1)(s^2+4s+6)^2}{s^2(s+7)(s^3+5s^2+4)}$，将传递函数分子和分母化为有理多项式的形式。

解： 输入以下 MATLAB 命令：

```
num=conv([1,1],conv([1,4,6],[1,4,6]));
den= conv([1,0,0],conv([1,7],[1,5,0,4]));
G=tf(num,den);
```

运行结果为

```
G =
s^5 + 9 s^4 + 36 s^3 + 76 s^2 + 84 s + 36
-------------------------------------------------
s^6 + 12 s^5 + 35 s^4 + 4 s^3 + 28 s^2
```

【例 2-29】 已知系统闭环传递函数为

$$G(s) = \frac{s^2+5s+12}{s^3+20s^2+20s+30}$$

求取其闭环零点、极点位置。

解： 输入以下 MATLAB 命令：

```
num=[1  5  12];
den=[1 20 20 30];
G=tf(num,den);
[z,p]=tf2zp(num,den);
```

运行结果如下。

传递函数：

```
G=
s^2 + 5 s + 12
---------------------------
s^3 + 20 s^2 + 20 s + 30
```

零极点位置：

```
z =
-2.5000 + 2.3979j
-2.5000 - 2.3979j
p =
```

```
-19.0320 + 0.0000j
-0.4840 + 1.1585j
-0.4840 - 1.1585j
```

2.9.2　线性微分方程的求解

可以采用拉氏变换将线性微分方程转化为代数方程来进行求解，但对于高阶系统所对应的高阶微分方程求解，采用拉氏变换仍有一定的困难且浪费时间。MATLAB 提供的residue()函数可用于部分分式展开，直接求出展开式中的留数、极点和整数项，可方便对线性微分方程求解。其调用格式为

```
[r,p,k]=residue(num,den)
```

其中，r、p 分别为各个部分分式的留数和极点，k 为整数项。

【例2-30】　用 MATLAB 求传递函数 $G(s) = \dfrac{X_o(s)}{X_i(s)} = \dfrac{2s^3 + 5s^2 + 6s + 6}{s^3 + 6s^2 + 11s + 6}$ 部分分式的展开式。

解：输入以下 MATLAB 命令：

```
num=[2 5 6 6];
den=[1 6 11 6];
[r,p,k]=residue(num,den);
```

运行结果为

```
r =
  -10.5000
    2.0000
    1.5000
p =
   -3.0000
   -2.0000
   -1.0000
k = 2
```

因此，由 MATLAB 命令得到 $X_o(s)/X_i(s)$ 的部分分式展开为

$$G(s) = \frac{X_o(s)}{X_i(s)} = \frac{2s^3 + 5s^2 + 6s + 6}{s^3 + 6s^2 + 11s + 6} = \frac{-10.5}{s+3} + \frac{2}{s+2} + \frac{1.5}{s+1} + 2$$

当单位脉冲输入 $X_i(s) = 1$ 时，可得到系统输出表达式：

$$x_o(t) = -10.5e^{-3t} + 2e^{-2t} + 1.5e^{-t} + 2\delta(t)$$

当单位阶跃输入 $X_i(s) = 1/s$ 时，有

$$X_o(s) = \frac{2s^3 + 5s^2 + 6s + 6}{s(s^3 + 6s^2 + 11s + 6)}$$

此时输入 MATLAB 命令：

```
num=[2 5 6 6];
```

```
den=[1 6 11 6 0];
[r,p,k]=residue(num,den)
```

运行结果为

```
r =
   3.5000
  -1.0000
  -1.5000
   1.0000
p =
  -3.0000
  -2.0000
  -1.0000
        0
k = []
```

因此得到的系统输出表达式为

$$x_o(t) = 3.5e^{-3t} - e^{-2t} - 1.5e^{-t} + 1$$

【例 2-31】　用 MATLAB 求传递函数 $G(s) = \dfrac{X_o(s)}{X_i(s)} = \dfrac{1}{(s-1)(s-7)(2s^2-5s+2)}$ 部分分式的展开式。

解： 输入以下 MATLAB 命令:

```
num=[1];
den=[conv(conv([1 -1],[1 -7]),[2 -5 2])];
[r,p,k]=residue(num,den);
```

运行结果为

```
r =
  0.0026
 -0.0667
  0.1667
 -0.1026
p =
  7.0000
  2.0000
  1.0000
  0.5000
k = []
```

因此，由 MATLAB 命令得到 $X_o(s)/X_i(s)$ 的部分分式展开为

$$G(s) = \frac{X_o(s)}{X_i(s)} = \frac{1}{(s-1)(s-7)(2s^2-5s+2)} = \frac{0.0026}{s-7} + \frac{-0.0667}{s-2} + \frac{0.1667}{s-1} + \frac{-0.1026}{s-0.5}$$

当 $X_i(s)=1$（即单位脉冲输入）时，可得到系统输出表达式:

$$x_o(t) = 0.0026e^{7t} - 0.0667e^{2t} + 0.1667e^{t} - 0.1026e^{0.5t}$$

2.9.3　系统方框图的简化

在一个控制系统的方框图描述中，其基本连接形式为串联连接、并联连接和反馈连接。在 MATLAB 命令中，三种连接形式的命令如下。

(1)串联连接。

```
[num den]=series(num1, den1, num2, den2)
```

其中，$G_1(s)=\dfrac{num1}{den1}$，$G_2(s)=\dfrac{num2}{den2}$，$G_1(s)G_2(s)=\dfrac{num}{den}$，$G_1(s)$ 和 $G_2(s)$ 为需要进行串联连接的两个典型环节的传递函数。

(2)并联连接。

```
[num den]=parallel(num1.den1 num2.den2)
```

其中，$G_1(s)=\dfrac{num1}{den1}$，$G_2(s)=\dfrac{num2}{den2}$，$G_1(s)\pm G_2(s)=\dfrac{num}{den}$，$G_1(s)$ 和 $G_2(s)$ 为需要进行并联连接的典型环节的传递函数。

(3)反馈连接。

```
[num den]=feedback(num1.den1.num2.den2.sign)
```

其中，$G(s)=\dfrac{num1}{den1}$，$H(s)=\dfrac{num2}{den2}$，$\dfrac{G(s)}{1\pm G(s)H(s)}=\dfrac{num}{den}$，$G(s)$ 和 $H(s)$ 为需要进行反馈连接的两个典型环节的传递函数，sign 为反馈极性，"1"为正反馈，"-1"为负反馈。

【例 2-32】　用 MATLAB 实现下列两个系统的串联、并联和反馈连接。

$$G_1(s)=\frac{s^2+5s+12}{s^3+s^2+20s+7}, \quad G_2(s)=\frac{s^2+8s+4}{s^3+5s^2+2s+8}$$

解：输入以下 MATLAB 命令:

```
num1=[1 5 12];
den1=[1 1 20 7];
num2=[1 8 4];
den2=[1 5 2 8];
[nums,dens]=series(num1,den1,num2,den2);
[nump,denp]=parallel(num1,den1,num2,den2);
[numf,denf]=feedback(num1,den1,num2,den2,-1);
Hs=tf(nums,dens);
Hp=tf(nump,denp);
Hf=tf(numf,denf);
```

运行结果为如下。

串联连接:

```
Hs =

       s^4 + 13 s^3 + 56 s^2 + 116 s + 48
   ------------------------------------------------------------
   s^6 + 6 s^5 + 27 s^4 + 117 s^3 + 83 s^2 + 174 s + 56
```

并联连接:

```
Hp =
    2 s^5 + 19 s^4 + 71 s^3 + 249 s^2 + 200 s + 124
    ---------------------------------------------------------------
    s^6 + 6 s^5 + 27 s^4 + 117 s^3 + 83 s^2 + 174 s + 56
```

反馈连接:

```
Hf =
        s^5 + 10 s^4 + 39 s^3 + 78 s^2 + 64 s + 96
    ---------------------------------------------------------------
    s^6 + 6 s^5 + 28 s^4 + 130 s^3 + 139 s^2 + 290 s + 104
```

2.10　高速列车车辆垂向动力学模型建立

列车在高速运行过程中存在轮轨耦合、机电耦合、流固耦合及弓网耦合相互作用,列车将进行复杂的多自由度随机振动,这些随机振动对列车运行安全性、运行平稳性、车辆结构强度将产生不良影响。在列车的设计、动力学性能分析、振动主动控制与半主动控制研究中都需要建立列车动力学模型。

由于列车结构复杂,实际中可将列车实际物理系统简化为由多个车辆组成;每个车辆又由三大件组成,即 1 节车体、2 台转向架和 4 个轮对,通过一系和二系悬挂元件将三大件组成多刚体的物理模型。当列车运行过程中受多干扰影响激励时,列车将进行复杂的多体动力学的随机振动,其中每个刚体可进行伸缩、横移、沉浮、侧滚、点头和摇头六自由度振动。在实际建模中,根据研究问题的目的不同可对模型进行简化处理,列车模型从复杂到简单可分为列车空间动力模型、列车纵向动力学模型、车辆空间动力学模型、车辆垂向动力学模型、车辆横向动力学模型、半车垂向动力学模型、1/4 车辆垂向模型等。下面对高速列车的车辆垂向动力学模型进行建立。

【例 2-33】 图 2-39 所示为列车的车辆垂向动力学模型,车辆被简化为以速度 v 运行于轨道上的多刚体系统。在列车运行过程中仅考虑车辆的六自由度垂向模型,即考虑车体的沉浮运动(z_c)和点头运动(β_c)、前后转向架的沉浮运动(z_{t1}、z_{t2})和点头运动(β_{t1}、β_{t2}),共六个自由度,并将轮轨接触考虑为刚性接触,以轨道的垂向不平顺信号作为 4 个轮对的垂向位移(z_{wi}($i=1\sim4$))输入信号。车辆的相关参数涉及车体质量(M_c)、车体点头惯量(J_c)、转向架质量(M_t)、转向架点头惯量(J_t)、一系悬挂刚度(K_{pz})、一系悬挂阻尼(C_{pz})、二系悬挂刚度(K_{sz})、二系悬挂阻尼(C_{sz})、车辆定距之半(l_c)和转向架轴距之半(l_t)。试建立车辆的垂向振动六自由度模型。

解: 描述系统中各部分的微分方程如下。

(1)车体沉浮运动。

车体沉浮运动是指车体沿垂向的平行位移。由牛顿第二定律可得其微分方程为

$$M_c\ddot{z}_c = -K_{sz}(z_c - z_{t1} + l_c\beta_c) - C_{sz}(\dot{z}_c - \dot{z}_{t1} + l_c\dot{\beta}_c) - K_{sz}(z_c - z_{t2} - l_c\beta_c) - C_{sz}(\dot{z}_c - \dot{z}_{t2} - l_c\dot{\beta}_c)$$

整理得

$$M_c\ddot{z}_c + 2C_{sz}\dot{z}_c + 2K_{sz}z_c - C_{sz}\dot{z}_{t1} - K_{sz}z_{t1} - C_{sz}\dot{z}_{t2} - K_{sz}z_{t2} = 0 \tag{2-98}$$

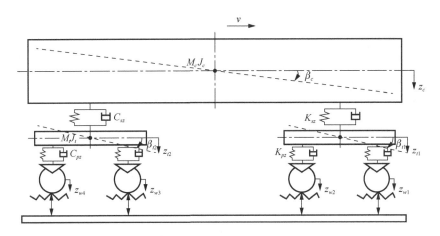

图 2-39　车辆垂向动力学模型

(2)车体点头运动。

车体点头运动是指车体绕横向轴的旋转。值得注意的是，车体点头运动时，车体前后弹簧的压缩量会因为车体角度的偏转而改变。其微分方程为

$$J_c\ddot{\beta}_c = -K_{sz}(z_c - z_{t1} + l_c\beta_c)l_c - C_{sz}(\dot{z}_c - \dot{z}_{t1} + l_c\dot{\beta}_c)l_c + K_{sz}(z_c - z_{t2} - l_c\beta_c)l_c + C_{sz}(\dot{z}_c - \dot{z}_{t2} - l_c\dot{\beta}_c)l_c$$

整理得

$$J_c\ddot{\beta}_c + 2C_{sz}l_c^2\dot{\beta}_c + 2K_{sz}l_c^2\beta_c - C_{sz}l_c\dot{z}_{t1} + C_{sz}l_c\dot{z}_{t2} - K_{sz}l_cz_{t1} + K_{sz}l_cz_{t2} = 0 \tag{2-99}$$

(3)前转向架沉浮运动。

前转向架的沉浮运动的微分方程为

$$M_t\ddot{z}_{t1} = K_{sz}(z_c - z_{t1} + l_c\beta_c) + C_{sz}(\dot{z}_c - \dot{z}_{t1} + l_c\dot{\beta}_c) - K_{pz}(z_{t1} - z_{w1} + l_t\beta_{t1}) - C_{pz}(\dot{z}_{t1} - \dot{z}_{w1} + l_t\dot{\beta}_{t1})$$
$$- K_{pz}(z_{t1} - z_{w2} - l_t\beta_{t1}) - C_{pz}(\dot{z}_{t1} - \dot{z}_{w2} - l_t\dot{\beta}_{t1})$$

整理得

$$M_t\ddot{z}_{t1} + (2C_{pz} + C_{sz})\dot{z}_{t1} + (2K_{pz} + K_{sz})z_{t1} - C_{sz}\dot{z}_c - K_{sz}z_c - C_{pz}\dot{z}_{w1} - C_{pz}\dot{z}_{w2}$$
$$- K_{pz}z_{w1} - K_{pz}z_{w2} - C_{sz}l_c\dot{\beta}_c - K_{sz}l_c\beta_c = 0 \tag{2-100}$$

(4)前转向架点头运动。

前转向架的点头运动的微分方程为

$$J_t\ddot{\beta}_{t1} = -K_{pz}(z_{t1} - z_{w1} + l_t\beta_{t1})l_t - C_{pz}(\dot{z}_{t1} - \dot{z}_{w1} + l_t\dot{\beta}_{t1})l_t + K_{pz}(z_{t1} - z_{w2} - l_t\beta_{t1})l_t$$
$$+ C_{pz}(\dot{z}_{t1} - \dot{z}_{w2} - l_t\dot{\beta}_{t1})l_t$$

整理得

$$J_t\ddot{\beta}_{t1} + 2C_{pz}l_t^2\dot{\beta}_{t1} + 2K_{pz}l_t^2\beta_{t1} - C_{pz}l_t\dot{z}_{w1} + C_{pz}l_t\dot{z}_{w2} - K_{pz}l_tz_{w1} + K_{pz}l_tz_{w2} = 0 \tag{2-101}$$

(5)后转向架沉浮运动。

后转向架的沉浮运动的微分方程为

$$M_t\ddot{z}_{t2} = K_{sz}(z_c - z_{t2} - l_c\beta_c) + C_{sz}(\dot{z}_c - \dot{z}_{t2} - l_c\dot{\beta}_c) - K_{pz}(z_{t2} - z_{w3} + l_t\beta_{t2}) - C_{pz}(\dot{z}_{t2} - \dot{z}_{w3} + l_t\dot{\beta}_{t2})$$
$$- K_{pz}(z_{t2} - z_{w4} - l_t\beta_{t2}) - C_{pz}(\dot{z}_{t2} - \dot{z}_{w4} - l_t\dot{\beta}_{t2})$$

整理得

$$M_t \ddot{z}_{t2} + \left(2C_{pz} + C_{sz}\right)\dot{z}_{t2} + \left(2K_{pz} + K_{sz}\right)z_{t2} - C_{sz}\dot{z}_c - K_{sz}z_c - C_{pz}\dot{z}_{w3} - C_{pz}\dot{z}_{w4}$$

$$-K_{pz}z_{w3} - K_{pz}z_{w4} + C_{sz}l_c\dot{\beta}_c + K_{sz}l_c\beta_c = 0 \tag{2-102}$$

(6)后转向架点头运动。

后转向架的点头运动的微分方程为

$$J_t\ddot{\beta}_{t2} = -K_{pz}(z_{t2} - z_{w3} + l_t\beta_{t2})l_t - C_{pz}(\dot{z}_{t2} - \dot{z}_{w3} + l_t\dot{\beta}_{t2})l_t$$

$$+ K_{pz}(z_{t2} - z_{w4} - l_t\beta_{t2})l_t + C_{pz}(\dot{z}_{t2} - \dot{z}_{w4} - l_t\dot{\beta}_{t2})l_t$$

整理得

$$J_t\ddot{\beta}_{t2} + 2C_{pz}l_t^2\dot{\beta}_{t2} + 2K_{pz}l_t^2\beta_{t2} - C_{pz}l_t\dot{z}_{w3} + C_{pz}l_t\dot{z}_{w4} - K_{pz}l_tz_{w3} + K_{pz}l_tz_{w4} = 0 \tag{2-103}$$

至此，控制系统的原始微分方程已全部列出，下面推导传递函数。

表 2-5 列出了例 2-33 的微分方程所对应的拉氏变换。

表 2-5　例 2-33 的微分方程及其拉氏变换

微分方程	拉氏变换
式(2-98)	$\left(M_cs^2 + 2C_{sz}s + 2K_{sz}\right)Z_c(s) - \left(C_{sz}s + K_{sz}\right)Z_{t1}(s) - \left(C_{sz}s + K_{sz}\right)Z_{t2}(s) = 0$
式(2-99)	$\left(J_cs^2 + 2C_{sz}l_c^2s + 2K_{sz}l_c^2\right)\beta_c(s) - \left(C_{sz}l_cs + K_{sz}l_c\right)Z_{t1}(s) + \left(C_{sz}l_cs + K_{sz}l_c\right)Z_{t2}(s) = 0$
式(2-100)	$\left[M_ts^2 + \left(2C_{pz} + C_{sz}\right)s + \left(2K_{pz} + K_{sz}\right)\right]Z_{t1}(s) - \left(C_{sz}s + K_{sz}\right)Z_c(s) - \left(C_{pz}s + K_{pz}\right)Z_{w1}(s)$ $-\left(C_{pz}s + K_{pz}\right)Z_{w2}(s) - \left(C_{sz}l_cs + K_{sz}l_c\right)\beta_c(s) = 0$
式(2-101)	$\left(J_ts^2 + 2C_{pz}l_t^2s + 2K_{pz}l_t^2\right)\beta_{t1}(s) - \left(C_{pz}l_ts + K_{pz}l_t\right)Z_{w1}(s) + \left(C_{pz}l_ts + K_{pz}l_t\right)Z_{w2}(s) = 0$
式(2-102)	$\left[M_ts^2 + \left(2C_{pz} + C_{sz}\right)s + \left(2K_{pz} + K_{sz}\right)\right]Z_{t2}(s) - \left(C_{sz}s + K_{sz}\right)Z_c(s) - \left(C_{pz}s + K_{pz}\right)Z_{w3}(s)$ $-\left(C_{pz}s + K_{pz}\right)Z_{w4}(s) + \left(C_{sz}l_cs + K_{sz}l_c\right)\beta_c(s) = 0$
式(2-103)	$\left(J_ts^2 + 2C_{pz}l_t^2s + 2K_{pz}l_t^2\right)\beta_{t2}(s) - \left(C_{pz}l_ts + K_{pz}l_t\right)Z_{w3}(s) + \left(C_{pz}l_ts + K_{pz}l_t\right)Z_{w4}(s) = 0$

相应地，可以根据微分方程的拉氏变换列写传递函数，为了使表达更加简洁，令

$$A_1(s) = C_{sz}s + K_{sz}$$

$$A_2(s) = C_{pz}s + K_{pz}$$

$$A_3(s) = C_{sz}l_cs + K_{sz}l_c$$

$$A_4(s) = C_{pz}l_ts + K_{pz}l_t$$

$$A_5(s) = M_ts^2 + \left(2C_{pz} + C_{sz}\right)s + 2K_{pz} + K_{sz}$$

$$A_6(s) = J_ts^2 + 2C_{pz}l_t^2s + 2K_{pz}l_t^2$$

$$A_7(s) = M_cs^2 + 2C_{sz}s + 2K_{sz}$$

$$A_8(s) = J_cs^2 + 2C_{sz}l_c^2s + 2K_{sz}l_c^2$$

最终结果如表 2-6 所示。

表 2-6　例 2-33 的传递函数

运动	传递函数
车体沉浮	$G_{czw1}(s) = \dfrac{Z_c(s)}{Z_{w1}(s)} = \dfrac{A_1(s)A_2(s)}{A_5(s)A_7(s) - 2A_1(s)^2}$,　　$G_{czw2}(s) = \dfrac{Z_c(s)}{Z_{w2}(s)} = \dfrac{A_1(s)A_2(s)}{A_5(s)A_7(s) - 2A_1(s)^2}$ $G_{czw3}(s) = \dfrac{Z_c(s)}{Z_{w3}(s)} = \dfrac{A_1(s)A_2(s)}{A_5(s)A_7(s) - 2A_1(s)^2}$,　　$G_{czw4}(s) = \dfrac{Z_c(s)}{Z_{w4}(s)} = \dfrac{A_1(s)A_2(s)}{A_5(s)A_7(s) - 2A_1(s)^2}$
车体点头	$G_{c\beta w1}(s) = \dfrac{\beta_c(s)}{Z_{w1}(s)} = \dfrac{A_2(s)A_3(s)}{A_5(s)A_8(s) - 2A_3(s)^2}$,　　$G_{c\beta w2}(s) = \dfrac{\beta_c(s)}{Z_{w2}(s)} = \dfrac{A_2(s)A_3(s)}{A_5(s)A_8(s) - 2A_3(s)^2}$ $G_{c\beta w3}(s) = \dfrac{\beta_c(s)}{Z_{w3}(s)} = \dfrac{-A_2(s)A_3(s)}{A_5(s)A_8(s) - 2A_3(s)^2}$,　　$G_{c\beta w4}(s) = \dfrac{\beta_c(s)}{Z_{w4}(s)} = \dfrac{-A_2(s)A_3(s)}{A_5(s)A_8(s) - 2A_3(s)^2}$
前转向架沉浮	$G_{t1zw1}(s) = \dfrac{Z_{t1}(s)}{Z_{w1}(s)} = \dfrac{A_2(s)A_5(s)A_7(s)A_8(s) - A_2(s)A_3(s)^2 A_7(s) - A_1(s)^2 A_2(s)A_8(s)}{A_5(s)^2 A_7(s)A_8(s) - 2A_3(s)^2 A_5(s)A_7(s) - 2A_1(s)^2 A_5(s)A_8(s) + 4A_1(s)^2 A_3(s)^2}$ $G_{t1zw2}(s) = \dfrac{Z_{t1}(s)}{Z_{w2}(s)} = \dfrac{A_2(s)A_5(s)A_7(s)A_8(s) - A_2(s)A_3(s)^2 A_7(s) - A_1(s)^2 A_2(s)A_8(s)}{A_5(s)^2 A_7(s)A_8(s) - 2A_3(s)^2 A_5(s)A_7(s) - 2A_1(s)^2 A_5(s)A_8(s) + 4A_1(s)^2 A_3(s)^2}$ $G_{t1zw3}(s) = \dfrac{Z_{t1}(s)}{Z_{w3}(s)} = \dfrac{A_1(s)^2 A_2(s)A_8(s) - A_2(s)A_3(s)^2 A_7(s)}{A_5(s)^2 A_7(s)A_8(s) - 2A_3(s)^2 A_5(s)A_7(s) - 2A_1(s)^2 A_5(s)A_8(s) + 4A_1(s)^2 A_3(s)^2}$ $G_{t1zw4}(s) = \dfrac{Z_{t1}(s)}{Z_{w4}(s)} = \dfrac{A_1(s)^2 A_2(s)A_8(s) - A_2(s)A_3(s)^2 A_7(s)}{A_5(s)^2 A_7(s)A_8(s) - 2A_3(s)^2 A_5(s)A_7(s) - 2A_1(s)^2 A_5(s)A_8(s) + 4A_1(s)^2 A_3(s)^2}$
前转向架点头	$G_{t1\beta w1}(s) = \dfrac{\beta_{t1}(s)}{Z_{w1}(s)} = -\dfrac{A_4(s)}{A_6(s)}$,　　$G_{t1\beta w2}(s) = \dfrac{\beta_{t1}(s)}{Z_{w2}(s)} = \dfrac{A_4(s)}{A_6(s)}$
后转向架沉浮	$G_{t2zw1}(s) = \dfrac{Z_{t2}(s)}{Z_{w1}(s)} = \dfrac{A_1(s)^2 A_2(s)A_8(s) - A_2(s)A_3(s)^2 A_7(s)}{A_5(s)^2 A_7(s)A_8(s) - 2A_3(s)^2 A_5(s)A_7(s) - 2A_1(s)^2 A_5(s)A_8(s) + 4A_1(s)^2 A_3(s)^2}$ $G_{t2zw2}(s) = \dfrac{Z_{t2}(s)}{Z_{w2}(s)} = \dfrac{A_1(s)^2 A_2(s)A_8(s) - A_2(s)A_3(s)^2 A_7(s)}{A_5(s)^2 A_7(s)A_8(s) - 2A_3(s)^2 A_5(s)A_7(s) - 2A_1(s)^2 A_5(s)A_8(s) + 4A_1(s)^2 A_3(s)^2}$ $G_{t2zw3}(s) = \dfrac{Z_{t2}(s)}{Z_{w3}(s)} = \dfrac{A_2(s)A_5(s)A_7(s)A_8(s) - A_2(s)A_3(s)^2 A_7(s) - A_1(s)^2 A_2(s)A_8(s)}{A_5(s)^2 A_7(s)A_8(s) - 2A_3(s)^2 A_5(s)A_7(s) - 2A_1(s)^2 A_5(s)A_8(s) + 4A_1(s)^2 A_3(s)^2}$ $G_{t2zw4}(s) = \dfrac{Z_{t2}(s)}{Z_{w4}(s)} = \dfrac{A_2(s)A_5(s)A_7(s)A_8(s) - A_2(s)A_3(s)^2 A_7(s) - A_1(s)^2 A_2(s)A_8(s)}{A_5(s)^2 A_7(s)A_8(s) - 2A_3(s)^2 A_5(s)A_7(s) - 2A_1(s)^2 A_5(s)A_8(s) + 4A_1(s)^2 A_3(s)^2}$
后转向架点头	$G_{t2\beta w3}(s) = \dfrac{\beta_{t2}(s)}{Z_{w3}(s)} = -\dfrac{A_4(s)}{A_6(s)}$,　　$G_{t2\beta w4}(s) = \dfrac{\beta_{t2}(s)}{Z_{w4}(s)} = \dfrac{A_4(s)}{A_6(s)}$

事实上，为了便于控制理论的运用及相关后处理的方便，可将微分方程写成矩阵形式：

$$M\ddot{Z} + C\dot{Z} + KZ = D_w Z_w \tag{2-104}$$

式中

$$Z = \begin{bmatrix} z_c & \beta_c & z_{t1} & \beta_{t1} & z_{t2} & \beta_{t2} \end{bmatrix}^{\mathrm{T}}$$

$$Z_w = \begin{bmatrix} z_{w1} & \dot{z}_{w1} & z_{w2} & \dot{z}_{w2} & z_{w3} & \dot{z}_{w3} & z_{w4} & \dot{z}_{w4} \end{bmatrix}^{\mathrm{T}}$$

$$M = \begin{bmatrix} M_c & 0 & 0 & 0 & 0 & 0 \\ 0 & J_c & 0 & 0 & 0 & 0 \\ 0 & 0 & M_t & 0 & 0 & 0 \\ 0 & 0 & 0 & J_t & 0 & 0 \\ 0 & 0 & 0 & 0 & M_t & 0 \\ 0 & 0 & 0 & 0 & 0 & J_t \end{bmatrix}$$

$$C = \begin{bmatrix} 2C_{sz} & 0 & -C_{sz} & 0 & -C_{sz} & 0 \\ 0 & 2C_{sz}l_c^2 & -C_{sz}l_c & 0 & C_{sz}l_c & 0 \\ -C_{sz} & -C_{sz}l_c & 2C_{pz}+C_{sz} & 0 & 0 & 0 \\ 0 & 0 & 0 & 2C_{pz}l_t^2 & 0 & 0 \\ -C_{sz} & C_{sz}l_c & 0 & 0 & 2C_{pz}+C_{sz} & 0 \\ 0 & 0 & 0 & 0 & 0 & 2C_{pz}l_t^2 \end{bmatrix}$$

$$K = \begin{bmatrix} 2K_{sz} & 0 & -K_{sz} & 0 & -K_{sz} & 0 \\ 0 & 2K_{sz}l_c^2 & -K_{sz}l_c & 0 & K_{sz}l_c & 0 \\ -K_{sz} & -K_{sz}l_c & 2K_{pz}+K_{sz} & 0 & 0 & 0 \\ 0 & 0 & 0 & 2K_{pz}l_t^2 & 0 & 0 \\ -K_{sz} & K_{sz}l_c & 0 & 0 & 2K_{pz}+K_{sz} & 0 \\ 0 & 0 & 0 & 0 & 0 & 2K_{pz}l_t^2 \end{bmatrix}$$

$$D_w = \begin{bmatrix} 0 & 0 & 0 & 0 & 0 & 0 & 0 & 0 \\ 0 & 0 & 0 & 0 & 0 & 0 & 0 & 0 \\ K_{pz} & C_{pz} & K_{pz} & C_{pz} & 0 & 0 & 0 & 0 \\ K_{pz}l_t & C_{pz}l_t & -K_{pz}l_t & -C_{pz}l_t & 0 & 0 & 0 & 0 \\ 0 & 0 & 0 & 0 & K_{pz} & C_{pz} & K_{pz} & C_{pz} \\ 0 & 0 & 0 & 0 & K_{pz}l_t & C_{pz}l_t & -K_{pz}l_t & -C_{pz}l_t \end{bmatrix}$$

同样地，可将传递函数写成紧凑形式：

$$Z(s) = A_w(s)Z_w(s) \tag{2-105}$$

式中

$$Z(s) = \begin{bmatrix} Z_c(s) & \beta_c(s) & Z_{t1}(s) & \beta_{t1}(s) & Z_{t2}(s) & \beta_{t2}(s) \end{bmatrix}^T$$

$$A_w = \begin{bmatrix} \dfrac{A_1(s)A_2(s)}{A_5(s)A_7(s)-2A_1(s)^2} & \dfrac{A_1(s)A_2(s)}{A_5(s)A_7(s)-2A_1(s)^2} & \dfrac{A_1(s)A_2(s)}{A_5(s)A_7(s)-2A_1(s)^2} & \dfrac{A_1(s)A_2(s)}{A_5(s)A_7(s)-2A_1(s)^2} \\ \dfrac{A_2(s)A_3(s)}{A_5(s)A_8(s)-2A_3(s)} & \dfrac{A_2(s)A_3(s)}{A_5(s)A_8(s)-2A_3(s)} & \dfrac{-A_2(s)A_3(s)}{A_5(s)A_8(s)-2A_3(s)} & \dfrac{-A_2(s)A_3(s)}{A_5(s)A_8(s)-2A_3(s)} \\ A_1(s)^* & A_1(s)^* & A_2(s)^* & A_2(s)^* \\ -\dfrac{A_4(s)}{A_6(s)} & \dfrac{A_4(s)}{A_6(s)} & 0 & 0 \\ A_2(s)^* & A_2(s)^* & A_1(s)^* & A_1(s)^* \\ 0 & 0 & -\dfrac{A_4(s)}{A_6(s)} & \dfrac{A_4(s)}{A_6(s)} \end{bmatrix}$$

$$Z_w(s) = \begin{bmatrix} Z_{w1}(s) & Z_{w2}(s) & Z_{w3}(s) & Z_{w4}(s) \end{bmatrix}^T$$

式中

$$A_1(s)^* = \frac{A_2(s)A_5(s)A_7(s)A_8(s) - A_2(s)A_3(s)^2 A_7(s) - A_1(s)^2 A_2(s)A_8(s)}{A_5(s)^2 A_7(s)A_8(s) - 2A_3(s)^2 A_5(s)A_7(s) - 2A_1(s)^2 A_5(s)A_8(s) + 4A_1(s)^2 A_3(s)^2}$$

$$A_2(s)^* = \frac{A_1(s)^2 A_2(s)A_8(s) - A_2(s)A_3(s)^2 A_7(s)}{A_5(s)^2 A_7(s)A_8(s) - 2A_3(s)^2 A_5(s)A_7(s) - 2A_1(s)^2 A_5(s)A_8(s) + 4A_1(s)^2 A_3(s)^2}$$

同时，也可以将该模型写成状态空间方程的形式，此时轨道不平顺信号作为模型的激励输入，并测量车体的沉浮加速度作为模型输出。

$$\begin{cases} \dot{X} = AX + Bw \\ Y = CX + Dw \end{cases} \tag{2-106}$$

其中状态量 X_p、观测量 Y_p 及车辆模型所受到的不平顺激励 w 如下。

$$X_p = \begin{bmatrix} z_c & \dot{z}_c & \beta_c & \dot{\beta}_c & z_{t1} & \dot{z}_{t1} & \beta_{t1} & \dot{\beta}_{t1} & z_{t2} & \dot{z}_{t2} & \beta_{t2} & \dot{\beta}_{t2} \end{bmatrix}^{\mathrm{T}}$$

$$Y_p = \begin{bmatrix} \ddot{z}_c \end{bmatrix}, \quad w = \begin{bmatrix} z_{w1} & z_{w2} & z_{w3} & z_{w4} & \dot{z}_{w1} & \dot{z}_{w2} & \dot{z}_{w3} & \dot{z}_{w4} \end{bmatrix}^{\mathrm{T}}$$

系统矩阵 A、控制矩阵 B、输出矩阵 C、直接输出矩阵 D 如下：

$$A = \begin{bmatrix}
0 & 1 & 0 & 0 & 0 & 0 & 0 & 0 & 0 & 0 & 0 & 0 \\
\frac{-2K_{sz}}{M_c} & \frac{-2C_{sz}}{M_c} & 0 & 0 & \frac{K_{sz}}{M_c} & \frac{C_{sz}}{M_c} & 0 & 0 & \frac{K_{sz}}{M_c} & \frac{C_{sz}}{M_c} & 0 & 0 \\
0 & 0 & 0 & 1 & 0 & 0 & 0 & 0 & 0 & 0 & 0 & 0 \\
0 & 0 & \frac{-2K_{sz}l_c^2}{J_c} & \frac{-2C_{sz}l_c^2}{J_c} & \frac{K_{sz}l_c^2}{J_c} & \frac{C_{sz}l_c^2}{J_c} & 0 & 0 & \frac{-K_{sz}l_c^2}{J_c} & \frac{-C_{sz}l_c^2}{J_c} & 0 & 0 \\
0 & 0 & 0 & 0 & 0 & 1 & 0 & 0 & 0 & 0 & 0 & 0 \\
\frac{K_{sz}}{M_t} & \frac{C_{sz}}{M_t} & \frac{K_{sz}l_c}{M_t} & \frac{C_{sz}l_c}{M_t} & \frac{-(2K_{pz}+K_{sz})}{M_t} & \frac{-(2C_{pz}+C_{sz})}{M_t} & 0 & 0 & 0 & 0 & 0 & 0 \\
0 & 0 & 0 & 0 & 0 & 0 & 0 & 1 & 0 & 0 & 0 & 0 \\
0 & 0 & 0 & 0 & 0 & 0 & \frac{-2K_{pz}l_t^2}{J_t} & \frac{-2C_{pz}l_t^2}{J_t} & 0 & 0 & 0 & 0 \\
0 & 0 & 0 & 0 & 0 & 0 & 0 & 0 & 0 & 1 & 0 & 0 \\
\frac{K_{sz}}{M_t} & \frac{C_{sz}}{M_t} & \frac{-K_{sz}l_c}{M_t} & \frac{-C_{sz}l_c}{M_t} & 0 & 0 & 0 & 0 & \frac{-(2K_{pz}+K_{sz})}{M_t} & \frac{-(2C_{pz}+C_{sz})}{M_t} & 0 & 0 \\
0 & 0 & 0 & 0 & 0 & 0 & 0 & 0 & 0 & 0 & 0 & 1 \\
0 & 0 & 0 & 0 & 0 & 0 & 0 & 0 & 0 & 0 & \frac{-2K_{pz}l_t^2}{J_t} & \frac{-2C_{pz}l_t^2}{J_t}
\end{bmatrix}$$

$$B = \begin{bmatrix}
0 & 0 & 0 & 0 & 0 & 0 & 0 & 0 \\
0 & 0 & 0 & 0 & 0 & 0 & 0 & 0 \\
0 & 0 & 0 & 0 & 0 & 0 & 0 & 0 \\
0 & 0 & 0 & 0 & 0 & 0 & 0 & 0 \\
0 & 0 & 0 & 0 & 0 & 0 & 0 & 0 \\
K_{pz}/M_t & K_{pz}/M_t & 0 & 0 & C_{pz}/M_t & C_{pz}/M_t & 0 & 0 \\
0 & 0 & 0 & 0 & 0 & 0 & 0 & 0 \\
K_{pz}l_t/J_t & -K_{pz}l_t/J_t & 0 & 0 & C_{pz}l_t/J_t & -C_{pz}l_t/J_t & 0 & 0 \\
0 & 0 & 0 & 0 & 0 & 0 & 0 & 0 \\
0 & 0 & K_{pz}/M_t & K_{pz}/M_t & 0 & 0 & C_{pz}/M_t & C_{pz}/M_t \\
0 & 0 & 0 & 0 & 0 & 0 & 0 & 0 \\
0 & 0 & K_{pz}l_t/J_t & -K_{pz}l_t/J_t & 0 & 0 & C_{pz}l_t/J_t & -C_{pz}l_t/J_t
\end{bmatrix}$$

$$C = \begin{bmatrix} -2K_{sz}/M_c & -2C_{sz}/M_c & 0 & 0 & K_{sz}/M_c & C_{sz}/M_c & 0 & 0 & K_{sz}/M_c & C_{sz}/M_c & 0 & 0 \end{bmatrix}$$

$$D = 0$$

某高速列车车辆的相关参数如表 2-7 所示，将相关参数代入表 2-6 中的传递函数，便可计算得到车体沉浮、车体点头、前后转向架沉浮、前后转向架点头关于四个轮对垂向位移的传递函数。

表 2-7　某高速列车车辆相关参数表

参数	车体质量 M_c / kg	转向架质量 M_t / kg	一系悬挂刚度 K_{pz}/(N/m)	二系悬挂刚度 K_{sz}/(N/m)	一系悬挂阻尼 C_{pz}/(N·s/m)
值	36000	2100	1200000	520000	60000
参数	二系悬挂阻尼 C_{sz}/(N·s/m)	车体点头惯量 J_c / (kg·m²)	转向架点头惯量 J_t / (kg·m²)	车辆定距之半 l_c / m	转向架轴距之半 l_t / m
值	40000	2300000	2100	9	1.25

例如，车体沉浮运动 $z_c(t)$、车体点头运动 $\beta_c(t)$ 关于轮对 1 垂向位移 $z_{w1}(t)$ 的传递函数为

$$G_{czw1}(s) = \frac{Z_c(s)}{Z_{w1}(s)} = \frac{A_1(s)A_2(s)}{A_5(s)A_7(s) - 2A_1(s)^2}$$

$$= \frac{2.4 \times 10^9 s^2 + 7.92 \times 10^{10} s + 6.24 \times 10^{11}}{7.56 \times 10^7 s^4 + 5.928 \times 10^9 s^3 + 1.16904 \times 10^{11} s^2 + 3.168 \times 10^{11} s + 2.496 \times 10^{12}} \tag{2-107}$$

$$G_{c\beta w1}(s) = \frac{\beta_c(s)}{Z_{w1}(s)} = \frac{A_2(s)A_3(s)}{A_5(s)A_8(s) - 2A_3(s)^2}$$

$$= \frac{2.16 \times 10^{10} s^2 + 7.128 \times 10^{11} s + 5.616 \times 10^{12}}{4.83 \times 10^9 s^4 + 3.81608 \times 10^{11} s^3 + 7.670504 \times 10^{12} s^2 + 2.56608 \times 10^{13} s + 2.02176 \times 10^{14}}$$
$$\tag{2-108}$$

习　　题

2-1　图 2-40 所示为两个机械系统的物理模型，图中输入为作用在小车上的力，输出为小车位移，分别建立它们的微分方程模型。

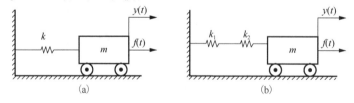

图 2-40　机械系统的物理模型（一）

2-2　在图 2-41 中，图 (a)、(b)、(c) 分别表示了三个机械系统集中参数物理模型。图中 x_i 表示输入位移，x_o 表示输出位移，假设输出端无负载效应，分别建立它们的微分方程模型。

2-3　求图 2-42 所示的机械系统的微分方程。图中 M 为输入转矩，C_m 为圆周阻尼，J 为转动惯量，输出为角位移 θ。

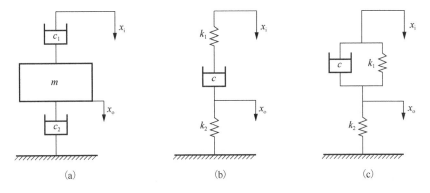

图 2-41 机械系统的物理模型(二)

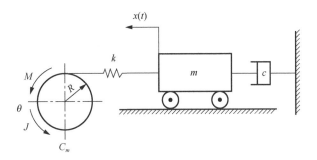

图 2-42 机械系统图(一)

2-4 试求下列函数的拉氏变换。

(1) $f(t) = (5t^2 + t + 6)\delta(t) + tu(t) - u(t - 2)$。

(2) $f(t) = \left[2\sin\left(2t - \dfrac{\pi}{3}\right)\right]u\left(t - \dfrac{\pi}{6}\right) + \mathrm{e}^{-2t}u(t)$。

2-5 试求下列函数的拉氏逆变换。

(1) $F(s) = \dfrac{\mathrm{e}^{-s}}{s - 1}$。

(2) $F(s) = \dfrac{s}{(s + 1)^2 (s + 2)}$。

2-6 用拉氏变换法解下列微分方程。

(1) $\dfrac{\mathrm{d}^2 x(t)}{\mathrm{d}t^2} + 6\dfrac{\mathrm{d}x(t)}{\mathrm{d}t} + 8x(t) = u(t)$，其中 $x(0)=1$，$\left.\dfrac{\mathrm{d}x(t)}{\mathrm{d}t}\right|_{t=0} = 0$。

(2) $\dfrac{\mathrm{d}x(t)}{\mathrm{d}t} + 100x(t) = 300$，其中 $\left.\dfrac{\mathrm{d}x(t)}{\mathrm{d}t}\right|_{t=0} = 50$。

2-7 已知系统的动力学方程如下，试写出它们的传递函数 $Y(s)/R(s)$。

(1) $\ddot{y}(t) + 25y(t) = 0.5r(t)$。

(2) $\ddot{y}(t) + 3\dot{y}(t) + 6y(t) + 4\displaystyle\int y(t)\mathrm{d}t = 4r(t)$。

2-8 试求图 2-43 所示的无源电路系统的传递函数模型。

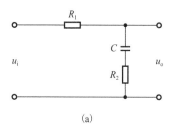
(a)

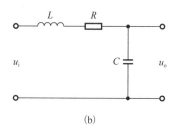
(b)

图 2-43　无源电路系统

2-9　试求如图 2-44 所示的机械系统的传递函数模型。

2-10　若系统传递函数方框图如图 2-45 所示，试求：

（1）以 $R(s)$ 为输入，当 $N(s)=0$ 时，分别以 $C(s)$、$Y(s)$、$B(s)$、$E(s)$ 为输出的闭环传递函数；

（2）以 $N(s)$ 为输入，当 $R(s)=0$ 时，分别以 $C(s)$、$Y(s)$、$B(s)$、$E(s)$ 为输出的闭环传递函数。

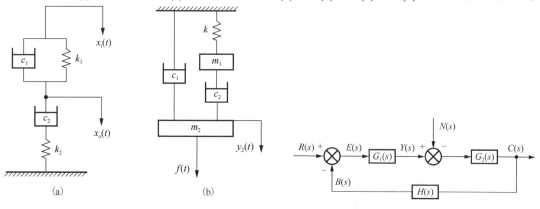

图 2-44　机械系统图(二)　　　　　　图 2-45　系统传递函数方框图

2-11　采用方框图等效变换法，简化图 2-46 所示的系统方框图，并确定其传递函数。

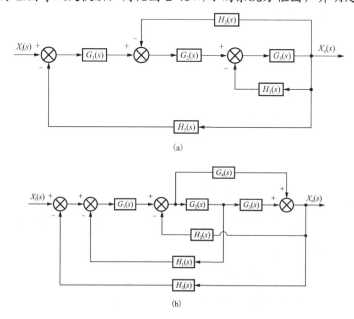

(a)

(b)

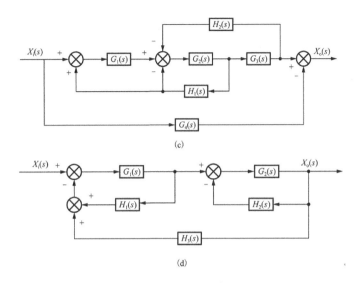

(c)

(d)

图 2-46　系统方框图(二)

2-12　对于图 2-47 所示的系统方框图，绘制对应系统的信号流图，并采用梅森增益公式分别求出 $\dfrac{X_{o1}(s)}{X_{i1}(s)}$、$\dfrac{X_{o2}(s)}{X_{i2}(s)}$、$\dfrac{X_{o1}(s)}{X_{i2}(s)}$ 和 $\dfrac{X_{o2}(s)}{X_{i1}(s)}$。

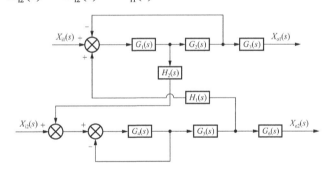

图 2-47　系统方框图(三)

2-13　试求图 2-48 所示系统信号流图的传递函数。

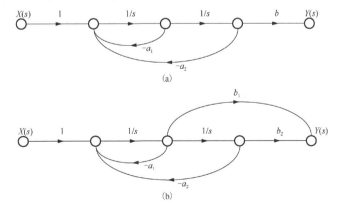

图 2-48　系统信号流图

2-14　对于图 2-49 所示的机械系统，已知 $f_i(t)$ 为输入力，$x_o(t)$ 为输出位移。试求其状态方程及输出方程。

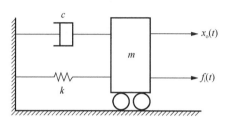

图 2-49　机械系统图(三)

第 3 章　控制系统的时域分析

建立控制系统的数学模型后，利用数学工具可对数学模型进行分析和求解，从而对控制系统的性能进行分析。针对系统的数学模型，求在特定初始条件和输入作用下系统的输出时间响应，并对系统的输出时间响应进行稳、准、快等特性分析，称为时域分析法。在控制理论发展初期，由于计算机还没有充分发展，时域瞬态响应分析只限于较低阶次的简单系统。随着电子计算机的不断发展，很多复杂系统可以在时域直接分析和计算。控制系统的时域分析法不仅是经典控制中基本的分析方法，而且在现代控制理论中得到了更为广泛的应用。

本章首先概括地介绍系统的典型输入信号、时间响应的组成；然后对一阶和二阶系统的时间响应进行定量分析，基于二阶欠阻尼系统的阶跃响应定义系统的瞬态性能指标及求解方法；再扼要地定性讨论高阶系统的时间响应分析方法；在此基础上，对控制系统的稳态性能指标进行分析；最后，运用本章知识利用 MATLAB 进行时间响应分析的介绍，并进行高速列车车辆垂向振动时域仿真分析。

3.1　系统的时域性能指标

控制系统的时域性能指标分为动态性能指标和稳态性能指标两类。为了分析系统的时域性能指标，要求解系统的时间响应，必须了解控制系统的输入信号(即系统外加激励)的解析表达式。然而，在实际工程控制系统中，根据控制系统类型及功能的不同，相应的输入信号也各不相同，甚至是随机信号。因此，为了便于系统的时域分析，需要确定控制系统典型的输入信号，并在典型输入信号的作用下分析系统的响应及性能指标。

3.1.1　典型输入信号

一般来说，对于一个具体的控制系统，其输入信号往往是某些特定的输入信号。例如，室内空调温度控制系统的输入信号是阶跃信号；汽车定速巡航控制系统的输入信号亦为阶跃信号；高速列车振动控制系统中列车高速通过轨道焊缝接头时的不平顺信号可近似为脉冲信号；机床加工锥面控制系统的输入信号可视为斜坡函数。而在防空火炮控制系统中，敌机的位置和速度无法预料，致使其输入信号具有了随机性，给系统的性能要求以及分析和设计工作带来了困难。因此为了进行理论分析，需要抽象出具有工程控制系统代表性的输入信号，且这些输入信号的数学描述简单，有利于系统求解。控制系统中常用的典型输入信号有单位阶跃函数、单位斜坡(速度)函数、单位加速度(抛物线)函数、单位脉冲函数和正弦函数，如表 3-1 所示。这些函数都是简单的时间函数，便于数学分析和实验研究。

表 3-1　典型输入信号

名称	时域表达式	复域表达式
单位阶跃函数	$u(t)$	$\dfrac{1}{s}$
单位斜坡函数	$t,\ t \geqslant 0$	$\dfrac{1}{s^2}$
单位加速度函数	$\dfrac{1}{2}t^2,\ t \geqslant 0$	$\dfrac{1}{s^3}$
单位脉冲函数	$\delta(t),\ t = 0$	1
正弦函数	$A\sin\omega t,\ t \geqslant 0$	$\dfrac{A\omega}{s^2 + \omega^2}$

实际应用时究竟采用哪一种典型输入信号，取决于控制系统常见的工作状态；在所有可能的输入信号中，选取最不利的信号作为系统的典型输入信号。这种处理方法在许多场合是可行的。例如，空调的温度控制系统的输入信号可采用单位阶跃函数作为输入信号；跟踪通信卫星的天线控制系统，以及输入信号随时间逐渐变化的控制系统中，单位斜坡函数是比较合适的输入信号；单位抛物线函数(单位即加速度函数)可作为宇宙飞船控制系统的输入信号；当控制系统的输入信号是冲击输入量时，采用单位脉冲函数最为合适；当系统的输入信号具有周期性的变化时，可选择正弦函数作为输入信号。同一系统中，不同形式的输入信号所对应的输出响应是不同的，但对于线性控制系统来说，它们所表征的系统性能是一致的。通常以单位阶跃函数作为输入信号，可在一个统一的基础上对各种控制系统的特性进行比较和研究。

应当指出，有些控制系统的实际输入信号是不确定的随机信号，例如，对于定位雷达天线控制系统，其输入信号中既有运动目标的不规则信号，又有许多随机噪声分量，此时可以对随机信号进行频谱分析，对不同频率的典型正弦输入信号作用下的响应进行线性叠加后进行性能分析，当分析精度达不到要求时，需采用随机过程理论进行处理。

为了评价线性系统时域性能指标，需要研究控制系统在典型输入信号作用下的时间响应过程及响应的组成。

3.1.2　时间响应及其组成

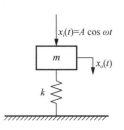

图 3-1　单自由度振动系统

为了明确地了解系统的时间响应及其组成，对如图 3-1 所示的质量为 m 的质量块与弹性系数为 k 的弹簧所组成的单自由度振动系统进行分析，系统的输入为外力 $x_i(t) = A\cos\omega t$，输出为质量块位移 $x_o(t)$。系统的线性常微分方程为

$$m\ddot{x}_o(t) + kx_o(t) = A\cos\omega t \tag{3-1}$$

按照微分方程解的结构理论，这一非齐次常微分方程的完全解由两部分组成，即

$$x_o(t) = x_{o1}(t) + x_{o2}(t) \tag{3-2}$$

式中，$x_{o1}(t)$ 是与其对应的齐次微分方程的通解；$x_{o2}(t)$ 是一个特解。由理论力学和微分方程中解的结构理论可知

$$x_{o1}(t) = B\sin\omega_n t + C\cos\omega_n t \tag{3-3}$$

$$x_{o2}(t) = Y\cos\omega t \tag{3-4}$$

式中，ω_n 为系统的无阻尼固有频率，$\omega_n = \sqrt{k/m}$。

将式 (3-4) 代入式 (3-1)，有

$$\left(-m\omega^2 + k\right)Y\cos\omega t = A\cos\omega t$$

化简得

$$Y = \frac{A}{k} \cdot \frac{1}{1-\lambda^2} \tag{3-5}$$

式中，$\lambda = \omega / \omega_n$。

于是，式 (3-1) 的完全解为

$$x_o(t) = B\sin\omega_n t + C\cos\omega_n t + \frac{A}{k} \cdot \frac{1}{1-\lambda^2}\cos\omega t \tag{3-6}$$

式中，常数 B 与 C 可求出。将式 (3-6) 对 t 求导，有

$$\dot{x}_o(t) = B\omega_n\cos\omega_n t - C\omega_n\sin\omega_n t - \frac{A}{k} \cdot \frac{\omega}{1-\lambda^2}\sin\omega t \tag{3-7}$$

设 $t = 0$ 时，$x_o(t) = x_o(0)$，$\dot{x}_o(t) = \dot{x}_o(0)$，将其代入式 (3-6) 与式 (3-7)，联立解得

$$B = \frac{\dot{x}_o(0)}{\omega_n}, \quad C = x_o(0) - \frac{A}{k} \cdot \frac{1}{1-\lambda^2}$$

将 B、C 代入式 (3-6)，整理得

$$x_o(t) = \overbrace{\frac{\dot{x}_o(0)}{\omega_n}\sin\omega_n t + x_o(0)\cos\omega_n t - \frac{A}{k} \cdot \frac{1}{1-\lambda^2}\cos\omega_n t}^{\text{自由响应}} + \overbrace{\frac{A}{k} \cdot \frac{1}{1-\lambda^2}\cos\omega t}^{\text{强迫响应}} \tag{3-8}$$

$$x_o(t) = \underbrace{\frac{\dot{x}_o(0)}{\omega_n}\sin\omega_n t + x_o(0)\cos\omega_n t}_{\text{零输入响应}} \underbrace{- \frac{A}{k} \cdot \frac{1}{1-\lambda^2}\cos\omega_n t + \frac{A}{k} \cdot \frac{1}{1-\lambda^2}\cos\omega t}_{\text{零状态响应}}$$

由式 (3-8) 可知，等号右边第一、二项是由微分方程的初始条件 (即系统的初始状态) 引起的系统在无阻尼固有频率 ω_n 下的自由振动，即自由响应。第三项是由输入的幅值引起的系统在固有频率 ω_n 下的振动，亦称为自由响应。值得指出，虽然第三项自由响应为系统固有频率 ω_n，与输入信号的频率 ω 完全无关，但它的幅值受到输入信号幅值 A 的影响，所以该项并不是完全自由的，此处的 “自由” 强调系统在固有频率下自由自在地运行。第四项是由输入信号引起的强迫振动，亦称为强迫响应，其振动频率即为输入信号的频率 ω。因此，系统的时间响应可按振动性质分为自由响应和强迫响应；按振动产生的原因可分为零输入响应 (即系统在没有输入信号作用时，仅由系统的初始状态引起的响应) 与零状态响应 (即系统初始状态为零时，仅由输入信号激励引起的系统响应)。在控制系统分析和设计时，仅考虑系统输入引起的零状态响应。

现在来分析较为一般的情况，设系统的动力学方程为

$$a_n x_o^{(n)}(t) + a_{n-1}x_o^{(n-1)}(t) + \cdots + a_1\dot{x}_o(t) + a_0 x_o(t) = x_i(t) \tag{3-9}$$

此方程的解 (即系统的时间响应) 由通解 (即自由响应) $x_{o1}(t)$ 与特解 (即强迫响应) $x_{o2}(t)$ 所组成，有

$$x_o(t) = x_{o1}(t) + x_{o2}(t)$$

由微分方程解的结构理论可知，若式 (3-9) 的齐次方程的特征根 $s_i(i = 1, 2, \cdots, n)$ 各不相同，则

$$x_{o1}(t) = \sum_{i=1}^{n} A_i e^{s_i t}, \qquad x_{o2}(t) = B(t) \tag{3-10}$$

而 $x_{o1}(t)$ 又分为两部分，即

$$x_{o1}(t) = \sum_{i=1}^{n} A_{1i} e^{s_i t} + \sum_{i=1}^{n} A_{2i} e^{s_i t} \tag{3-11}$$

式中，等号右边第一项为由系统的初态所引起的自由响应；第二项为由输入 $x_i(t)$ 所引起的自由响应。因此，有

$$x_o(t) = \overbrace{\sum_{i=1}^{n} A_{1i} e^{s_i t} + \sum_{i=1}^{n} A_{2i} e^{s_i t}}^{\text{自由响应}} + \overbrace{B(t)}^{\text{强迫响应}}$$

$$\tag{3-12}$$

$$x_o(t) = \underbrace{\sum_{i=1}^{n} A_{1i} e^{s_i t}}_{\text{零输入响应}} + \underbrace{\sum_{i=1}^{n} A_{2i} e^{s_i t} + B(t)}_{\text{零状态响应}}$$

式中，n 与 s_i 与系统的初态无关，更与系统的输入无关，它们只取决于系统的结构与参数这些固有特性。

在定义系统的传递函数时，由于已指明系统的初态为零，故取决于系统的初态的零输入响应为零，从而对 $X_o(s) = G(s)X_i(s)$ 进行 Laplace 逆变换，$x_o(t) = L^{-1}[x_o(s)]$ 就是系统的零状态响应。

若线性常微分方程的输入函数有导数项，即方程的形式为

$$a_n x_o^{(n)}(t) + a_{n-1} x_o^{(n-1)}(t) + \cdots + a_1 \dot{x}_o(t) + a_0 x_o(t)$$
$$= b_m x_i^{(m)}(t) + b_{m-1} x_i^{(m-1)}(t) + \cdots + b_1 \dot{x}_i(t) + b_0 x_i(t), \quad n \geqslant m \tag{3-13}$$

利用线性常微分方程的特点，对式 (3-9) 两边求导，有

$$a_n \left[x_o^{(n)}(t) \right]' + a_{n-1} \left[x_o^{(n-1)}(t) \right]' + \cdots + a_1 \left[\dot{x}_o(t) \right]' + a_0 \left[x_o(t) \right]' = \left[x_i(t) \right]'$$

显然，若以 $\left[x_i(t) \right]'$ 作为新的输入函数，则 $\left[x_o(t) \right]'$ 为新的输出函数，即此方程的解为式 (3-9) 的解 $x_o(t)$ 的导数 $\left[x_o(t) \right]'$。可见，当 $x_i(t)$ 取为 $x_i(t)$ 的 n 阶导数时，式 (3-9) 的解则由 $x_o(t)$ 变为 $x_o(t)$ 的 n 阶导数。因此对于同一线性定常系统而言，如果输入函数等于某一函数的导数，则该输入函数的响应函数也等于这一函数的响应函数的导数。

将微分方程 (3-9) 的特征根 s_i 的实部表示为 $\mathrm{Re}(s_i)$、虚部表示为 $\mathrm{Im}(s_i)$ 时，由微分方程对应的解 (式 (3-10)~式 (3-12)) 知：若系统所有特征根的实部 $\mathrm{Re}(s_i) < 0$，则自由响应随着时间的增加逐渐衰减趋于零，称微分方程对应的系统稳定；若方程特征根的实部 $\mathrm{Re}(s_i) > 0$，则自由响应随时间的增加趋于无穷大，称微分方程对应的系统不稳定，特征根实部的绝对值决定系统的相对稳定程度。

3.1.3　动态过程与稳态过程

在典型输入信号的作用下，任何一个控制系统的时间响应都由动态过程和稳态过程两部分组成。

1) 动态过程

动态过程又称为过渡过程或瞬态过程，指在典型输入信号的作用下，系统输出量从初始状态到最终状态的响应过程。在典型信号的作用下，随着时间增加，系统的响应逐渐衰减，趋于零的部分称为瞬态响应。由于实际控制系统具有惯性、摩擦以及其他一些原因，系统输出量不可能完全复现输入量。根据系统结构和参数选择情况，动态过程表现为衰减、发散或等幅振荡形式。显然，对于一个可以实际运行的控制系统，其动态过程必须是衰减的，换句话说，控制系统必须是稳定的。

2) 稳态过程

稳态过程指系统在典型输入信号的作用下，随着时间增加，系统的响应趋于稳定的表现方式，系统的响应中除去瞬态响应的部分为稳态过程(或称为稳态响应)，表征系统输出量最终复现输入量的程度，提供系统有关稳态误差的信息，用稳态性能描述。

由此可见，在典型输入信号的作用下，控制系统的响应分为动态响应和稳态响应两部分，相应的时域性能指标也分为动态性能指标和稳态性能指标。

3.2　一阶系统的时域分析

能够用一阶微分方程描述的系统为一阶系统，典型的一阶系统为一阶惯性环节，其传递函数为

$$G(s) = \frac{X_o(s)}{X_i(s)} = \frac{1}{Ts+1}$$

3.2.1　一阶系统的单位脉冲响应

单位脉冲输入信号 $x_i(t) = \delta(t)$ 的象函数为 1，则

$$X_o(s) = G(s) \cdot X_i(s) = \frac{1/T}{s+1/T}$$

进行拉氏逆变换，得

$$x_o(t) = L^{-1}[X_o(s)] = \frac{1}{T}e^{-\frac{1}{T}t}, \quad t \geqslant 0 \qquad (3\text{-}14)$$

由式(3-14)可求出 $T=1$ 时的单位脉冲响应曲线如图 3-2 所示。

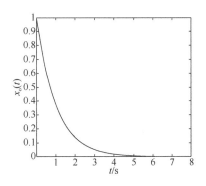

图 3-2　一阶系统的单位脉冲响应曲线

3.2.2　一阶系统的单位阶跃响应

单位阶跃输入信号 $x_i(t) = u(t)$ 的象函数为 $X_i(s) = \frac{1}{s}$，则

$$X_o(s) = G(s) \cdot X_i(s) = \frac{1}{Ts+1} \cdot \frac{1}{s} = \frac{1}{s} - \frac{T}{Ts+1} = \frac{1}{s} - \frac{1}{s+\frac{1}{T}}$$

进行拉氏逆变换，得

$$x_o(t) = 1 - e^{-\frac{1}{T}t}, \quad t \geq 0 \tag{3-15}$$

根据式 (3-15)，可得出表 3-2 的数据。

表 3-2   一阶系统的单位阶跃响应

t	0	T	$2T$	$3T$	$4T$	$5T$	...	∞
$x_o(t)$	0	0.632	0.865	0.95	0.982	0.993	...	1

$T=1$ 时，一阶系统的单位阶跃响应曲线如图 3-3 所示。由表 3-2 及图 3-3 得出以下结论：

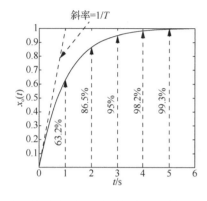

(1) 一阶系统的极点为 $-\dfrac{1}{T}$，当时间常数为正时，系统总是稳定且无振荡；

(2) 经过时间 T，曲线上升到 0.632，可用实验的方法测出惯性时间常数 T；

(3) 经过时间 $3T \sim 4T$，系统的响应上升到稳态值的 $95\% \sim 98.2\%$，可以认为过渡过程结束，故调整时间取为 $3T \sim 4T$；

(4) 由 $\left.\dfrac{\mathrm{d}x_o(t)}{\mathrm{d}t}\right|_{t=0} = \dfrac{1}{T}$ 知，在 $t=0$ 时，响应曲线的切线斜率为 $1/T$。

图 3-3   一阶系统的单位阶跃响应曲线

3.2.3   一阶系统的单位斜坡响应

单位斜坡输入信号 $x_i(t) = t(t \geq 0)$ 的象函数为 $X_i(s) = \dfrac{1}{s^2}$，则

$$X_o(s) = G(s) \cdot X_i(s) = \frac{1}{Ts+1} \cdot \frac{1}{s^2} = \frac{1}{s^2} - \frac{T}{s} + \frac{T}{s + \frac{1}{T}}$$

进行拉氏逆变换，得

$$x_o(t) = t - T + Te^{-\frac{1}{T}t}, \quad t \geq 0 \tag{3-16}$$

由式 (3-16) 可求出其 $T=1$ 时的单位斜坡响应曲线如图 3-4 所示。

控制系统的输出跟踪输入的差为

$$e(t) = x_i(t) - x_o(t)$$
$$= t - \left(t - T + Te^{-\frac{1}{T}t}\right) = T\left(1 - e^{-\frac{1}{T}t}\right)$$

可见，当输入为单位斜坡函数时，一阶系统的稳态误差为 T，显然，时间常数 T 越小，该系统稳态的误差越小。

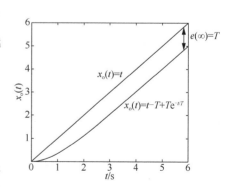

图 3-4   一阶系统的单位斜坡响应曲线

3.2.4　一阶系统三种响应之间的关系

从式(3-14)~式(3-16)知,单位脉冲函数、单位阶跃函数和单位斜坡函数在数学上存在微积分的关系,即输入函数关系为

$$\delta(t) = \frac{\mathrm{d}}{\mathrm{d}t}u(t) = \frac{\mathrm{d}^2 t}{\mathrm{d}t^2} \ \text{或} \ t = \int_0^t u(t)\mathrm{d}t = \int_0^t \int_0^t \delta(t)\mathrm{d}t\mathrm{d}t$$

一阶系统的单位脉冲响应、单位阶跃响应和单位斜坡响应也存在相应的微积分关系,其响应关系为

$$x_\delta(t) = \frac{\mathrm{d}}{\mathrm{d}t}x_u(t) = \frac{\mathrm{d}^2}{\mathrm{d}t^2}x_t(t), \quad x_t(t) = \int_0^t x_u(t)\mathrm{d}t = \int_0^t \int_0^t x_\delta(t)\mathrm{d}t\mathrm{d}t$$

式中,$x_\delta(t)$ 为单位脉冲响应;$x_u(t)$ 为单位阶跃响应;$x_t(t)$ 为单位斜坡响应。

一阶系统的输入与输出之间存在的这种微积分关系,也适用于任何阶的线性定常系统,但不适用于非线性系统和线性时变系统。因此,对一个线性定常系统进行时域分析时,只要研究一种典型输入信号作用时的响应情况,就可以推知其他输入信号作用时的响应情况,这为系统分析带来极大的方便,故在时域分析法中,通常选取系统的单位阶跃响应来进行分析。

3.3　二阶系统的时域分析

用二阶微分方程描述的系统称为二阶系统。从物理上讲,二阶系统包含两个储能元件,能量在两个元件之间转换,在转换过程中,根据系统阻尼的特性,系统的响应呈现不同的特性。当阻尼不够大时,系统将呈现出振荡的特性,故二阶系统通常又称为二阶振荡环节。

二阶系统的典型传递函数为

$$G(s) = \frac{X_o(s)}{X_i(s)} = \frac{\omega_n^2}{s^2 + 2\xi\omega_n s + \omega_n^2}$$

式中,ξ 为阻尼比;ω_n 为无阻尼自然振荡频率,工程中称为无阻尼固有频率。

无阻尼固有频率 ω_n 与阻尼比 ξ 为二阶系统的特征参数,是二阶系统本身的结构参数,与外界输入信号无关。二阶系统的特征方程为

$$s^2 + 2\xi\omega_n s + \omega_n^2 = 0$$

两个特征根 $s_{1,2} = -\xi\omega_n \pm \omega_n\sqrt{\xi^2 - 1}$。随阻尼比的取值不同,特征根也不同。

二阶系统的典型传递函数亦可写成如下形式:

$$G(s) = \frac{X_o(s)}{X_i(s)} = \frac{1}{T^2 s^2 + 2\xi T s + 1}$$

式中,$T = 1/\omega_n$ 为系统自由振荡周期。

3.3.1　二阶系统的单位阶跃响应

1. 欠阻尼

当 $0 < \xi < 1$ 时,称为欠阻尼。此时系统的特征根为共轭复数,即

$$s_{1,2} = -\xi\omega_n \pm j\omega_n\sqrt{1-\xi^2}$$

此时，二阶系统可表示为

$$\frac{X_o(s)}{X_i(s)} = \frac{\omega_n^2}{(s+\xi\omega_n+j\omega_d)(s+\xi\omega_n-j\omega_d)}$$

式中，$\omega_d = \omega_n\sqrt{1-\xi^2}$ 称为阻尼振荡频率。

二阶欠阻尼的单位阶跃响应为

$$X_o(s) = G(s) \cdot X_i(s) = \frac{\omega_n^2}{(s+\xi\omega_n+j\omega_d)(s+\xi\omega_n-j\omega_d)} \cdot \frac{1}{s}$$

$$= \frac{1}{s} - \frac{s+\xi\omega_n}{(s+\xi\omega_n)^2+\omega_d^2} - \frac{\xi\omega_n}{(s+\xi\omega_n)^2+\omega_d^2}$$

进行拉氏逆变换，得

$$x_o(t) = 1 - e^{-\xi\omega_n t}\cos\omega_d t - \frac{\xi}{\sqrt{1-\xi^2}}e^{-\xi\omega_n t}\sin\omega_d t$$

即

$$x_o(t) = 1 - \frac{e^{-\xi\omega_n t}}{\sqrt{1-\xi^2}}\left(\sqrt{1-\xi^2}\cos\omega_d t + \xi\sin\omega_d t\right), \quad t \geq 0 \tag{3-17}$$

$$x_o(t) = 1 - \frac{e^{-\xi\omega_n t}}{\sqrt{1-\xi^2}}\sin\left(\omega_d t + \arctan\frac{\sqrt{1-\xi^2}}{\xi}\right), \quad t \geq 0 \tag{3-18}$$

由式(3-18)可知 $0 < \xi < 1$ 时，二阶系统的单位阶跃响应是以 ω_d 为角频率的衰减振荡。其 $\omega_n = 1\text{rad/s}$ 时的单位阶跃响应曲线如图 3-5 所示，由图可见，随着 ξ 的减小，其振荡幅值加大。控制系统设计中，为了兼顾响应的快速性和准确性，通常阻尼比 ξ 取为 0.6~0.8，$\xi = \sqrt{2}/2$ 称为最佳阻尼比。

2. 临界阻尼

当 $\xi = 1$ 时，称为临界阻尼。此时，系统特征方程有两个相等的负实根，即

$$s_{1,2} = -\omega_n$$

二阶系统的极点是二重根，可表示为

$$\frac{X_o(s)}{X_i(s)} = \frac{\omega_n^2}{(s+\omega_n)^2}$$

临界阻尼的单位阶跃响应为

$$X_o(s) = G(s) \cdot X_i(s) = \frac{\omega_n^2}{(s+\omega_n)^2} \cdot \frac{1}{s} = \frac{1}{s} - \frac{\omega_n}{(s+\omega_n)^2} - \frac{1}{s+\omega_n}$$

进行拉氏逆变换，得

$$x_o(t) = 1 - \omega_n t e^{-\omega_n t} - e^{-\omega_n t}, \quad t \geq 0 \tag{3-19}$$

$\omega_n = 1$ 时的单位阶跃响应曲线如图 3-6 所示，由图可见，系统没有超调。

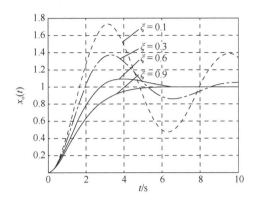

图 3-5　欠阻尼单位阶跃响应曲线　　　图 3-6　临界阻尼单位阶跃响应曲线

3. 过阻尼

当 $\xi > 1$ 时，称为过阻尼。此时，特征方程有两个不等的负实根，即

$$s_{1,2} = -\xi\omega_n \pm \omega_n\sqrt{\xi^2-1}$$

二阶系统的极点是两个负实根，系统可表示为

$$\frac{X_o(s)}{X_i(s)} = \frac{\omega_n^2}{\left(s+\xi\omega_n-\omega_n\sqrt{\xi^2-1}\right)\left(s+\xi\omega_n+\omega_n\sqrt{\xi^2-1}\right)}$$

过阻尼的单位阶跃响应为

$$X_o(s) = G(s)\cdot X_i(s) = \frac{\omega_n^2}{\left(s+\xi\omega_n-\omega_n\sqrt{\xi^2-1}\right)\left(s+\xi\omega_n+\omega_n\sqrt{\xi^2-1}\right)}\cdot\frac{1}{s}$$

$$= \frac{1}{s} - \frac{\dfrac{1}{2\left(-\xi^2+\xi\sqrt{\xi^2-1}+1\right)}}{s+\xi\omega_n-\omega_n\sqrt{\xi^2-1}} - \frac{\dfrac{1}{2\left(-\xi^2-\xi\sqrt{\xi^2-1}+1\right)}}{s+\xi\omega_n+\omega_n\sqrt{\xi^2-1}}$$

进行拉氏逆变换，得

$$x_o(t) = 1 - \frac{1}{2\left(-\xi^2+\xi\sqrt{\xi^2-1}+1\right)}e^{-\left(\xi-\sqrt{\xi^2-1}\right)\omega_n t} - \frac{1}{2\left(-\xi^2-\xi\sqrt{\xi^2-1}+1\right)}e^{-\left(\xi+\sqrt{\xi^2-1}\right)\omega_n t} \tag{3-20}$$

$\omega_n = 1$ 时的单位阶跃响应曲线如图 3-7 所示，系统没有超调，且过渡时间较长。

4. 无阻尼

当 $\xi = 0$ 时，称为无阻尼。此时，系统特征根为共轭纯虚根，即

$$s_{1,2} = -j\omega_n$$

二阶系统的极点为一对共轭虚根，其传递函数可表示为

$$\frac{X_o(s)}{X_i(s)} = \frac{\omega_n^2}{s^2+\omega_n^2}$$

无阻尼的单位阶跃响应为

$$X_o(s) = G(s) \cdot X_i(s) = \frac{\omega_n^2}{s^2 + \omega_n^2} \cdot \frac{1}{s} = \frac{1}{s} - \frac{s}{s^2 + \omega_n^2}$$

进行拉氏逆变换，得

$$x_o(t) = 1 - \cos \omega_n t, \quad t \geqslant 0 \tag{3-21}$$

$\omega_n = 1$ 时的单位阶跃响应曲线如图 3-8 所示，系统无阻尼等幅振荡。

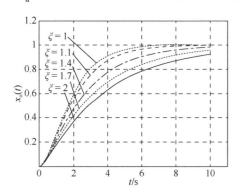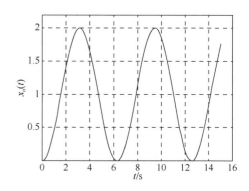

图 3-7　过阻尼单位阶跃响应曲线　　　　　　　　图 3-8　无阻尼单位阶跃响应曲线

5. 负阻尼

当 $\xi < 0$ 时，称为负阻尼。其分析方法与以上相应的情况类似，只是其响应表达式的各指数项均变为正指数，故随着时间 $t \to \infty$，其输出 $x_o(t) \to \infty$，即其单位阶跃响应是发散的，$\omega_n = 1$ 时的单位阶跃响应曲线如图 3-9 所示。

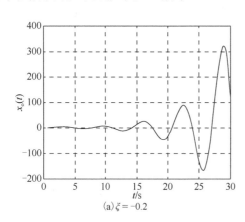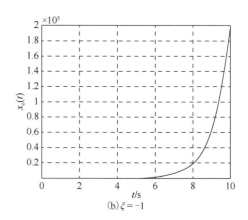

(a) $\xi = -0.2$　　　　　　　　　　　　　　　(b) $\xi = -1$

图 3-9　负阻尼单位阶跃响应曲线

需要指出，负阻尼是指在二阶系统两个储能元件进行能量相互转换的过程中，不仅没有耗能阻尼元件进行耗能，而且负阻尼元件给系统追加能量，导致系统的响应越来越快，即系统不稳定。对于客观物理世界，不存在负阻尼的元件，阻尼都是正的，所以系统是稳定的。但在闭环控制系统中，由于控制系统的执行机构是有源的，在控制系统工作过程中执行机构将外界提供的电能、热能和液压能等作用于系统，如果闭环控制系统设计不恰当，将引起控制系统不稳定。

3.3.2　二阶系统的单位斜坡响应

在单位斜坡函数 $x_i(t) = t$ 的作用下，对二阶系统在不同阻尼情况下的响应进行分析。

1. 欠阻尼

$$X_o(s) = \frac{\omega_n^2}{s^2 + 2\xi\omega_n s + \omega_n^2} \cdot \frac{1}{s^2} = \omega_n^2 \cdot \frac{1}{s^2 \left[(s + \xi\omega_n)^2 + \left(\omega_n\sqrt{1-\xi^2}\right)^2 \right]}$$

利用阶跃响应的积分性或查拉氏变换表，得

$$x_o(t) = \omega_n^2 \left\{ t - \frac{2\xi\omega_n}{(\xi\omega_n)^2 + \left(\omega_n\sqrt{1-\xi^2}\right)^2} + \frac{1}{\omega_n\sqrt{1-\xi^2}} e^{-\xi\omega_n t} \sin\left[\left(\omega_n\sqrt{1-\xi^2}\right)t + \theta\right] \right\}$$

$$\times \frac{1}{(\xi\omega_n)^2 + \left(\omega_n\sqrt{1-\xi^2}\right)^2}$$

$$= t - \frac{2\xi}{\omega_n} + \frac{1}{\omega_n\sqrt{1-\xi^2}} e^{-\xi\omega_n t} \sin\left[\left(\omega_n\sqrt{1-\xi^2}\right)t + \theta\right]$$

式中

$$\theta = 2\arctan\frac{\omega_n\sqrt{1-\xi^2}}{\xi\omega_n} = 2\arctan\frac{\sqrt{1-\xi^2}}{\xi}$$

因为

$$\tan\left(2\arctan\frac{\sqrt{1-\xi^2}}{\xi}\right) = \frac{2\tan\left(\arctan\dfrac{\sqrt{1-\xi^2}}{\xi}\right)}{1 - \tan^2\left(\arctan\dfrac{\sqrt{1-\xi^2}}{\xi}\right)} = \frac{2\xi\sqrt{1-\xi^2}}{2\xi^2 - 1} \tag{3-22}$$

所以，当响应时间趋于无穷时，其输出跟踪输入的偏差为

$$e(\infty) = \lim_{t\to\infty}[x_i(t) - x_o(t)] = \frac{2\xi}{\omega_n}$$

$\omega_n = 1$ 时，系统的单位斜坡响应曲线如图 3-10(a) 所示。

2. 临界阻尼

$$X_o(s) = \frac{\omega_n^2}{(s + \omega_n)^2} \cdot \frac{1}{s^2} = \frac{1}{s^2} - \frac{\dfrac{2}{\omega_n}}{s} + \frac{1}{(s + \omega_n)^2} + \frac{\dfrac{2}{\omega_n}}{s + \omega_n}$$

进行拉氏逆变换，得

$$x_o(t) = t - \frac{2}{\omega_n} + t e^{-\omega_n t} + \frac{2}{\omega_n} e^{-\omega_n t}, \quad t \geqslant 0 \tag{3-23}$$

当响应时间趋于无穷时，其输出跟踪输入的偏差为

$$e(\infty) = \lim_{t\to\infty}[x_i(t) - x_o(t)] = \frac{2}{\omega_n}$$

ω_n=1时，系统的单位斜坡响应曲线如图 3-10(b)所示。

3. 过阻尼

$$X_o(s) = \frac{\omega_n^2}{\left(s + \xi\omega_n - \omega_n\sqrt{\xi^2 - 1}\right)\left(s + \xi\omega_n + \omega_n\sqrt{\xi^2 - 1}\right)} \cdot \frac{1}{s^2}$$

$$= \frac{1}{s^2} - \frac{2\xi}{\omega_n} \cdot \frac{1}{s} + \frac{2\xi^2 - 1 + 2\xi\sqrt{\xi^2 - 1}}{2\omega_n\sqrt{\xi^2 - 1}} \cdot \frac{1}{s + \xi\omega_n - \omega_n\sqrt{\xi^2 - 1}} + \frac{\dfrac{-2\xi^2 - 1 - 2\xi\sqrt{\xi^2 - 1}}{2\omega_n\sqrt{\xi^2 - 1}}}{s + \xi\omega_n + \omega_n\sqrt{\xi^2 - 1}}$$

进行拉氏逆变换，得

$$x_o(t) = t - \frac{2\xi}{\omega_n} + \frac{2\xi^2 - 1 + 2\xi\sqrt{\xi^2 - 1}}{2\omega_n\sqrt{\xi^2 - 1}} e^{-\left(\xi - \sqrt{\xi^2 - 1}\right)\omega_n t}$$

$$- \frac{2\xi^2 - 1 - 2\xi\sqrt{\xi^2 - 1}}{2\omega_n\sqrt{\xi^2 - 1}} e^{-\left(\xi + \sqrt{\xi^2 - 1}\right)\omega_n t}, \quad t \geqslant 0 \tag{3-24}$$

当响应时间趋于无穷时，其输出跟踪输入的偏差为

$$e(\infty) = \lim_{t \to \infty}[x_i(t) - x_o(t)] = \frac{2\xi}{\omega_n}$$

ω_n=1时，系统的单位斜坡响应曲线如图 3-10(c)所示。

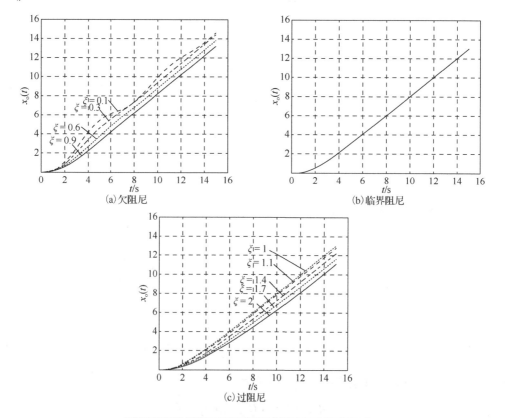

图 3-10　不同阻尼的二阶系统单位斜坡响应曲线图

3.3.3　二阶系统的性能指标

稳定是控制系统能够运行的先决条件，因此只有当动态过程收敛时，研究系统的动态性能指标才有意义，所以控制系统的时域分析在没有特别说明的情况下，都是指控制系统是稳定的。

1. 动态性能

通常在阶跃函数的作用下，测定或计算系统的动态性能。因为，阶跃输入信号对于系统来说是最严峻的工作状态。如果系统在阶跃函数作用下的动态性能满足要求，那么在其他形式的函数作用下，其动态性能也是令人满意的。

描述稳定的系统在单位阶跃函数的作用下，动态过程随时间 t 的变化状况的指标，称为动态性能指标。为了便于分析和比较，假定系统在单位阶跃输入信号作用前处于静止状态，对于大多数控制系统来说，这种假设是符合实际情况的。对于图 3-11 所示的单位阶跃响应 $x_o(t)$，其动态性能指标通常定义如下。

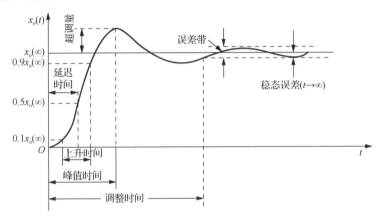

图 3-11　单位阶跃响应对应的性能指标

上升时间 t_r：单位阶跃响应曲线从终值的 10% 上升到终值的 90% 所需的时间；对于有振荡的系统，亦可定义为响应从零到第一次上升到终值所需的时间。上升时间是系统响应速度的一种度量。上升时间越短，响应速度越快。

峰值时间 t_p：对于欠阻尼系统，单位阶跃响应曲线超过其终值到达第一个峰值所需的时间。

超调量 M_P：单位阶跃响应曲线超过终值 $x_o(\infty)$ 的最大偏离值（即 $x_o(t_p) - x_o(\infty)$）与终值 $x_o(\infty)$ 的相对误差的百分比，超调量亦称为最大超调量，或最大超调百分比。当系统为一阶惯性系统或非欠阻尼系统时无超调量，二阶欠阻尼系统的超调量为

$$M_P = \frac{x_o(t_p) - x_o(\infty)}{x_o(\infty)} \times 100\%$$

调整时间 t_s：单位阶跃响应曲线到达并保持在终值误差容许限 Δ 内所需的最短时间，控制系统的误差容许限通常取 2% ~ 5%。

振荡次数 N：系统的调整时间 t_s 内单位阶跃响应曲线的振荡次数。

上述动态性能指标，基本上可以描述系统动态过程的稳、快和准三方面的性能。通常用 t_r 评价系统动态过程的快速性；用 M_p 评价系统动态过程的准确性；而 t_s 同时反映系统动态过程和稳态过程的快速性；用 N 评价系统的振荡剧烈程度，即稳定性。

2. 稳态性能

稳态误差是描述系统稳态性能的一种性能指标，通常在阶跃函数、斜坡函数或加速度函数的作用下进行计算或测定，即 $e_{ss} = x_i(\infty) - x_o(\infty)$。当时间趋于无穷时，若系统的输出量不等于期望值，则系统存在稳态误差。稳态误差是系统控制精度或抗扰动能力的一种度量。

下面以标准二阶欠阻尼系统的阶跃响应来推导这些动态性能指标的公式。

1) 求上升时间 t_r

由式(3-18)知

$$x_o(t) = 1 - \frac{e^{-\xi\omega_n t}}{\sqrt{1-\xi^2}} \sin\left(\omega_d t + \arctan\frac{\sqrt{1-\xi^2}}{\xi}\right), \quad t \geq 0$$

将 $x_o(t_r) = 1$ 代入上式，得

$$1 = 1 - \frac{e^{-\xi\omega_n t}}{\sqrt{1-\xi^2}} \sin\left(\omega_d t + \arctan\frac{\sqrt{1-\xi^2}}{\xi}\right)$$

因为

$$e^{-\xi\omega_n t} \neq 0$$

所以

$$\sin\left(\omega_d t + \arctan\frac{\sqrt{1-\xi^2}}{\xi}\right) = 0$$

故

$$\omega_d t_r + \arctan\frac{\sqrt{1-\xi^2}}{\xi} = \pi$$

解得

$$t_r = \frac{\pi - \theta}{\omega_d} \tag{3-25}$$

式中，$\theta = \arctan\dfrac{\sqrt{1-\xi^2}}{\xi}$。

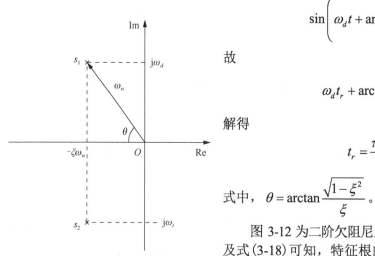

图 3-12　二阶欠阻尼系统的特征根分布图

图 3-12 为二阶欠阻尼系统的特征根分布图，由图 3-12 及式(3-18)可知，特征根的实部分量 $-\xi\omega_n$ 反映系统响应衰减的快慢；虚部分量 ω_d 反映系统衰减振动频率；相位代表衰减正弦信号的初始相位。

2) 求峰值时间 t_p

根据 θ 的定义，式(3-18)可写为

$$x_o(t) = 1 - \frac{e^{-\xi\omega_n t}}{\sqrt{1-\xi^2}} \sin(\omega_d t + \theta), \quad t \geq 0 \tag{3-26}$$

令

$$\frac{\mathrm{d}x_o(t)}{\mathrm{d}t}=0$$

即

$$\frac{\xi\omega_n}{\sqrt{1-\xi^2}}\mathrm{e}^{-\xi\omega_n t}\sin(\omega_d t+\theta)-\frac{\omega_d}{\sqrt{1-\xi^2}}\mathrm{e}^{-\xi\omega_n t}\cos(\omega_d t+\theta)=0$$

因为

$$\mathrm{e}^{-\xi\omega_n t_p}\neq0$$

可解得

$$t_p=\frac{\pi}{\omega_d}\qquad\qquad(3\text{-}27)$$

3）求最大超调量 M_p

将式(3-27)和式(3-26)代入 M_p 定义式，得

$$M_P=\frac{x_o(t_p)-x_o(\infty)}{x_o(\infty)}\times100\%=\mathrm{e}^{-\frac{\xi\pi}{\sqrt{1-\xi^2}}}\qquad\qquad(3\text{-}28)$$

依式(3-28)可计算不同的阻尼值，得表 3-3。

表 3-3　不同阻尼比的最大超调量

ξ	0	0.1	0.2	0.3	0.4	0.5	0.6	0.7	1
$M_p/\%$	100	72.9	52.7	37.2	25.4	16.3	9.4	4.3	0

由式(3-28)可见，最大超调量 M_p 仅与阻尼比 ξ 有关，ξ 越大，M_p 越小。

4）求调整时间 t_s

由二阶欠阻尼系统阶跃响应式(3-26)知，响应曲线的包络线为 $1\pm\dfrac{\mathrm{e}^{-\xi\omega_n t}}{\sqrt{1-\xi^2}}$，如图 3-13 所示。

控制系统的误差容许限为 Δ 时，通过包络线来近似求解，有

$$\frac{\mathrm{e}^{-\xi\omega_n t}}{\sqrt{1-\xi^2}}\leqslant\Delta$$

得

$$t_s\geqslant\frac{1}{\xi\omega_n}\ln\frac{1}{\Delta\sqrt{1-\xi^2}}\qquad(3\text{-}29)$$

当 $\Delta=5\%$ 时，由于欠阻尼的 ξ 较小，有

$$t_s\big|_{\Delta=5\%}\approx\frac{3}{\xi\omega_n}\qquad(3\text{-}30)$$

当 $\Delta=2\%$ 时，由于欠阻尼的 ξ 较小，有

$$t_s\big|_{\Delta=2\%}\approx\frac{4}{\xi\omega_n}\qquad(3\text{-}31)$$

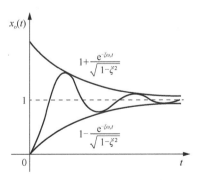

图 3-13　二阶欠阻尼系统单位阶跃响应包络线

由式(3-29)知，当阻尼比 ξ 一定时，无阻尼固有频率 ω_n 越大，则调整时间 t_s 越小，即系统响应越快。当 ω_n 一定时，对于式(3-29)，以 ξ 为变量，求 t_s 的极小值，可得 $\xi = 0.707(\sqrt{2}/2)$ 时，系统的单位阶跃响应的调整时间最短，即响应最快，故将 $\xi = 0.707$ 称为最佳阻尼比。当 $\xi < 0.707$ 时，ξ 越小，则 t_s 越长；而当 $\xi > 0.707$ 时，ξ 越大，则 t_s 越长。

5) 振荡次数 N

由振荡次数的定义知，振荡次数是与控制系统的误差容许限 Δ 有关的指标：

$$N = \frac{t_s}{T} \tag{3-32}$$

式中，T 为振荡周期，$T = 2\pi/\omega_d$。

将式(3-29)代入式(3-32)，得

$$N = \frac{\sqrt{1-\xi^2}}{2\pi\xi} \ln \frac{1}{\Delta\sqrt{1-\xi^2}} \tag{3-33}$$

特别说明，以上这些动态性能指标公式是从没有零点的二阶欠阻尼系统阶跃响应中推导出来的，因此它们也仅适用于没有零点的二阶欠阻尼系统，当系统不是这类系统时，需要按各指标的定义来进行计算。

3.3.4 二阶系统计算举例

【例 3-1】 如图 3-14(a)所示的机械系统物理模型图，当输入力 $f_i(t) = 20\text{N}$ 作用于质量为 m 的小车上时，小车的输出位移 $x_o(t)$ 如图 3-14(b)所示，试确定系统的参数 m、c 和 k 的值。

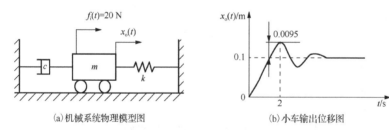

(a) 机械系统物理模型图   (b) 小车输出位移图

图 3-14 质量-弹簧-阻尼系统及其响应

解： 由图 3-14(a)的物理模型图，得系统的微分方程为

$$m \frac{\mathrm{d}x_o^2(t)}{\mathrm{d}t^2} = f_i(t) - kx_o(t) - c\frac{\mathrm{d}x_o(t)}{\mathrm{d}t}$$

进行拉氏变换，并整理得传递函数为

$$G(s) = \frac{X_o(s)}{F_i(s)} = \frac{1}{ms^2 + cs + k} = \frac{\frac{1}{k}\omega_n^2}{s^2 + 2\xi\omega_n s + \omega_n^2}$$

输入力 $f_i(t) = 20\text{N}$，其象函数为 $F_i(s) = 20/s$。

由终值定理得

$$x_o(\infty) = \lim_{t \to \infty} x_o(t) = \lim_{s \to 0} s \cdot X_o(s) = \lim_{s \to 0} s \cdot \frac{1}{ms^2 + cs + k} \cdot \frac{20}{s} = \frac{20}{k}$$

由图 3-14(b)可知，$x_o(\infty) = 0.1\,\text{m}$，则

$$k = 200 \ (\text{N/m})$$

由于系统的传递函数没有零点，所以由式(3-28)和图 3-14(b)，得

$$M_p = \mathrm{e}^{-\frac{\xi\pi}{\sqrt{1-\xi^2}}} = \frac{0.0095}{0.1}$$

解得

$$\xi = 0.60$$

$$\omega_n = \frac{\pi}{t_p\sqrt{1-\xi^2}} = \frac{\pi}{2\sqrt{1-0.6^2}} = 1.96 \ (\text{rad/s})$$

$$m = \frac{k}{\omega_n^2} = \frac{200}{1.96^2} = 51.92 \ (\text{kg})$$

$$c = 2\xi\omega_n m = 2 \times 0.6 \times 1.96 \times 51.92 = 122.1953 \ (\text{N} \cdot \text{m} / \text{s})$$

【例 3-2】　某单位负反馈控制系统的开环传递函数为 $G_k(s) = \dfrac{K}{s(Ts+1)}$ ，要求系统满足性

能指标 $t_s \mid_{\Delta=5\%} = 7 \ \text{s}$ ， $M_p = 16\%$ ，求系统的开环放大比例 K 及时间常数 T 的值。

解： 系统的闭环传递函数为

$$G_b(s) = \frac{K}{Ts^2 + s + K} = \frac{K/T}{s^2 + \dfrac{1}{T}s + \dfrac{K}{T}}$$

系统的无阻尼固有频率 $\omega_n = \sqrt{\dfrac{K}{T}}$ ，阻尼比 $\xi = \dfrac{1}{2\sqrt{KT}}$ 。

由传递函数知，系统为没有零点的二阶欠阻尼系统，可以直接用指标公式。

由 $t_s \mid_{\Delta=5\%} \approx \dfrac{3}{\xi\omega_n} = 7 \ \text{s}$ ，解得 $T = 1$ 。

由 $M_p = \mathrm{e}^{-\frac{\xi\pi}{\sqrt{1-\xi^2}}} \times 100\% = 16\%$ ，解得 $K = 1$ 。

【例 3-3】　如图 3-15 所示系统方框图，欲使系统的最大超调量等于 0.2，峰值时间等于
1s，试确定增益 K 和 K_h 的数值，并确定在此 K 和 K_h 数值下，系统的上升时间 t_r 和调整时间 t_s 。

解： 图 3-15 系统的闭环传递函数为

$$G_b(s) = \frac{X_o(s)}{X_i(s)} = \frac{K}{s^2 + (KK_h+1)s + K} = \frac{\omega_n^2}{s^2 + 2\xi\omega_n s + \omega_n^2}$$

由于系统的传递函数没有零点，且要求最大超调量等于 0.2，峰值时间等于 1，有

$$M_p = \mathrm{e}^{-\frac{\xi\pi}{\sqrt{1-\xi^2}}} = 0.2, \quad t_p = \pi/\omega_d = 1$$

解之，得

$$\xi = 0.456, \quad \omega_n = 3.53 \ \text{rad/s}$$

所以

$$K = \omega_n^2 = 3.53^2 = 12.5$$

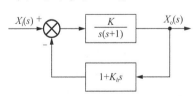

图 3-15　系统方框图(一)

$$K_h = \frac{2\xi\omega_n - 1}{K} = \frac{2 \times 0.456 \times 3.53 - 1}{12.5} = 0.178$$

$$t_r = \frac{1}{\omega_d}\left(\pi - \arctan\frac{\sqrt{1-\xi^2}}{\xi}\right) = \frac{1}{\pi}\left(\pi - \arctan\frac{\sqrt{1-0.456^2}}{0.456}\right) = 0.65\,(\text{s})$$

$$t_s\big|_{\Delta=2\%} = \frac{4}{\xi\omega_n} = \frac{4}{0.456 \times 3.53} = 2.48\,(\text{s})$$

【例 3-4】 图 3-16(a) 所示为一个位置随动控制系统方框图，当输入信号 $x_i(t)$ 为单位阶跃信号时，要求最大超调百分比 $M_p \leqslant 5\%$，试求：

(1) 该系统是否满足要求？

(2) 如图 3-16(b) 所示，在原系统中增加微分负反馈环节，满足最大超调百分比的微分时间常数 τ 是多少？

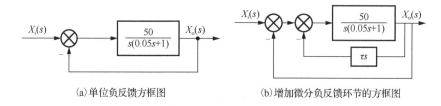

(a) 单位负反馈方框图　　　　　　(b) 增加微分负反馈环节的方框图

图 3-16　位置随动控制系统方框图

解：(1) 由图 3-16(a) 求出标准形式下的闭环传递函数为

$$G_b(s) = \frac{50}{0.05s^2 + s + 50} = \frac{(31.62)^2}{s^2 + 2 \times 0.316 \times 31.62s + (31.62)^2}$$

系统阻尼比 $\xi = 0.316$，无阻尼固有频率 $\omega_n = 31.62\,\text{rad/s}$，因为

$$M_p = e^{-\xi\pi/\sqrt{1-\xi^2}} \times 100\% = 35\% > 5\%$$

故系统不能满足要求。

(2) 图 3-16(b) 所示系统的闭环传递函数为

$$G_b(s) = \frac{1000}{s^2 + 20(1+50\tau)s + 1000}$$

要使 $M_p = e^{-\xi\pi/\sqrt{1-\xi^2}} \times 100\% \leqslant 5\%$，解得 $\xi \geqslant 0.69$。

因为

$$\begin{cases} \omega_n^2 = 1000 \\ 20(1+50\tau) = 2\xi\omega_n \end{cases}$$

故解得 $\tau \geqslant 0.0236\,\text{s}$

由本例可以看出，当系统引入微分负反馈环节时，可以加大系统的阻尼比 ξ，改善系统的振荡性能，既减小了超调量，又未改变系统无阻尼固有频率。

【例 3-5】 如图 3-17 所示单位反馈控制系统方框图，已知输入信号 $x_i(t)$ 为单位阶跃函数，求系统的输出 $x_o(t)$、上升时间 t_r 和超调量 M_p。

解：系统的闭环传递函数为

$$G_b(s) = \frac{X_o(s)}{X_i(s)} = \frac{1+0.5s}{s^2+s+1}$$

系统无阻尼固有频率 $\omega_n = 1\text{rad/s}$，阻尼比 $\xi = 0.5$。但系统为有零点的二阶欠阻尼系统，所以前面推导的响应函数和指标公式都不适用了，只能按定义来进行求解。

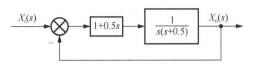

图 3-17　单位反馈控制系统方框图

因为输入信号 $x_i(t) = 1$，所以

$$X_o(s) = G_b(s) \cdot X_i(s) = \frac{1+0.5s}{s^2+s+1} \cdot \frac{1}{s}$$

$$x_o(t) = L^{-1}\left[\frac{1+0.5s}{s^2+s+1} \cdot \frac{1}{s}\right] = L^{-1}\left[\frac{1}{s^2+s+1} \cdot \frac{1}{s}\right] + L^{-1}\left[\frac{0.5}{s^2+s+1}\right]$$

$$= L^{-1}\left[\frac{1}{s} - \frac{s+\frac{1}{2}}{\left(s+\frac{1}{2}\right)^2+\left(\frac{\sqrt{3}}{2}\right)^2} - \frac{\frac{\sqrt{3}}{3} \times \frac{\sqrt{3}}{2}}{\left(s+\frac{1}{2}\right)^2+\left(\frac{\sqrt{3}}{2}\right)^2}\right] + 0.5L^{-1}\left[\frac{\frac{2\sqrt{3}}{3} \times \frac{\sqrt{3}}{2}}{\left(s+\frac{1}{2}\right)^2+\left(\frac{\sqrt{3}}{2}\right)^2}\right]$$

$$= 1 - e^{-\frac{t}{2}}\cos\frac{\sqrt{3}}{2}t - \frac{\sqrt{3}}{3}e^{-\frac{t}{2}}\sin\frac{\sqrt{3}}{2}t + \frac{\sqrt{3}}{3}e^{-\frac{t}{2}}\sin\frac{\sqrt{3}}{2}t$$

$$= 1 - e^{-\frac{t}{2}}\cos\frac{\sqrt{3}}{2}t, \quad t \geq 0$$

根据上升时间的定义，有

$$x_o(t_r) = 1 - e^{-\frac{t_r}{2}}\cos\frac{\sqrt{3}}{2}t_r = 1$$

解得

$$t_r = \frac{\sqrt{3}}{3}\pi \approx 1.81 \text{ (s)}$$

为求超调量，首先根据求峰值时间的定义，有

$$\left.\frac{dx_o(t)}{dt}\right|_{t_p} = 0$$

解得

$$t_p = 3.02 \text{ s}$$

$$M_p = x_o(t_p) - 1 = 1 - e^{-\frac{t_p}{2}}\cos\frac{\sqrt{3}}{2}t_p - 1 = -e^{-\frac{3.02}{2}}\cos\frac{\sqrt{3}}{2} \times 3.02 \approx 19\%$$

3.4　高阶系统的时域分析

二阶以上微分方程所描述的系统称为高阶系统，控制系统由被控对象、检测环节、执行环节和运算放大环节组成，因此实际通常都是高阶系统。对于高阶系统的时域分析，通常需

将其分解一阶系统和二阶系统来进行，或使用近似降阶分析方法。例如，对于单输入单输出的线性定常高阶系统，其传递函数可表示为

$$G(s) = \frac{X_o(s)}{X_i(s)} = \frac{b_m s^m + b_{m-1} s^{m-1} + \cdots + b_1 s + b_0}{a_n s^n + a_{n-1} s^{n-1} + \cdots + a_1 s + a_0}, \quad n \geqslant m$$

3.4.1　高阶系统的阶跃响应

(1) 设闭环系统的所有极点是不相同的实数，则

$$X_o(s) = G(s) X_i(s) = K \cdot \frac{b_m s^m + b_{m-1} s^{m-1} + \cdots + b_1 s + b_0}{\prod\limits_{i=1}^{n}(T_i s + 1)} \cdot \frac{1}{s}$$

将该式展开成

$$X_o(s) = G(s) X_i(s) = \frac{a}{s} + \sum_{i=1}^{n} \frac{a_i}{T_i s + 1}, \quad n \geqslant m$$

式中，a_i 是 $X_o(s)$ 在极点 $s = -\dfrac{1}{T_i}$ 上的系数，对该式进行拉氏逆变换，得

$$x_o(t) = a + \sum_{i=1}^{n} \frac{a_i}{T_i} e^{-\frac{t}{T_i}}, \quad t \geqslant 0$$

(2) 设闭环系统有 q 个实数极点和 r 对共轭复数极点，则

$$X_o(s) = G(s) X_i(s) = \frac{K(b_m s^m + b_{m-1} s^{m-1} + \cdots + b_1 s + b_0)}{\prod\limits_{j=1}^{q}(s + p_j) \prod\limits_{k=1}^{r}(s^2 + 2\xi_k \omega_k s + \omega_k^2)} \cdot \frac{1}{s}, \quad q + 2r = n$$

将该式展开成

$$X_o(s) = \frac{a}{s} + \sum_{j=1}^{q} \frac{a_j}{s + p_j} + \sum_{k=1}^{r} \frac{\beta_k (s + \xi_k \omega_k) + \gamma_k \left(\omega_k \sqrt{1 - \xi^2}\right)}{(s + \xi_k \omega_k)^2 + \left(\omega_k \sqrt{1 - \xi^2}\right)^2}$$

经拉氏逆变换，得

$$x_o(t) = a + \sum_{j=1}^{q} a_j e^{-p_j t} + \sum_{k=1}^{r} \beta_k e^{-\xi_k \omega_k t} \cos\left(\omega_k \sqrt{1 - \xi^2}\right) t + \sum_{k=1}^{r} \gamma_k e^{-\xi_k \omega_k t} \sin\left(\omega_k \sqrt{1 - \xi^2}\right) t \quad (3\text{-}34)$$

式中，a、a_j、β_k 均为实数；ξ_k、ω_k 为相应的第 k 个二阶欠阻尼振荡环节的阻尼比和无阻尼固有频率。

可见，一个高阶系统的瞬态响应是由一些一阶惯性环节和二阶振荡环节的响应函数叠加组成的。由式 (3-34) 可见，当所有极点均具有负实数时，除了常数 a，其他各项随着时间 $t \to \infty$ 而衰减为零，即系统是稳定的。高阶系统的阶跃响应曲线如图 3-18 所示。

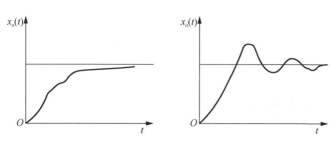

图 3-18　高阶系统阶跃响应曲线

3.4.2　主导极点法近似分析

由于高阶系统的时间响应分析需要分解为一阶惯性系统和二阶欠阻尼系统来进行，当阶次较高时计算和分析比较烦琐，因此，一些高阶系统可以通过合理的简化，降为低阶的系统来进行近似分析。以下两种情况可以作为简化的依据。

(1) 由高阶系统的阶跃响应表达式可知，闭环极点的负实部离虚轴越远，则该极点对应的项在瞬态响应中衰减得越快；反之，距虚轴最近的闭环极点对应着瞬态响应中衰减最慢的项。一般工程上，若所有极点都具有负实部，且其他极点 A 距虚轴的距离比离虚轴最近的极点 B 距虚轴的距离大 5 倍及以上，进行系统分析时可忽略其他极点，而只考虑 B 极点。这个极点 B 称为主导极点，利用主导极点可对高阶系统进行降阶处理。

(2) 系统的闭环传递函数中，如果负实部的零点、极点在数值上相近，则可将该零点和极点一起消掉，称为偶极子相消。通常在工程上，当某极点与对应的零点之间的距离小于它们本身到原点距离的 1/10 时，即可认为是偶极子。

设有一个五阶系统，其传递函数极点在 $[s]$ 平面上的分布如图 3-19 所示。其中极点 s_3 距虚轴的距离不小于共轭复数极点 s_1、s_2 距虚轴的距离的 5 倍，即 $|\mathrm{Re}\,s_3| \geqslant 5|\mathrm{Re}\,s_1| = 5\xi\omega_n$，此处 ξ、ω_n 对应于共轭复数极点 s_1、s_2 对应的二阶欠阻尼系统的阻尼比和无阻尼固有频率；由于极点 s_1、s_2 附近无其他零点和极点，所以对于该五阶系统的时间响应分析，可简化为对 s_1、s_2 构成的二阶欠阻尼系统进行分析。

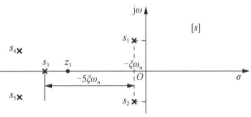

图 3-19　主导极点图示

【例 3-6】　已知某系统的闭环传递函数为

$$\frac{X_o(s)}{X_i(s)} = \frac{4000s + 4.2 \times 10^4}{s^4 + 100s^3 + 1750s^2 + 1.25 \times 10^4 s + 4 \times 10^4}$$

试求系统近似的单位阶跃响应 $x_o(t)$。

解： 对于高阶系统的时间响应分析，若能先找到一个根，则多项式可以降低一阶，常用的找根的方法有试探法和计算机程序数值找根法。

首先，通过试探法找到分母有一个根 $s_1 = -10$，利用长除法，得

$$
\begin{array}{r}
s^3 + 90s^2 + 850s + 4000 \\
s+10 \overline{\smash{\big)}\, s^4 + 100s^3 + 1750s^2 + 1.25 \times 10^4 s + 4 \times 10^4} \\
\underline{-)s^4 + 10s^3 } \\
90s^3 + 1750s^2 \\
\underline{-)90s^3 + 900s^2 } \\
850s^2 + 1.25 \times 10^4 s \\
\underline{-)850s^2 + 8500s } \\
4000s + 40000 \\
\underline{-)4000s + 40000} \\
0
\end{array}
$$

对于得到的三阶多项式，再试探找到一个根 $s_2 = -80$，利用长除法，得

$$
\begin{array}{r}
s^2 + 10s + 50 \\
s+80{\overline{\smash{\big)}\,s^3 + 90s^2 + 850s + 4000}} \\
\underline{-)\,s^3 + 80s^2} \\
10s^2 + 850s \\
\underline{-)\,10s^2 + 800s} \\
50s + 4000 \\
\underline{-)\,50s + 4000} \\
0
\end{array}
$$

对于求出的二阶多项式，解出一对共轭复数根：

$$s_{3,4} = -5 \pm 5\mathrm{j}$$

则

$$\frac{X_o(s)}{X_i(s)} = \frac{4000(s+10.5)}{(s+10)(s+80)(s^2+10s+50)}$$

其零点和极点分布如图 3-20 所示。根据以上简化高阶系统的依据，该四阶系统可降为二阶欠阻尼系统：

$$\frac{X_o(s)}{X_i(s)} \approx \frac{50}{s^2 + 10s + 50}$$

根据式 (3-17)，得近似的单位阶跃响应为

$$x_o(t) \approx 1 - \sqrt{2}\mathrm{e}^{-5t}\left(\frac{\sqrt{2}}{2}\cos 5t + \frac{\sqrt{2}}{2}\sin 5t\right), \quad t > 0$$

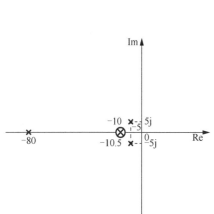

图 3-20　例 3-6 系统零点和极点分布图

3.5　稳态误差及其计算

控制系统的时域分析包括瞬态分析和稳态分析两部分，稳态分析是指时间趋于无穷大后（工程上指经过调整时间 t_s 以后），即系统的瞬态响应分量趋于零后，对剩余部分响应的分析，主要指控制系统稳态后输出对干扰的抑制和对输入的跟踪性能，用稳态误差来表征这种性能。

3.5.1　误差和稳态误差

控制系统的稳态误差是表征系统稳态性能的一项重要指标，它表示系统对某种典型输入信号响应的准确程度，稳态误差小，说明系统稳态时的实际输出与希望输出之间的差别小，系统的稳态性能好。

实际系统的稳态性能由输入特性、系统的结构类型、系统的参数，以及系统中元件的非线性（如摩擦、间隙、死区）等因素决定。这里讨论的稳态误差，不考虑系统非线性因素造成的误差，只研究线性控制系统稳态时输出跟踪输入的误差，以及干扰引起的误差，即原理性误差。

1. 误差的定义

误差有两种定义方法，可分别从系统输入端和输出端进行定义。图 3-21 表示反馈控制系统方框图，图 3-22 为图 3-21 的等效单位反馈控制系统方框图。

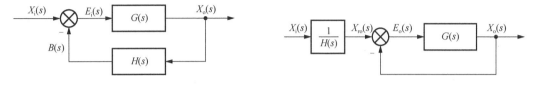

图 3-21　反馈控制系统方框图　　　　　　　图 3-22　等效单位反馈控制系统方框图

(1) 从系统输入端定义的误差。

从系统输入端定义的误差 $e_i(t)$，$e_i(t)$ 等于系统的输入信号 $x_i(t)$ 与反馈信号 $b(t)$ 之差，即

$$e_i(t) = x_i(t) - b(t) \tag{3-35}$$

其象函数表示为如图 3-21 所示

$$E_i(s) = X_i(s) - H(s)X_o(s) \tag{3-36}$$

或

$$E_i(s) = \frac{1}{1 + G(s)H(s)} X_i(s) \tag{3-37}$$

(2) 从系统输出端定义的误差。

从系统输出端定义的误差 $e_o(t)$（或偏差）在实际反馈控制系统方框图 3-21 中并不存在，只能用图 3-22 等效表示，$e_o(t)$ 等于系统希望输出量 $x_{ro}(t)$ 与实际输出量 $x_o(t)$ 之差，即

$$e_o(t) = x_{ro}(t) - x_o(t) \tag{3-38}$$

根据传感器反馈环节的标度转换系统，可得希望输出量与输入量的关系为

$$X_i(s) = X_{ro}(s)H(s) \tag{3-39}$$

由式 (3-38) 和式 (3-39)，得

$$E_o(s) = \frac{X_i(s)}{H(s)} - X_o(s) \tag{3-40}$$

由式 (3-36) 和式 (3-40) 可得到这两种误差的关系：

$$E_i(s) = H(s)E_o(s) \tag{3-41}$$

控制系统的误差之所以出现两种定义，是因为闭环控制系统存在单位负反馈和非单位负反馈两种情况，关于两种误差有几点说明如下：

(1) 对于单位负反馈控制系统，两种误差是完全相同的，即 $e_i(t) = e_o(t)$。

(2) 对于非单位负反馈控制系统，两种误差不相等，即 $e_i(t) \neq e_o(t)$。由式 (3-39) 知，控制系统的希望输出量 $X_{ro}(s)$ 不等于系统的输入量 $X_i(s)$，两者不仅在数值上不同，甚至物理量也不同（即反馈环节 $H(s)$ 的传递函数为非零量纲指数时）。

(3) 输出端的误差是从控制系统用户的角度定义的，用以评价控制系统的准确性，在控制系统上不能直观地反映出来，只能用图 3-22 所示来等效表示。而输入端的误差是从控制系统工程师的角度定义的，用于设计控制器的控制算法，目的是用从输入端定义的误差 $e_i(t)$ 构成的控制算法来纠正从输出端定义的误差 $e_o(t)$。因此，在控制理论学习中没有特别说明时，所提的误差都是指从输入端定义的误差 $e_i(t)$，本书后继的误差分析也指输入端的误差分析，用 $e(t)$ 代替 $e_i(t)$，或用 $E(s)$ 代替 $E_i(s)$。

2. 稳态误差

稳态误差指稳定的控制系统随着时间趋于无穷大时的误差，工程上，时间趋于无穷大指系统调节时间结束后的足够长的时间。如果稳态误差的极限值存在，则可表示为

$$e_{ss} = \lim_{t \to \infty} e(t) \tag{3-42}$$

如果稳态误差存在终值，可用拉氏变换的终值定理求稳态误差：

$$e_{ss} = \lim_{s \to 0} sE(s) = \lim_{s \to 0} s \cdot \frac{1}{1 + G(s)H(s)} \cdot X_i(s) \tag{3-43}$$

式(3-43)表明，控制系统的稳态误差不仅与控制系统的结构和参数有关，还与输入信号有关。

稳定控制系统的稳态误差性能，通常由单位阶跃输入、单位斜坡输入和单位抛物线输入的稳态误差来评定。对于三种典型输入，其稳态误差的表达式推导如下。

1) 单位阶跃输入

输入 $X_i(s) = 1/s$，由式(3-43)得

$$e_{ss} = \lim_{s \to 0} s \cdot \frac{1}{1 + G(s)H(s)} \cdot \frac{1}{s} = \frac{1}{1 + \lim_{s \to 0} G(s)H(s)} = \frac{1}{1 + K_p} \tag{3-44}$$

式中，$K_p = G(s)H(s)$，称为静态位置误差系数。

2) 单位斜坡(速度)输入

输入 $X_i(s) = 1/s^2$，由式(3-43)得

$$e_{ss} = \lim_{s \to 0} s \cdot \frac{1}{1 + G(s)H(s)} \cdot \frac{1}{s^2} = \lim_{s \to 0} \frac{1}{sG(s)H(s)} = \frac{1}{K_v} \tag{3-45}$$

式中，$K_v = \lim_{s \to 0} sG(s)H(s)$，称为静态速度误差系数。

3) 单位抛物线(加速度)输入

输入 $X_i(s) = 1/s^3$，由式(3-43)得

$$e_{ss} = \lim_{s \to 0} s \cdot \frac{1}{1 + G(s)H(s)} \cdot \frac{1}{s^3} = \lim_{s \to 0} \frac{1}{s^2 G(s)H(s)} = \frac{1}{K_a} \tag{3-46}$$

式中，$K_a = \lim_{s \to 0} s^2 G(s)H(s)$，称为静态加速度误差系数。

3.5.2　系统的类型与稳态误差系数

闭环控制系统由被控部分和控制部分构成，其开环传递函数 $G(s)H(s)$ 通常由比例环节、积分环节、一阶惯性环节和二阶振荡环节构成，可写成如下形式：

$$G(s)H(s) = \frac{K \prod_{i}^{m} (T_i s + 1)}{s^v \prod_{j=1}^{q} (T_j s + 1) \prod_{k=1}^{r} (T_k^2 s^2 + 2\xi_k T_k s + 1)}, \quad n = v + q + 2r; \quad n \geq m \tag{3-47}$$

式中，v 表示开环传递函数中积分环节的数目，称为系统的型次。根据 v 的取值，可将系统类型分为 0 型系统、Ⅰ型系统、Ⅱ型系统等。由于积分环节过多会带来控制系统的延迟，影响环统的稳定性，因此实际系统很少有超过Ⅱ型的。

1. 0 型系统

当输入为单位阶跃函数时，稳态误差为

$$e_{ss} = \lim_{s \to 0} \frac{1}{1 + G(s)H(s)} = \frac{1}{1 + K_p} = \frac{1}{1 + K} \tag{3-48}$$

当输入为单位斜坡（速度）函数时，稳态误差为

$$e_{ss} = \lim_{s \to 0} \frac{1}{sG(s)H(s)} = \infty$$

当输入为单位抛物线（加速度）函数时，稳态误差为

$$e_{ss} = \lim_{s \to 0} \frac{1}{s^2 G(s)H(s)} = \infty$$

可见，控制系统为 0 型时，单位阶跃信号作用下，系统的稳态误差由静态位置误差系数决定，式(3-48)中 $K_p = K$；系统不能正常跟踪速度信号和加速度信号，或说在这两类信号作用下，系统稳态误差为无穷大。

2. Ⅰ型系统

当输入为单位阶跃函数时，稳态误差为

$$e_{ss} = \lim_{s \to 0} s \cdot \frac{1}{1 + G(s)H(s)} \cdot \frac{1}{s} = \frac{1}{1 + \infty} = 0$$

当输入为单位斜坡（速度）函数时，稳态误差为

$$e_{ss} = \lim_{s \to 0} s \cdot \frac{1}{1 + G(s)H(s)} \cdot \frac{1}{s^2} = \lim_{s \to 0} \frac{1}{sG(s)H(s)} = \frac{1}{K_v} = \frac{1}{K} \tag{3-49}$$

当输入为单位抛物线（加速度）函数时，稳态误差为

$$e_{ss} = \lim_{s \to 0} s \cdot \frac{1}{1 + G(s)H(s)} \cdot \frac{1}{s^3} = \lim_{s \to 0} \frac{1}{s^2 G(s)H(s)} = \frac{1}{K_a} = \infty$$

可见，控制系统为Ⅰ型时，单位阶跃信号作用下，系统的稳态误差为零；速度信号作用下，系统的稳态误差为系统的静态速度误差系数的倒数，式(3-49)中 $K_v = K$；加速度信号作用下，系统的稳态误差为无穷大。

3. Ⅱ型系统

当输入为单位阶跃函数时，稳态误差为

$$e_{ss} = \lim_{s \to 0} s \cdot \frac{1}{1 + G(s)H(s)} \cdot \frac{1}{s} = \frac{1}{1 + \infty} = 0$$

当输入为单位斜坡（速度）函数时，稳态误差为

$$e_{ss} = \lim_{s \to 0} s \cdot \frac{1}{1 + G(s)H(s)} \cdot \frac{1}{s^2} = \lim_{s \to 0} \frac{1}{sG(s)H(s)} = 0$$

当输入为单位抛物线（加速度）函数时，稳态误差为

$$e_{ss} = \lim_{s \to 0} s \cdot \frac{1}{1 + G(s)H(s)} \cdot \frac{1}{s^3} = \frac{1}{K_a} = \frac{1}{K} \tag{3-50}$$

可见，控制系统为Ⅱ型时，单位阶跃信号作用下，系统的稳态误差为零；速度信号作用下，系统的稳态误差为零；加速度信号作用下，系统的稳态误差为系统的静态加速度误差系数的倒数，式(3-50)中$K_a = K$。

系统型次、输入形式与系统的稳态误差关系如表 3-4 所示。

表 3-4　系统型次、输入形式与系统稳态误差的关系

输入形式	稳态误差 e_{ss}		
	0 型系统	Ⅰ型系统	Ⅱ型系统
单位阶跃函数	$1/(1+K_p)$	0	0
单位速度函数	∞	$1/K_v$	0
单位加速度函数	∞	∞	$1/K_a$
说明	$K_p = \lim\limits_{s\to 0} G(s) = K$	$K_v = \lim\limits_{s\to 0} sG(s) = K$	$K_a = \lim\limits_{s\to 0} s^2 G(s) = K$

3.5.3　扰动作用下的稳态误差

通常控制系统除受输入信号的作用外，还不可避免地受各种扰动的作用，例如，负载的变化、网压和频率的波动、环境变化而引起系统参数的改变等均属于对系统的扰动或干扰。在这些扰动的作用下，系统也将产生稳态误差，称为扰动稳态误差。扰动稳态误差反映了抗干扰能力。一般希望扰动稳态误差越小越好。

如图 3-23 为输入信号和扰动共同作用下的控制系统方框图，对于线性控制系统，可以令输入 $X_i(s) = 0$，仅考虑扰动 $N(s)$ 引起的误差。

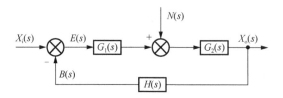

图 3-23　输入信号和扰动共同作用下的控制系统方框图

扰动作用下系统的偏差传递函数为

$$G_{en}(s) = \frac{E(s)}{N(s)} = \frac{-G_2(s)H(s)}{1+G_1(s)G_2(s)H(s)} \tag{3-51}$$

扰动作用下系统的误差为

$$E(s) = \frac{-G_2(s)H(s)}{1+G_1(s)G_2(s)H(s)} N(s) \tag{3-52}$$

稳态误差为

$$e_{ss} = \lim_{s\to 0} s \cdot \frac{-G_2(s)H(s)}{1+G_1(s)G_2(s)H(s)} \cdot N(s) \tag{3-53}$$

当扰动为单位阶跃函数，且 $G_1G_2H \gg 1$ 时，有

$$e_{ss} = \frac{-G_2(0)H(0)}{1 + G_1(0)G_2(0)H(0)} = -\frac{1}{G_1(0)} \tag{3-54}$$

式 (3-54) 表明，在扰动作用点以前，环节 $G_1(s)$ 的传递系数静态增益 K_1 越大，则由一定扰动引起的稳态误差越小；如果在 $G_1(s)$ 中包含积分环节，则扰动稳态误差为零。

3.6　MATLAB 时域分析及应用

3.6.1　利用 MATLAB 求系统时间响应

在 MATLAB 的控制系统工具箱中，提供了很多用于线性系统的时间响应分析的仿真函数，例如，impulse( ) 函数用于仿真系统的单位脉冲响应分析，step( ) 函数用于仿真系统的单位阶跃响应分析，lsim( ) 函数用于仿真系统任意函数作用下的时间响应分析，它们的调用格式分别如下。

单位脉冲响应分析：

```
[y,x,t]=impulse(num,den,t)
```

其中，t 为仿真时间，y 为输出响应，x 为状态响应。

单位阶跃响应分析：

```
[y,x,t]=step(num,den,t)
```

其中，t 为仿真时间，y 为输出响应，x 为状态响应。

任意函数作用下的系统时间响应分析：

```
[y,x]=lsim(num,den,u,t)
```

其中，t 为仿真时间，y 为输出响应，x 为状态响应，u 为系统输入信号。

【例 3-7】　系统传递函数为 $G(s) = \dfrac{2}{s^2 + 2s + 1}$，$t \in [0,12]$，求其单位脉冲响应。

解：输入以下 MATLAB 命令：

```
t=[0:0.1:12];num=[2];den=[1,2,1];
[y,x,t]=impulse(num,den,t);
plot(t,y,'black','LineWidth', 1);
xlabel('t/s','Fontsize',14);
ylabel('y/m','Fontsize',14);
grid on;
set(gca,'ygrid','on','gridlinestyle','--',
'Gridalpha',0.75,'LineWidth',0.75)
```

运行结果如图 3-24 所示。

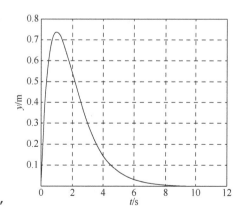

图 3-24　例 3-7 运行结果

【例3-8】　求系统传递函数为 $G(s) = \dfrac{1}{2s^2 + s + 1}$，　$t \in [0,15]$ 的单位阶跃响应。

解： 输入以下 MATLAB 命令：

```
t=[0:0.1:15];num=[1];den=[1,0.5,1];
[y,x,t]=step(num,den,t);
plot(t,y,'black','LineWidth', 1);
xlabel('t/s','Fontsize',14);
ylabel('y/m','Fontsize',14);
grid on;
set(gca,'ygrid','on','gridlinestyle','--',
'Gridalpha',0.75,'LineWidth',0.75)
```

运行结果如图 3-25 所示。

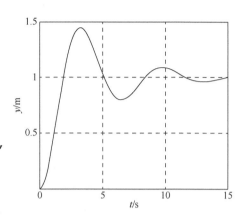

图 3-25　例 3-8 运行结果

【例3-9】　已知单位负反馈控制系统的开环传递函数为 $G_k(s) = \dfrac{10(s+1)}{s(2s+5)}$，系统输入信号为如图 3-26 所示的三角波，求系统输出响应。

解： 输入以下 MATLAB 命令：

```
numg=[10,10];
deng=[2,5,0];
GK=tf(numg,deng);
GH=feedback(GK,1);
v1=[0:0.1:2];
v2=[1.9:-0.1:-2];
v3=[-1.9:0.1:0];
t=[0:0.1:8];
u=[v1,v2,v3];
[y,x]=lsim(GH,u,t);
plot(t,y,'black');
hold on
plot(t,u,'k--');
xlabel('t/s','Fontsize',14);
ylabel('y/m','Fontsize',14);
grid on;
set(gca,'ygrid','on','gridlinestyle',
'--','Gridalpha',0.75,'LineWidth',0.75)
L=legend('输出信号','输入信号');
set(L,'Fontsize',12)
```

运行结果如图 3-27 所示。

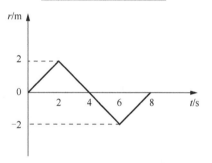

图 3-26　例 3-9 系统输入信号

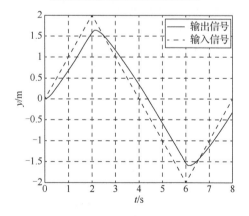

图 3-27　例 3-9 运行结果

【例 3-10】　系统传递函数为 $G(s) = \dfrac{40}{0.1s^2 + (1+20\tau)s + 30}$ ，求在时间常数 τ 取值不同时的

单位脉冲响应、单位阶跃响应。

　　解：输入以下 MATLAB 命令：

```
t=[0:0.01:1];nG=[40];
tao=0;dG=[0.1,1+20*tao,30];
G1=tf(nG,dG);
tao=0.1;dG=[0.1,1+20*tao,30];
G2=tf(nG,dG);
tao=0.25;dG=[0.1,1+20*tao,30];
G3=tf(nG,dG);
[y1,T]=impulse(G1,t);
[y1a,T]=step(G1,t);
[y2,T]=impulse(G2,t);
[y2a,T]=step(G2,t);
[y3,T]=impulse(G3,t);
[y3a,T]=step(G3,t);
figure(1)
plot(T,y1,'--','Color','black');
hold on
plot(T,y2,'-.','Color','black');
plot(T,y3,'-','Color','black')
xlabel('t/s','Fontsize',14);
ylabel('x_o(t)','Fontsize',14);
grid on;
set(gca,'ygrid','on','gridlinestyle','--',
'Gridalpha',0.75,
    'LineWidth',0.75)
figure(2)
plot(T,y1a,'--','Color','black'); hold on
plot(T,y2a,'-.','Color','black');
plot(T,y3a,'-','Color','black');
xlabel('t/s','Fontsize',14);
ylabel('x_o(t)','Fontsize',14);grid on;
set(gca,'ygrid','on','gridlinestyle','--', 'Gridalpha',0.75,
    'LineWidth',0.75)
```

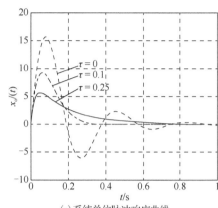

(a) 系统单位脉冲响应曲线

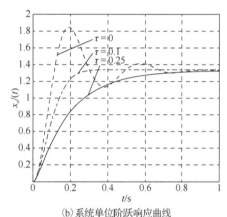

(b) 系统单位阶跃响应曲线

图 3-28　例 3-10 运行结果

运行结果如图 3-28 所示。

3.6.2　利用 MATLAB 求系统的瞬态指标

在求出系统的单位阶跃响应以后，根据系统瞬态性能指标的定义，可以得到系统的上升时间、峰值时间、最大超调量和调整时间等性能指标。

【例 3-11】　系统传递函数为 $G(s) = \dfrac{50}{0.05s^2 + (1+50\tau)s + 50}$，求在时间常数 τ 取值不同时的性能指标。

解：输入以下 MATLAB 命令：

```
%仿真时间区段
t=0:0.001:1;
yss=1;dta=0.02;
%计算三种tao值下的系统的单位阶跃响应
nG=[50];
tao=0；dG=[0.05 1+50*tao 50];G1=tf(nG,dG);
tao=0.0125；dG=[0.05 1+50*tao 50];G2=tf(nG,dG);
tao=0.025；dG=[0.05 1+50*tao 50];G3=tf(nG,dG);
y1=step(G1,t); y2=step(G2,t); y3=step(G3,t);
%tao=0
r=1;while y1(r)<yss;r=r+1;end
tr1=(r-1)*0.001;%上升时间
[ymax,tp]=max(y1);tp1=(tp-1)*0.001; %峰值时间
mp1=(ymax-yss)/yss;%最大超调量
s=1001; while y1(s)>1-dta && y1(s)<1+dta;s=s-1;end
ts1=(s-1)*0.001;%调整时间
%tao=0.0125
r=1;while y2(r)<yss;r=r+1;end
tr2=(r-1)*0.001;%上升时间
[ymax,tp]=max(y2);tp2=(tp-1)*0.001; %峰值时间
mp2=(ymax-yss)/yss;%最大超调量
s=1001; while y2(s)>1-dta && y2(s)<1+dta;s=s-1;end
ts2=(s-1)*0.001;%调整时间
%tao=0.025
r=1;while y3(r)<yss;r=r+1;end
tr3=(r-1)*0.001;%上升时间
[ymax,tp]=max(y3);tp3=(tp-1)*0.001; %峰值时间
mp3=(ymax-yss)/yss;%最大超调量
s=1001; while y3(s)>1-dta && y3(s)<1+dta;s=s-1;end
ts3=(s-1)*0.001;%调整时间
[tr1 tp1 mp1 ts1;tr2 tp2 mp2 ts2;tr3 tp3 mp3 ts3]
```

计算结果如表 3-5 所示。

表 3-5 不同 τ 值下的瞬态性能指标

τ	上升时间/s	峰值时间/s	最大超调量/%	调整时间/s
0	0.0640	0.1050	35.09	0.3530
0.0125	0.0780	0.1160	15.23	0.2500
0.025	0.1070	0.1410	4.150	0.1880

3.7 高速列车车辆垂向振动时域仿真分析

高速列车在线路运行过程中受轨道不平顺的作用，将产生多自由度的复杂的随机振动，轨道线路不平顺的情况也直接影响列车振动的剧烈程度。轨道不平顺指钢轨加工、钢轨安装与维修、道床质量变化、轮轨作用等引起的两根钢轨在高低、左右方向与钢轨理想位置几何尺寸的偏差。轨道不平顺对于列车系统是一种主要的外部激扰，是产生机车与车辆(或动车与拖车)系统振动的主要激源，轨道不平顺主要分为高低不平顺、水平不平顺、轨距不平顺和轨向不平顺。列车在轨道上高速运行时虽然受到的轨道不平顺激扰为随机信号，但为了简化研究问题，可以将轨道不平顺信号分为平稳随机信号和非平稳信号。其中平稳随机信号可以看成若干个不同波长的正弦信号随机叠加而形成的不平顺信号；而非平稳信号可分为局部脉冲信号、阶跃信号、斜坡信号等。本节以第 2 章建立的高速列车车辆垂向动力学模型为例进行时域分析。

【例 3-12】 例 2-33 建立了图 2-39 所示的车辆垂向动力学模型，车辆相关参数如表 2-7 所示。将轮轨作用视为刚性接触，将轨道不平顺位移即轮对的垂向位移 $z_{w1}(t)$、$z_{w2}(t)$、$z_{w3}(t)$、$z_{w4}(t)$ 视为系统输入，以车体的沉浮运动 $z_c(t)$ 作为系统输出信号，写出系统传递函数，并且求解以下问题：

(1) 求解轨道激励为幅值为 3mm 阶跃信号，列车速度 v 为 300km/h 时，$z_c(t)$ 的响应且绘制其时域响应图，并求解 $z_c(t)$ 上升时间和最大超调量。

(2) 求解轨道激励为幅值为 3mm 的脉冲信号，列车速度 v 为 300km/h 时，$z_c(t)$ 的响应且绘制其时域响应图。

解：例 2-33 中式(2-107)给出了车体沉浮运动 $z_c(t)$ 关于轮对 1 垂向位移 $z_{w1}(t)$ 的传递函数：

$$G_{czw1}(s) = \frac{2.4 \times 10^9 s^2 + 7.92 \times 10^{10} s + 6.24 \times 10^{11}}{7.56 \times 10^7 s^4 + 5.928 \times 10^9 s^3 + 1.16904 \times 10^{11} s^2 + 3.168 \times 10^{11} s + 2.496 \times 10^{12}}$$

且

$$G_{czw2}(s) = G_{czw1}(s)e^{-\tau_2 s}, \qquad G_{czw3}(s) = G_{czw1}(s)e^{-\tau_3 s}, \qquad G_{czw4}(s) = G_{czw1}(s)e^{-\tau_4 s}$$

式中，τ_2 为轮对 2 的延迟时间，$\tau_2 = \dfrac{2l_t}{v/3.6} = \dfrac{2 \times 1.25}{300/3.6} = 0.03(\text{s})$；$\tau_3$ 为轮对 3 的延迟时间，

$\tau_3 = \dfrac{2l_c}{v/3.6} = \dfrac{2 \times 9}{300/3.6} = 0.216(\text{s})$；$\tau_4$ 为轮对 4 的延迟时间，$\tau_4 = \dfrac{2(l_c+l_t)}{v/3.6} = \dfrac{2 \times (9+1.25)}{300/3.6} =$

0.246(s)。

利用 MATLAB 软件编程可以计算得到系统输出响应曲线及相关性能指标。

（1）在 MATLAB 窗口编写如下程序：

```
Gczw1_num=[2.4e9,7.92e10,6.24e11];
Gczw1_den=[7.56e7,5.928e9,1.16904e11,3.168e11,2.496e12];
Gczw1=tf(Gczw1_num,Gczw1_den);%构建单个轮对的传递函数
Gczw2=Gczw1;Gczw3=Gczw1;Gczw4=Gczw1;
tao2=0.03;tao3=0.216;tao4=0.246;
Gczw2.Outputdelay=tao2;
Gczw3.Outputdelay=tao3;
Gczw4.Outputdelay=tao4;
%构建 4 个轮对的传递函数
Gczw=Gczw1+Gczw2+Gczw3+Gczw4;
t=[0:0.001:10]; %输出系统阶跃响应曲线
[y,t]=step(0.003*Gczw,t);
y=1000*y;  %单位变换；
plot(t,y,'color','k'); grid on;
xlabel('t/s','FontSize',14);
ylabel('z/mm','FontSize',14);
set(gca,'ygrid','on','gridlinestyle','--','Gridalpha',0.75,'LineWidth',0.75)
%性能指标
maxy=max(y);
yss=y(length(t));
pos=100*(maxy-yss)/yss;%最大超调量(%)
%上升时间
i=1;
while y(i)<maxy; i=i+1; end
tp=(i-1)*0.001;  %上升时间
```

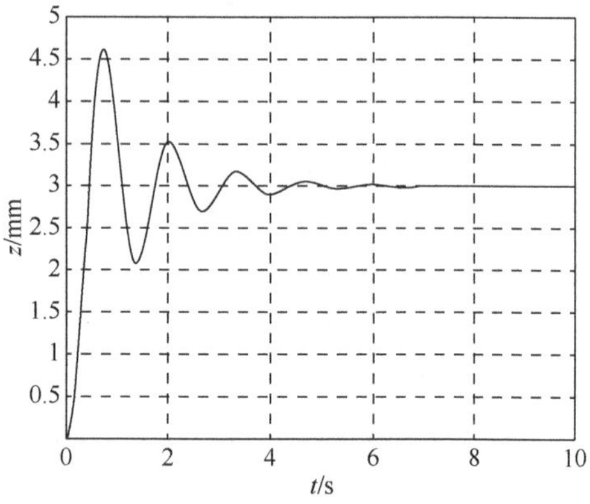

图 3-29　3mm 阶跃输入下车体沉浮响应曲线

可得到如下运算结果以及如图 3-29 所示的曲线。

最大超调量 pos=53.6444%；上升时间 tp=0.7160s。

（2）在 MATLAB 窗口编写如下程序：

```
Gczw1_num=[2.4e9,7.92e10,6.24e11];
Gczw1_den=[7.56e7,5.928e9,1.16904e11,3.168e11,2.496e12];
Gczw1=tf(Gczw1_num,Gczw1_den);%构建单个轮对的传递函数
Gczw2=Gczw1;Gczw3=Gczw1;Gczw4=Gczw1;
tao2=0.03;tao3=0.216;tao4=0.246;
```

```
Gczw2.Outputdelay=tao2;
Gczw3.Outputdelay=tao3;
Gczw4.Outputdelay=tao4;
%构建 4 个轮对的传递函数
Gczw=Gczw1+Gczw2+Gczw3+Gczw4;
t=[0:0.001:10];
%输出系统脉冲响应曲线
[y,t]=impulse(0.003*Gczw,t);
y=1000*y;%单位变换;
plot(t,y,'color','k'); grid on;
xlabel('t/s','FontSize',14);
ylabel('z/mm','FontSize',14);
set(gca,'ygrid','on','gridlinestyle',
'--','Gridalpha',0.75,'LineWidth',0.75)
```

可得到如图 3-30 所示曲线。

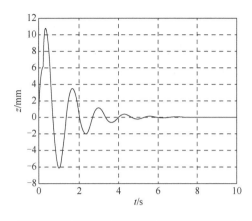

图 3-30 3mm 脉冲输入下车体沉浮响应曲线

习　题

3-1 设一个温度传感器为一阶惯性系统，能在 1min 测出并显示出恒定水温的 98%，温度传感器的时间常数是多少？如果将此温度传感器放在一个电加热浴缸内，已知电加热浴缸内水的初始温度为 10℃，按 5℃/min 的速度开始加热水温到 40℃时，进行保温闭环控制，整个加热过程中的实际水温是多少？传感器测出的水温是多少？测量误差是多少？采用 MATLAB 编程绘出相应的曲线。

3-2 已知某线性定常系统的单位斜坡响应为 $x_o(t) = t - 0.1[1 + e^{-0.5t}(3\sin 3.11t - \cos 3.11t)]$，试求其单位阶跃响应和单位脉冲响应。

3-3 设单位反馈控制系统的开环传递函数为 $G_k(s) = \dfrac{4}{s(s+1)}$，试求该系统的单位阶跃响应和单位脉冲响应。

3-4 设各系统的单位脉冲过渡函数如下，试求这些系统的传递函数。

(1) $g(t) = 0.2(e^{-0.4t} - e^{-0.1t})$。

(2) $g(t) = 0.5t + 5\sin\left(3t + \dfrac{\pi}{3}\right)$。

3-5 图 3-31 为某数控机床系统的位置随动控制系统的方框图，试求：

(1) 阻尼比 ξ 及无阻尼固有频率 ω_n；

(2) 该系统的 M_p、t_p、t_s 和 N。

3-6 设单位反馈系统的开环传递函数为 $G_k(s) = \dfrac{1}{s(s+5)}$，试求系统的上升时间、峰值时间、最大超调量和调整时间。

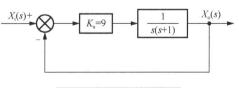

图 3-31 系统方框图(二)

3-7　试求图 3-32 所示系统的闭环传递函数，求出闭环系统的阻尼比为 0.5 时所对应的 K 值，并采用 MATLAB 编程绘出单位斜坡响应曲线。

3-8　要使图 3-33 所示的系统的单位阶跃响应的最大超调量等于 25%，峰值时间为 2s，试确定 K 和 K_f 的值。

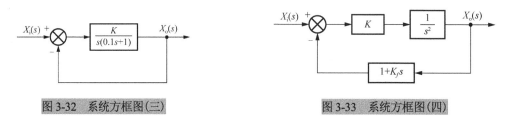

图 3-32　系统方框图(三)　　　　　　　　　　　图 3-33　系统方框图(四)

3-9　系统的开环传递函数为 $G_k(s) = \dfrac{K}{s(s+1)(s+5)}$，求单位斜坡函数输入下，使系统的稳态误差 $e_{ss} = 0.01$ 的 K 值是多少？

3-10　设输入信号为单位阶跃信号、单位斜坡信号和单位加速度信号，其系统开环传递函数分别如下，试求单位反馈系统的稳态误差。

(1) $G_k(s) = \dfrac{50}{(0.1s+1)(2s+1)}$。　　　　(2) $G_k(s) = \dfrac{50}{s(0.1s+1)(2s+1)}$。

(3) $G_k(s) = \dfrac{50}{s^2(0.1s+1)(2s+1)}$。　　　(4) $G_k(s) = \dfrac{50}{s^3(0.1s+1)(2s+1)}$。

3-11　对于图 3-34 所示系统，试求 $N(t) = 2u(t)$ 时系统的稳态误差。当 $x_i(t) = t \cdot u(t)$，$n(t) = 2 \cdot u(t)$ 时，其稳态误差又是多少？

3-12　对于图 3-35 所示系统，已知 $X_i(s) = N(s) = \dfrac{1}{s}$，试求输入信号 $X_i(s)$ 和扰动 $N(s)$ 作用下的稳态误差。

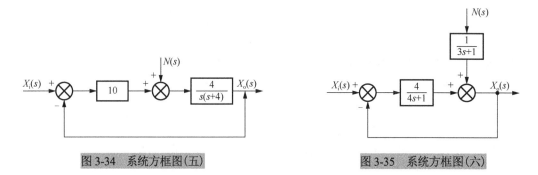

图 3-34　系统方框图(五)　　　　　　　　　　　图 3-35　系统方框图(六)

第 4 章　控制系统的频域分析

经典控制理论的分析方法均是围绕控制系统的稳定性、快速性和准确性展开分析。控制系统的时域分析法是把系统性能研究转化为在典型输入信号的作用下，求解系统的响应并用以分析系统的稳、快 1 与准。这种方法较简单和直接，当系统是一阶、二阶的时，求解与性能分析较简单和直观，但对工程中的高阶系统进行求解的过程较烦琐。时域分析法是对一种典型输入信号的枚举计算分析方法，当控制系统输入信号类型发生变化时，需要重新计算分析。而且工程中的一些控制系统的输入(或干扰)信号并非脉冲信号、阶跃信号、斜坡信号等非周期变化的信号，当输入(或干扰)信号为周期变化的谐波信号时，时域分析法求解就比较烦琐了。

20 世纪 40 年代发展起来的频域分析法能较好地解决时域分析法存在的上述问题。频域分析法不需要通过直接求解输入信号作用下的响应来分析控制系统的性能，而是直接对控制系统的传递函数模型进行频率特性分析，研究控制系统的自身结构和参数对不同频率变化信号的跟踪与抑制性能。而且该方法能直接从系统的开环频率特性分析闭环控制系统的性能，对于难以建立数学模型的系统，也能通过实验法获取频率特性，所以控制系统频域分析法是经典控制理论中广泛用于系统分析与综合的方法。

4.1　线性系统的频率特性

本节主要阐明线性系统频率特性的基本概念、频率特性的求法、频率特性的表示及其与系统性能的关系。

4.1.1　频率特性的基本概念

为了了解系统频率特性的含义，通过一个实例分析线性系统在正弦输入信号作用下的时间响应情况。

【例 4-1】　设一阶惯性系统 $G(s) = \dfrac{K}{Ts+1}$，求输入信号 $x_i(t) = A_i \sin \omega t$ 作用下的时间响应。

解：输入信号 $x_i(t)$ 的拉氏变换为

$$X_i(s) = L[x_i(t)] = \frac{A_i \omega}{s^2 + \omega^2}$$

因而有

$$X_o(s) = G(s)X_i(s) = \frac{K}{Ts+1} \cdot \frac{A_i \omega}{s^2 + \omega^2}$$

对该式进行 Laplace 逆变换，整理得

$$x_o(t) = L^{-1}[X_o(s)] = \underbrace{\frac{A_i KT\omega}{1+T^2\omega^2}e^{-t/T}}_{\text{瞬态响应}} + \underbrace{\frac{A_i K}{\sqrt{1+T^2\omega^2}}\sin(\omega t - \arctan T\omega)}_{\text{稳态响应}} \qquad (4\text{-}1)$$

从式(4-1)可以看出，正弦输入信号作用于一阶惯性系统时的响应由两项组成。由于系统 $G(s)$ 的时间常数 T 为正(即特征根在实轴的负半部)，系统是稳定的，故等号右边第一项为指数衰减的瞬态响应分量，第二项为稳态响应分量。由于瞬态响应为指数衰减函数，当响应时间 $t \geq 4T$ 时，瞬态响应迅速衰减到很小并逐渐趋于零(可忽略不计)，所以系统的输出 $x_{os}(t)$ 为稳态响应项，即

$$x_{os}(t) = A_o \sin(\omega t + \varphi_o)$$

式中，$A_o = \dfrac{K}{\sqrt{1+T^2\omega^2}}A_i$ 为输出信号的幅值；$\varphi_o = -\arctan T\omega$，为输出信号相位。

一阶惯性系统在正弦输入信号作用下的稳态响应频率不变；稳态输出信号的幅值为输入幅值 A_i 的 $\dfrac{K}{\sqrt{1+T^2\omega^2}}$ 倍；输出信号的相位在输入信号相位的基础上滞后了 $\arctan T\omega$。

研究表明，一阶惯性系统对正弦输入信号的稳态响应特性，适合所有线性系统，如图 4-1 所示。可是，系统时域分析所定义的瞬态指标与稳态指标不能表征正弦输入信号下系统的响应性能，而解决此问题，需要引入系统频域分析法，下面对频域分析法的基本术语进行说明。

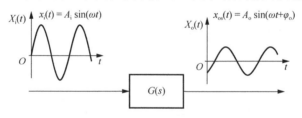

图 4-1　线性系统的稳态响应

线性系统在正弦(或余弦)输入信号的作用下的稳态响应称为频率响应，频率响应具有频率不变性。

系统频率响应的幅值与输入信号的幅值比称为幅频特性。当系统结构和参数确定时，幅频特性是输入信号频率的函数，除比例环节和理想微分环节外，幅频特性是频率的非线性函数，即 $A(\omega) = A_o/A_i$ 为非线性函数，幅频特性总是为正。

频率响应的相位与输入信号的相位差称为相频特性。当系统结构和参数确定时，相频特性是输入信号频率的函数，除比例环节、积分环节和理想微分环节外，相频特性是频率的非线性函数，即 $\varphi(\omega) = \varphi_o(\omega) - \varphi_i(\omega)$。相频特性为正，则称系统为超前系统；相频特性为负，则称系统为滞后系统。除比例环节和微分环节外，通常物理系统是分母阶次大于分子阶次的滞后系统。

幅频特性和相频特性总称为频率特性，或者说频率特性包含幅频特性和相频特性。频率特性可以将幅频特性和相频特性合并表示为 $A(\omega)\angle\varphi(\omega)$ 或实部与虚部的形式，例如，例 4-1 的系统频率特性表示为

$$\frac{K}{\sqrt{1+T^2\omega^2}}\angle-\arctan T\omega=\frac{K}{1+T^2\omega^2}-\mathrm{j}\frac{KT\omega}{1+T^2\omega^2}$$

式中，实部 $\dfrac{K}{1+T^2\omega^2}$ 称为实频特性；虚部 $-\dfrac{KT\omega}{1+T^2\omega^2}$ 称为虚频特性。系统的实频特性和虚频特性不像幅频特性和相频频特性一样有明确的物理意义。

4.1.2　频率特性的求法

频率特性的求取包括幅频特性和相频特性的求取，共有三种求取方法。

1. 通过频率特性定义求

频率特性的定义求解法需要求系统在正弦输入信号作用下的频率响应，即稳态响应。求解过程如下。

(1)输入信号的象函数为

$$X_\mathrm{i}(s)=L(A_\mathrm{i}\sin\omega t)=\frac{A_\mathrm{i}\omega}{s^2+\omega^2}$$

(2)求输出信号的拉氏逆变换：

$$x_\mathrm{o}(t)=L^{-1}\big[G(s)X_\mathrm{i}(s)\big]$$

(3)将输出信号的瞬态项忽略，只取稳态项，得频率响应为

$$x_\mathrm{o}(t)=A_\mathrm{o}\sin(\omega t+\varphi_\mathrm{o})$$

(4)按频率特性的定义，有

$$\begin{cases}A(\omega)=\dfrac{A_\mathrm{o}}{A_\mathrm{i}}\\[2mm]\varphi(\omega)=\varphi_\mathrm{o}(\omega)-\varphi_\mathrm{i}(\omega)\end{cases}$$

或表示为

$$A(\omega)\angle\varphi(\omega)$$

2. 利用传递函数求

按定义来求取系统频率特性的概念清晰，且容易理解，但当系统阶次较高时，系统频率响应难以求解。再对例 4-1 所示的一阶惯性系统的频率特性进行分析，由式(4-1)得幅频特性为

$$A(\omega)=\frac{A_\mathrm{o}}{A_\mathrm{i}}=\frac{K}{\sqrt{1+T^2\omega^2}}=\big|G(\mathrm{j}\omega)\big|$$

相频特性为

$$\varphi(\omega)=\varphi_\mathrm{o}(\omega)-\varphi_\mathrm{i}(\omega)=-\arctan T\omega=\angle G(\mathrm{j}\omega)$$

现将例 4-1 系统的传递函数 $G(s)=\dfrac{K}{Ts+1}$ 中的 s 用 $\mathrm{j}\omega$ 代替，得到复变函数 $G(\mathrm{j}\omega)=\dfrac{K}{T\mathrm{j}\omega+1}$，则 $G(\mathrm{j}\omega)$ 的模和相角分别为

$$\begin{cases}\big|G(\mathrm{j}\omega)\big|=\dfrac{K}{\sqrt{1+T^2\omega^2}}\\[2mm]\angle G(\mathrm{j}\omega)=-\arctan(T\omega)\end{cases}\tag{4-2}$$

从式(4-2)可以得出，将 $s=\mathrm{j}\omega$ 代入系统传递函数 $G(s)$ 后，得到的复变函数 $G(\mathrm{j}\omega)$ 函数的模是幅频特性，即 $A(\omega)=|G(\mathrm{j}\omega)|$，相位是系统的相频特性，即 $\varphi(\omega)=\angle G(\mathrm{j}\omega)$。这一结论是从一阶惯性系统频率特性中提取出的，下面证明这一结论适用于任何线性系统的频率特性的求取。

【例 4-2】 已知线性系统的传递函数为 $G(s)$，当 $t<0$ 时，$x_{\mathrm{i}}(t)=0$，当 $t\geqslant0$ 时，$x_{\mathrm{i}}(t)=A_{\mathrm{i}}\sin\omega t$，输出稳态响应(即频率响应)为 $x_{\mathrm{o}}(t)=A_{\mathrm{o}}\sin(\omega t+\varphi_{\mathrm{o}})$，证明系统的频率特性为式(4-2)。

解： 在控制系统分析中，当 $t<0$ 时，$x_{\mathrm{i}}(t)=0$，当 $t\geqslant0$ 时，$x_{\mathrm{i}}(t)=A_{\mathrm{i}}\sin\omega t$。

根据传递函数定义，有

$$G(s)=\frac{X_{\mathrm{o}}(s)}{X_{\mathrm{i}}(s)}$$

将 $s=\mathrm{j}\omega$ 代入上式，得

$$G(\mathrm{j}\omega)=\frac{X_{\mathrm{o}}(\mathrm{j}\omega)}{X_{\mathrm{i}}(\mathrm{j}\omega)}=\frac{\int_0^\infty x_{\mathrm{o}}(t)\mathrm{e}^{-\mathrm{j}\omega}\mathrm{d}t}{\int_0^\infty x_{\mathrm{i}}(t)\mathrm{e}^{-\mathrm{j}\omega}\mathrm{d}t}$$

$$=\frac{\int_{-\infty}^{+\infty} x_{\mathrm{o}}(t)\mathrm{e}^{-\mathrm{j}\omega}\mathrm{d}t}{\int_{-\infty}^{+\infty} x_{\mathrm{i}}(t)\mathrm{e}^{-\mathrm{j}\omega}\mathrm{d}t}=\frac{F[x_{\mathrm{o}}(t)]}{F[x_{\mathrm{i}}(t)]}=\frac{F[A_{\mathrm{o}}\sin(\omega t+\varphi_{\mathrm{o}})]}{F[A_{\mathrm{i}}\sin\omega t]}$$

$$=\frac{A_{\mathrm{o}}\angle\varphi_{\mathrm{o}}}{A_{\mathrm{i}}\angle0^\circ}=\frac{A_{\mathrm{o}}}{A_{\mathrm{i}}}\angle\varphi_{\mathrm{o}}=A(\omega)\angle\varphi_{\mathrm{o}}=|G(\mathrm{j}\omega)|\angle G(\mathrm{j}\omega)$$

式(4-2)得证。

传递函数定义为在零初始条件下，线性定常系统输出信号的拉氏变换与输入信号的拉氏变换之比。从以上证明过程中可以看出，将 $s=\mathrm{j}\omega$ 代入系统传递函数 $G(s)$ 后，得到的 $G(\mathrm{j}\omega)$ 为系统的稳态输出信号的傅里叶变换与输入信号的傅里叶变换之比，所以将 $G(\mathrm{j}\omega)$ 称为频率特性传递函数。

可以利用频率特性传递函数 $G(\mathrm{j}\omega)$ 求系统在正弦(或余弦)输入信号作用下的稳态响应，若 $x_{\mathrm{i}}(t)=A_{\mathrm{i}}\sin(\omega t+\varphi_{\mathrm{i}})$，则系统的稳态响应为

$$x_{\mathrm{o}}(t)=|G(\mathrm{j}\omega)|A_{\mathrm{i}}\sin[\omega t+\varphi_{\mathrm{i}}+\angle G(\mathrm{j}\omega)] \tag{4-3}$$

3. 采用实验法求

当系统的传递函数模型已知时，就可以用定义法或传递函数法求得系统的频率特性，尤其是传递函数法非常简单。但工程中一些复杂系统的数学模型难以建立，即系统数学模型未知时，无法用上面两种方法求取频率特性。这时可以通过实验法获取实际系统频率特性，在工程中这也是一种常用而又重要的方法，而且通过实验求得频率特性后还能通过实验数据建立系统传递函数模型，这也是频域分析法的一个优势。

实验时根据频率特性传递函数的概念，首先，确定被测系统的输入物理量与输出物理量；其次，分析对输入物理量施加正弦输入信号的仪器或模拟装置，以及选择输出物理量的测量

仪器或测量传感器及采集系统；再次，将正弦输入信号的
频率 ω 由小逐渐增加，并在每一个频率等待输出进入稳态
时，记录或采集对应该频率的正弦输入和输出信号的幅值
与相位；最后，通过对记录或采集的实验数据进行处理，
并分别绘制 ω 对应 $A_{\mathrm{o}} / A_{\mathrm{i}}$ 的幅值比曲线和频率 ω 与相位
$\varphi_{\mathrm{o}}(\omega) - \varphi_{\mathrm{i}}(\omega)$ 的相频特性曲线，还可以拟合或辨识出系统
频率特性的表达式。

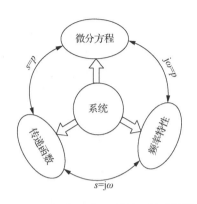

图 4-2　系统的三个域模型间的相互转化

　　由上可知，一个系统既可以用时域的微分方程描述，
也可以用复域的传递函数来描述，还可以用频域的频率特
性模型来描述，它们之间可以通过拉氏变换与傅里叶变换
建立联系和转化关系，如图 4-2 所示。

4.1.3　频率特性的表示及其与系统性能的关系

　　系统(或环节)的频率特性的表示方法很多，其本质都是一样的，只是表示的形式不同而
已，最常用的有代数表示法和几何表示法两种。

1. 频率特性的表示方法

1) 代数表示法

　　频率特性的代数表示法是指将频率特性用数学表达式来表示，具体可以分为传递函数表
示法、实频特性与虚频特性表示法、幅频特性与相频特性表示法、复指数表示法和三角函数
表示法。设系统的传递函数为

$$G(s) = \frac{X_{\mathrm{o}}(s)}{X_{\mathrm{i}}(s)} = \frac{b_m s^m + b_{m-1} s^{m-1} + \cdots + b_1 s + b_0}{a_n s^n + a_{n-1} s^{n-1} + \cdots + a_1 s + a_0}, \qquad n \geqslant m$$

　　将 $s = \mathrm{j}\omega$ 代入系统的传递函数，得到频率特性的传递函数表示法：

$$G(\mathrm{j}\omega) = \frac{b_m (\mathrm{j}\omega)^m + b_{m-1}(\mathrm{j}\omega)^{m-1} + \cdots + b_1 (\mathrm{j}\omega) + b_0}{a_n (\mathrm{j}\omega)^n + a_{n-1}(\mathrm{j}\omega)^{n-1} + \cdots + a_1 (\mathrm{j}\omega) + a_0} \tag{4-4}$$

　　频率特性的实频特性与虚频特性表示法：

$$G(\mathrm{j}\omega) = U(\omega) + \mathrm{j}V(\omega) \tag{4-5}$$

式中，$U(\omega) = \mathrm{Re}[G(\mathrm{j}\omega)]$ 为实频特性；$V(\omega) = \mathrm{Im}[G(\mathrm{j}\omega)]$ 为虚频特性。

　　频率特性的幅频特性与相频特性表示法：

$$G(\mathrm{j}\omega) = |G(\mathrm{j}\omega)| \angle G(\mathrm{j}\omega) \tag{4-6}$$

式中，$|G(\mathrm{j}\omega)| = A(\omega) = \sqrt{U^2(\omega) + V^2(\omega)}$ 为幅频特性；$\angle G(\mathrm{j}\omega) = \varphi(\omega) = \arctan \dfrac{V(\omega)}{U(\omega)}$ 为相频特性。

　　频率特性的复指数表示法：

$$G(\mathrm{j}\omega) = A(\omega)\mathrm{e}^{\mathrm{j}\varphi(\omega)} \tag{4-7}$$

　　频率特性的三角函数表示法：

$$G(\mathrm{j}\omega) = A(\omega)\cos[\varphi(\omega)] + \mathrm{j}A(\omega)\sin[\varphi(\omega)] \tag{4-8}$$

2）几何表示法

系统的频率特性包括幅频特性和相频特性，除比例环节等个别简单环节外，其他环节的频率特性均为频率的非线性函数，且实际控制系统是由被控部分和控制部分多环节组成的高阶系统，其频率特性的代数表达式为较复杂的非线性函数，难以直观反映出系统在不同频率处的幅频特性与相频特性的关系。因此相较于频率特性代数表示法，几何表示法更为直观有效。频率特性的几何表示法又称为图形表示法。图形表示法有频率特性图（也叫极坐标图、奈氏图（Nyquist 图））和对数频率特性图（也叫对数坐标图、Bode 图）两种方法。具体方法在 4.2 节、4.3 节进行描述介绍。

2. 频率特性与系统性能的关系

控制系统的分析本质上是在确保系统稳定的情况下，对控制系统输入跟踪性能和干扰抑制性能的分析。那么频域分析法是如何研究控制系统的输入跟踪性能和干扰抑制性能的呢？

频域分析法指对于稳定的线性控制系统，在正弦（或余弦）输入信号的作用下，通过系统输出的稳态响应（或称为频率响应）来分析系统的动态性能，即分析系统频率响应对正弦（或余弦）输入信号跟踪的快速性与准确性，以及分析系统频率响应对正弦（或余弦）干扰的抑制能力。

1）输入跟踪性能

当图 4-1 所示的系统 $G(s) \neq 1$ 时，要求控制系统输出跟踪输入，即希望系统频率响应 $x_o(t) = A_o \sin(\omega t + \varphi_o)$ 能又快又准地跟踪输入信号 $x_i(t) = A_i \sin \omega t$，跟踪准确性要求幅频特性尽可能趋近于 1，即

$$\left| G(j\omega) \right| = \frac{A_o}{A_i} \to 1$$

而跟踪快速性要求相频特性趋近于 0，即

$$\angle G(j\omega) = \varphi_o(\omega) - \varphi_i(\omega) \to 0$$

2）干扰抑制性能

当图 4-1 所示的系统 $G(s) \neq 1$ 时，要求控制系统抑制输入，即希望系统频率响应 $x_o(t) = A_o \sin(\omega t + \varphi_o)$ 尽可能快地趋近于 0，干扰抑制要求幅频特性尽可能趋近于 0，即

$$\left| G(j\omega) \right| = \frac{A_o}{A_i} \to 0$$

当幅频特性趋近于 0 时，系统就能很好地抑制干扰了，而相频特性对系统抑制能力的影响不大。

可见，频域分析法作为经典控制理论中最为广泛应用的一种方法，它不需要求解系统的响应，而是直接对由结构和参数决定的频率特性进行分析，通过系统不同频段的特性来确定控制系统的输入跟踪性能和干扰抑制性能。

4.2　频率特性图

4.2.1　频率特性图表示法

频率特性图是反映频率特性的几何表示法，频率特性图也称为极坐标图。将式（4-6）所表示的频率特性绘制在极坐标图上，如图 4-3（a）所示，向量的长度代表幅频特性 $A(\omega)$，向量与

坐标轴的夹角代表相频特性 $\varphi(\omega)$，其中顺时针方向定义为相位滞后，逆时针方向定义为相位超前。频率特性还可用式(4-5)的实频特性与虚频特性的代数表示法表示，相应地，可将频率特性表示在直角坐标图上，如图 4-3(b)所示，实轴代表实频特性 $U(\omega)$，虚轴代表虚频特性 $V(\omega)$。为了更好地描述频率特性，将频率特性的极坐标图和直角坐标图合并在一张图上，如图 4-3(c)所示。该图表示频率 $\omega : 0 \to \infty$ 变化过程中根据幅值和相位端点(或实部和虚部表示的坐标点)的移动轨迹绘制出的一条曲线，这条曲线称为频率特性图，通常也称为极坐标图，或称为奈氏图(Nyquist 图)。

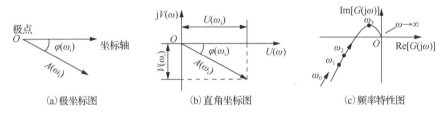

(a)极坐标图　　　　　(b)直角坐标图　　　　　(c)频率特性图

图 4-3　频率特性表示法

4.2.2　典型环节的频率特性图

自动控制系统由被控对象、检测变送、执行机构和控制器等部分组成，系统的数学模型由若干典型环节构成，熟悉典型环节的频率特性是分析系统的频率特性的基础。因此，下面将对比例环节、积分环节、微分环节、惯性环节、一阶微分环节、二阶振荡环节和延迟环节七个典型环节的频率特性进行分析。

1. 比例环节

比例环节的传递函数为 $G(s) = K(K > 0)$，频率特性传递函数为

$$G(\mathrm{j}\omega) = K + \mathrm{j}0 = K\mathrm{e}^{\mathrm{j}0} = K\angle 0°$$

其奈氏图如图 4-4 所示，奈氏图为实轴上的一个固定点，即幅频特性和相频特性不随频率而变化，输出将输入幅值放大 K 倍后同步输出。

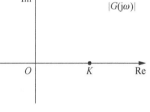

图 4-4　比例环节的奈氏图

2. 积分环节

积分环节的传递函数为 $G(s) = \dfrac{1}{s}$，频率特性为

$$G(\mathrm{j}\omega) = \frac{1}{\mathrm{j}\omega} = 0 - \mathrm{j}\frac{1}{\omega} = \frac{1}{\omega}\mathrm{e}^{-\mathrm{j}\frac{\pi}{2}} = \frac{1}{\omega}\angle -\frac{\pi}{2}$$

其奈氏图如图 4-5 所示。积分环节幅频特性是频率的反比例函数，输入信号频率低于1Hz时输出幅值被放大，而频率大于1Hz 时输出为衰减的。但相频特性不随频率变化，延迟恒为90°。

3. 微分环节

微分环节的传递函数为 $G(s) = s$，频率特性为

$$G(\mathrm{j}\omega) = 0 + \mathrm{j}\omega = \omega\mathrm{e}^{\mathrm{j}\frac{\pi}{2}} = \omega\angle \frac{\pi}{2}$$

其奈氏图如图 4-6 所示。微分环节幅频特性是频率的正比例函数，输入信号频率低于1Hz 时

输出为衰减的，而频率大于1Hz时输出幅值被放大。但相频特性不随频率变化，相位超前恒为90°。在实际系统中，没有一个元部件真正具有这种理想微分环节的特性，系统输出是超前输入的，这里的超前是指微分运算的趋势预测值。在控制系统的分析与设计中，在所研究的有意义的频率范围内，某些元部件可近似按微分环节处理，如测速发电机、速率陀螺等。

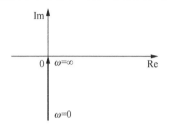

图 4-5　积分环节的奈氏图

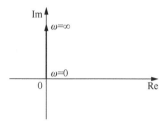

图 4-6　微分环节的奈氏图

4．惯性环节

惯性环节的传递函数 $G(s) = \dfrac{1}{Ts+1}$，频率特性为

$$G(\mathrm{j}\omega) = \frac{1}{\mathrm{j}T\omega + 1} = \frac{1}{1+T^2\omega^2} - \mathrm{j}\frac{T\omega}{1+T^2\omega^2} = \frac{1}{\sqrt{T^2\omega^2+1}}\,\mathrm{e}^{-\mathrm{j}\arctan T\omega}$$

该系统实频特性 $U(\omega)$ 与虚频特性 $V(\omega)$ 满足下列圆方程：

$$\left[U(\omega) - \frac{1}{2}\right]^2 + \left[V(\omega)\right]^2 = \left(\frac{1}{2}\right)^2$$

圆心在点 $(1/2,\ \mathrm{j}0)$ 上，半径为 $1/2$，惯性环节的奈氏图是位于极坐标图上第四象限的半圆，如图 4-7 所示。惯性环节在低频时相位滞后较小，幅值近似为不变，系统等效为比例环节；随着频率的增加，幅值衰减，相位滞后逐渐增大，在高频时系统近似为积分环节。

5．一阶微分环节

一阶微分环节也称为一阶导前环节，传递函数为 $G(s) = Ts+1$，频率特性为

$$G(\mathrm{j}\omega) = \mathrm{j}T\omega + 1 = \sqrt{T^2\omega^2+1}\,\mathrm{e}^{\arctan T\omega}$$

其奈氏图如图 4-8 所示，系统在低频时近似为比例环节，随着频率逐渐增加，系统幅值放大，相位逐渐超前，高频时系统可近似为微分环节。

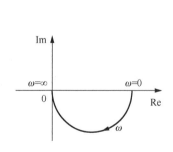
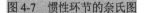

图 4-7　惯性环节的奈氏图

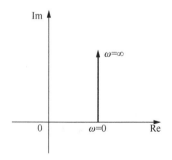

图 4-8　一阶微分环节的奈氏图

6. 二阶振荡环节

二阶振荡环节的传递函数为 $G(s) = \dfrac{\omega_n^2}{s^2 + 2\xi\omega_n s + \omega_n^2}$，设相对频率为 $\lambda = \dfrac{\omega}{\omega_n}$，频率特性为

$$G(j\omega) = \frac{1}{1 - \lambda^2 + j2\xi\lambda} = \frac{1 - \lambda^2}{\left(1 - \lambda^2\right)^2 + \left(2\xi\lambda\right)^2} - j\frac{2\xi\lambda}{\left(1 - \lambda^2\right)^2 + \left(2\xi\lambda\right)^2}$$

实频特性为

$$\mathrm{Re}\left[G(j\omega)\right] = U(\omega) = \frac{1 - \lambda^2}{\left(1 - \lambda^2\right)^2 + \left(2\xi\lambda\right)^2}$$

虚频特性为

$$\mathrm{Im}\left[G(j\omega)\right] = V(\omega) = -\frac{2\xi\lambda}{\left(1 - \lambda^2\right)^2 + \left(2\xi\lambda\right)^2}$$

幅频特性为

$$\left|G(j\omega)\right| = A(\omega) = \frac{1}{\sqrt{\left(1 - \lambda^2\right)^2 + \left(2\xi\lambda\right)^2}}$$

相频特性为

$$\angle G(j\omega) = \varphi(\omega) = \begin{cases} -\arctan\dfrac{2\xi\lambda}{1 - \lambda^2}, & \omega \leqslant \omega_n \\[3mm] -\pi - \arctan\dfrac{2\xi\lambda}{1 - \lambda^2}, & \omega > \omega_n \end{cases}$$

当 $\lambda = 0$ 即 $\omega = 0$ 时，$\left|G(j\omega)\right| = 1$，$\angle G(j\omega) = 0°$。

当 $\lambda = 1$ 即 $\omega = \omega_n$ 时，$\left|G(j\omega)\right| = \dfrac{1}{2\xi}$，$\angle G(j\omega) = -90°$。

当 $\lambda = \infty$ 即 $\omega = \infty$ 时，$\left|G(j\omega)\right| = 0$，$\angle G(j\omega) = -180°$。

为进一步分析频率逐渐增加时幅频特性的变化情况，令

$$\frac{\partial\left|G(j\omega)\right|}{\partial\lambda}\bigg|_{\lambda = \lambda_r} = 0$$

得

$$\omega_r = \omega_n\sqrt{1 - 2\xi^2} \tag{4-9}$$

即当 $\xi < \dfrac{\sqrt{2}}{2}$ 时，系统的幅频特性出现最大的谐振峰值：

$$\left|G(j\omega_r)\right| = \frac{1}{2\xi\sqrt{1 - \xi^2}} \tag{4-10}$$

谐振相位为

$$\angle G(j\omega_r) = -\arctan\frac{\sqrt{1 - 2\xi^2}}{\xi} \tag{4-11}$$

二阶振荡系统的奈氏图如图 4-9 所示，当 $\omega : 0 \to \infty$（即 $\lambda : 0 \to \infty$）时，幅频特性由 $1 \to 0$，

相频特性由 $0° \to -180°$。频率特性极坐标图的起点为 $(1, j0)$，$\omega = \omega_n$ 时坐标轴交点为 $(0, j\frac{1}{2\xi})$，终点为 $(0, j0)$。当阻尼比 $\xi \geq \frac{\sqrt{2}}{2}$ 时，系统不会出现谐振。低频时，其近似为比例环节，随着频率的增加，幅频特性逐渐减少，系统呈现衰减特性。当阻尼比 $\xi < \frac{\sqrt{2}}{2}$ 时，系统将会出现谐振。低频时，其近似为系数为 1 的比例环节，随着频率的增加，幅频特性增加，系统呈现放大特性，当达到谐振频率时，幅频特性达到最大值；频率再增加时，系统呈现衰减特性。

7．延迟环节

延迟环节的传递函数为 $G(s) = e^{-\tau s}$，频率特性为

$$G(j\omega) = e^{-j\tau\omega}$$

即

$$|G(j\omega)| = 1, \quad \angle G(j\omega) = -\tau\omega$$

其奈氏图如图 4-10 所示。延迟环节的幅频特性恒为 1，代表输出不失真地等于输入，但相位滞后正比于输入信号的频率 ω，即频率越高，相位滞后越大。

若系统中包含延迟环节，作频率特性图时首先绘制出无滞后环节的频率特性曲线；考虑延迟环节频率特性的影响，仅使系统频率特性的相位增加 $-\tau\omega$，而幅值不变。

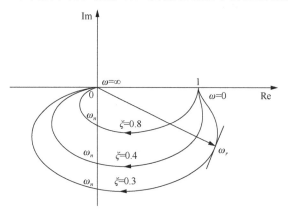

图 4-9　二阶振荡环节的奈氏图

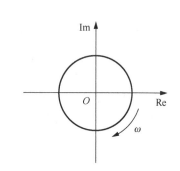

图 4-10　延迟环节的奈氏图

4.2.3　一般系统的频率特性图

以上对典型环节的频率特性图的绘制进行了分析。虽然一般系统由多个典型环节组成，但一般系统的频率特性图却不能直接由典型环节的图来获得。准确绘制一般系统频率特性图较难，需要借助计算机辅助分析。但在分析系统时可以通过特征点法概略绘制一般系统的频率特性图，并且对研究点附近有足够的准确性。特征点指频率由零到无穷大变化过程中，奈氏图的起点或起点渐近线、与坐标轴交点及相应的频率、终点。特征点法绘制奈氏图的一般步骤如下：

(1) 将 $s = \mathrm{j}\omega$ 代入系统传递函数 $G(\mathrm{j}\omega)$，由 $G(\mathrm{j}\omega)$ 求出实频特性、虚频特性、幅频特性和相频特性的表达式。

(2) 求出特征点，如频率 $\omega = 0$ 时的起点及起点渐近线、频率增加过程中坐标轴的交点及相应的频率、频率 $\omega = \infty$ 时的终点。

(3) 将特征点绘制在 Nyquist 图上，再根据系统的频率增加过程中实频特性与虚频特性的变化趋势和符号象限、终点的相位确定逼近方位。

(4) 绘制出奈氏曲线的大致图形。

【例 4-3】　某系统传递函数为 $G(s) = \dfrac{K}{s(Ts+1)}$，试绘制其 Nyquist 图。

解： 系统的频率特性为

$$G(\mathrm{j}\omega) = \frac{K}{\mathrm{j}\omega(1+\mathrm{j}T\omega)} = K\frac{1}{\mathrm{j}\omega}\frac{1}{1+\mathrm{j}T\omega}$$

由上式可知，系统是由比例环节、积分环节和惯性环节串联组成的，有

$$G(\mathrm{j}\omega) = \frac{K}{\mathrm{j}\omega(1+\mathrm{j}T\omega)} = \frac{-KT}{1+T^2\omega^2} - \mathrm{j}\frac{K}{\omega(1+T^2\omega^2)} = \frac{K}{\omega\sqrt{1+T^2\omega^2}}\angle(-90° - \arctan T\omega)$$

即实频特性为

$$\mathrm{Re}[G(\mathrm{j}\omega)] = \frac{-KT}{1+T^2\omega^2}$$

虚频特性为

$$\mathrm{Im}[G(\mathrm{j}\omega)] = \frac{-K}{\omega(1+T^2\omega^2)}$$

幅频特性为

$$|G(\mathrm{j}\omega)| = \frac{K}{\omega\sqrt{1+T^2\omega^2}}$$

相频特性为

$$\angle G(\mathrm{j}\omega) = -90° - \arctan T\omega$$

当 $\omega = 0$ 时，有

$$\lim_{\omega \to 0}\mathrm{Re}[G(\mathrm{j}\omega)] = \lim_{\omega \to 0}\frac{-KT}{1+T^2\omega^2} = -KT$$

$$\lim_{\omega \to 0}\mathrm{Im}[G(\mathrm{j}\omega)] = \lim_{\omega \to 0}\frac{-K}{\omega(1+T^2\omega^2)} = -\infty$$

$$|G(\mathrm{j}\omega)| = \infty,\quad \angle G(\mathrm{j}\omega) = -90°$$

因此，起点渐近线为 $U(\omega) = -KT$。

当频率由零到无穷大变化的过程中(即 $\omega = 0 \to \infty$)，频率特性为 $-90° \to -180°$，所以频率特性图在第三象限，在有限频率范围内与坐标轴没有交点。

当 $\omega = \infty$ 时，有 $|G(\mathrm{j}\omega)| = 0$，$\angle G(\mathrm{j}\omega) = -180°$，所以终点坐标为 $(0, \mathrm{j}0)$，沿负实轴逼近原点。

该系统的 Nyquist 图如图 4-11 所示。由于其传递函数含有积分环节 $1/s$，因而与不含积分环节的二阶环节比较，其频率特性有本质上的不同。不含积分环节的二阶振荡环节的 Nyquist 图在 $\omega=0$ 时，始于正实轴上的确定点；而含有积分环节的二阶环节频率特性的 Nyquist 图在低频段将沿一条渐近线趋于无穷远点。由 ω 为 $0\rightarrow\infty$ 时实频特性和虚频特性的取值可知，这条渐近线过点 $(-KT,j0)$，且平行于虚轴。

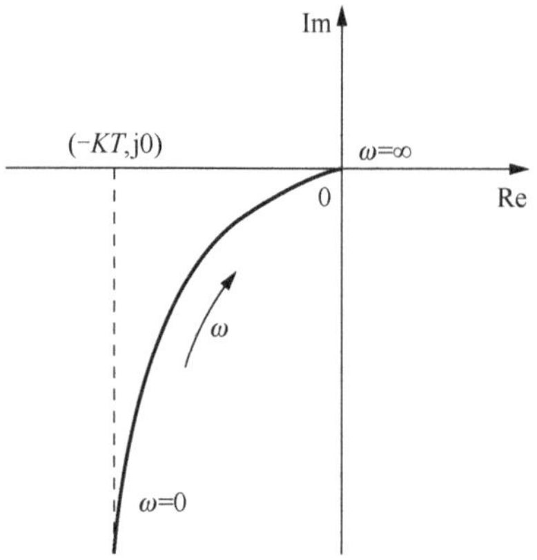

图 4-11 例 4-3 的 Nyquist 图

【例 4-4】 已知系统的传递函数为 $G(s)=\dfrac{K(T_1 s+1)}{s(T_2 s+1)}$ $(T_1 > T_2)$，试绘制其 Nyquist 图。

解： 由系统传递函数知，系统是由比例环节、积分环节、一阶微分环节和一阶惯性环节串联组成的，系统的频率特性为

$$G(j\omega)=\frac{K(1+jT_1\omega)}{j\omega(1+jT_2\omega)}=\frac{K(T_1-T_2)}{1+T_2^2\omega^2}-j\frac{K(1+T_1 T_2\omega^2)}{\omega\left(1+T_2^2\omega^2\right)}$$

$$=\frac{K\sqrt{1+T_1^2\omega^2}}{\omega\sqrt{1+T_2^2\omega^2}}\angle(-90°+\arctan T_1\omega-\arctan T_2\omega)$$

当 $\omega=0$ 时，有

$$\lim_{\omega\to 0}\text{Re}[G(j\omega)]=\lim_{\omega\to 0}\frac{K(T_1-T_2)}{1+T_2^2\omega^2}=K(T_1-T_2)$$

$$\lim_{\omega\to 0}\text{Im}[G(j\omega)]=\lim_{\omega\to 0}\frac{-K(1+T_1 T_2\omega^2)}{\omega\left(1+T_2^2\omega^2\right)}=-\infty$$

$$|G(j\omega)|=\infty,\quad \angle G(j\omega)=-90°$$

因此，起点渐近线为 $\text{Re}=K(T_1-T_2)$。

由实频特性及虚频特性知，系统在有限的频率范围内与坐标轴没有交点。

当 $\omega=\infty$ 时，有

$$\lim_{\omega\to\infty}\text{Re}[G(j\omega)]=\lim_{\omega\to\infty}\frac{K(T_1-T_2)}{1+T_2^2\omega^2}=0^+$$

$$\lim_{\omega\to\infty}\text{Im}[G(j\omega)]=\lim_{\omega\to\infty}\frac{-K(1+T_1 T_2\omega^2)}{\omega\left(1+T_2^2\omega^2\right)}=0^-$$

$$|G(j\omega)|=0,\quad \angle G(j\omega)=-90°$$

因此，终点坐标为 $(0,j0)$，沿负虚轴逼近原点，并且 $T_1 > T_2$，故 $\text{Re}[G(j\omega)]>0$，$\text{Im}[G(j\omega)]<0$。系统的 Nyquist 图在第四象限，如图 4-12 所示。由于系统存在一阶微分环节和一阶惯性环节，两者的相位差在不同频率处存在非单调变化，故极坐标曲线发生弯曲现象。

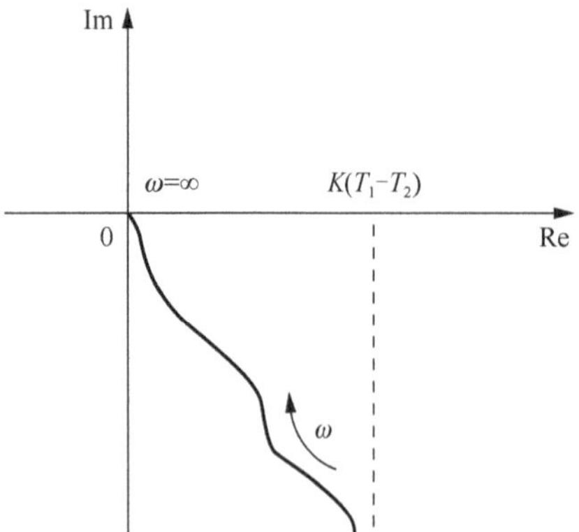

图 4-12 例 4-4 的 Nyquist 图

4.3　对数频率特性图

4.3.1　对数频率特性图表示法

对数频率特性图也称为对数坐标图和伯德图（Bode 图），是将幅频特性和相频特性分别绘制在两个半对数坐标系内，频率为横坐标按对数分度，幅值和相位为纵坐标按线性分度。

如图 4-13 所示对数频率特性图，图中横坐标按频率的对数分度，即取对数后按线性分度，但刻度值仍是按频率 ω 的值标度的，不是按 $\lg\omega$ 的值标度的，单位是弧度/秒或秒$^{-1}$（rad/s 或 s^{-1}）。图 4-13（a）对数幅频特性图的纵坐标按线性分度，表示 $20\lg|G(\mathrm{j}\omega)|$ 的幅值，单位是分贝（dB）。图 4-13（b）对数相频特性图的纵坐标按线性分度，表示 $G(\mathrm{j}\omega)$ 的相位，单位是度（°）或 rad。为了方便，对应于频率每增大 10 倍的频率范围，称为十倍频或十倍频程，以 dec（decade）表示，十倍频程在 ω 轴上的横坐标间隔距离都是相等的，记为 1 个单位长度。

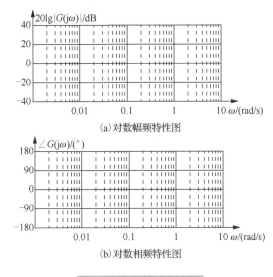

(a) 对数幅频特性图

(b) 对数相频特性图

图 4-13　对数频率特性图

分贝的名称来源于电信技术，表示信号功率的衰减程度。若两个功率 P_1 和 P_2 满足等式 $\lg(P_2/P_1)=1$，则称 P_2 比 P_1 大 1 贝尔（Bell，B），即 P_2 是 P_1 的 10 倍。因为贝尔的单位太大，故常用分贝（dB），1 B=10 dB。后来，其他技术领域也采用 dB 为单位，并将其原来的功率量纲推广到幅值量纲，即系统的输出幅值 A_o 和输入幅值 A_i，即 $20\lg(A_\mathrm{o}/A_\mathrm{i})$，单位为分贝（dB）。例如，$20\lg(A_\mathrm{o}/A_\mathrm{i})=0\mathrm{dB}$ 表示系统的输出幅值等于输入幅值；$20\lg(A_\mathrm{o}/A_\mathrm{i})=-20\mathrm{dB}$ 表示输出衰减为输入的 $\dfrac{1}{10}$；$20\lg(A_\mathrm{o}/A_\mathrm{i})=20\mathrm{dB}$ 表示输出放大为输入的 10 倍。

用对数频率特性图（Bode 图）表示频率特性的优点：

（1）由于横坐标是按对数分度的，可在有限的坐标系中表示出很宽的频率范围，频率 $\omega=0$ 不可能在横坐标上表现出来，而且频率越低，频率分辨率越高，有利于展现出频率特性的低频细节和高频趋势；

（2）对频率进行对数分度表示后，可以将幅频特性和相频特性与频率的非线性函数关系用分段线性渐近线来表示，再用修正曲线对渐近线进行修正，就可得到较准确的对数幅频特性图；

（3）系统由多个典型环节串联组成时，对幅值取对数可将典型环节的幅值的乘、除化为幅值的加和减，可分别绘制出各个典型环节的 Bode 图的渐近线，然后用叠加方法得到系统的 Bode 图的渐近线，再对系统 Bode 图渐近线在转折频率处进行修正，便可得到系统总的 Bode 图，使得作图非常方便。

4.3.2 典型环节的对数频率特性图

系统频率特性可以表示为若干个典型环节频率特性的乘积形式。下面介绍各典型环节对数频率特性图的绘制方法。

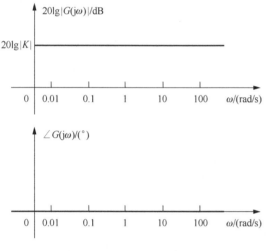

图 4-14 比例环节对数频率特性图

1. 比例环节

比例环节的传递函数为 $G(s) = K$，对数幅频特性为

$$20\lg|G(j\omega)| = 20\lg|K|$$

相频特性为

$$\angle G(j\omega) = 0°$$

比例环节的对数频率特性图如图 4-14 所示，幅频特性与相频特性均为常数，其值与 ω 无关。其曲线是一条水平线，分贝数为 $20\lg|K|$。若 $K = 10$，则对数幅频特性的分贝数恒为 20 dB，而相位恒为零，其对数相频特性曲线是与 0° 线重合的一条直线。当 K 值改变时，仅对数幅频特性上、下移动，而对数相频特性不变。

2. 积分环节

积分环节的传递函数 $G(s) = \dfrac{1}{s}$，频率特性为 $G(j\omega) = \dfrac{1}{j\omega}$，对数幅频特性为

$$20\lg|G(j\omega)| = 20\lg\frac{1}{\omega} = -20\lg\omega$$

相频特性为

$$\angle G(j\omega) = -90°$$

积分环节的对数频率特性图如图 4-15 所示。当 $\omega = 1\,\text{rad/s}$ 时，$20\lg|G(j\omega)| = 0\,\text{dB}$，对数幅频特性经过点 $(1,0)$；当 $\omega = 10\,\text{rad/s}$ 时，$20\lg|G(j\omega)| = -20\text{dB}$，对数幅频特性经过点 $(10,-20)$。每当频率增加 10 倍时，对数幅频特性就下降 20 dB，故积分环节的对数幅频特性是一条过点 $(1,0)$ 的直线，其斜率为 -20 dB/dec。积分环节的对数相频特性与 ω 无关，是一条平行于横轴的直线，相位为 $-90°$，系统的输出相位总是滞后于输入相位 $90°$。

3．微分环节

微分环节传递函数 $G(s)=s$ ，频率特性为 $G(j\omega)=j\omega$ ，对数幅频特性为

$$20\lg|G(j\omega)|=20\lg\omega$$

相频特性为

$$\angle G(j\omega)=90°$$

微分环节的对数频率特性图如图 4-16 所示。当 $\omega=1\,\mathrm{rad/s}$ 时， $20\lg|G(j\omega)|=0\mathrm{dB}$ ；当 $\omega=10\,\mathrm{rad/s}$ 时， $20\lg|G(j\omega)|=20\mathrm{dB}$ 。微分环节的对数幅频特性是一条过点 $(1,0)$ ，斜率为 $20\,\mathrm{dB/dec}$ 的直线。其对数相频特性是平行于横轴的直线，相位恒为 $90°$ ，即系统的输出相位总是超前于输入相位 $90°$ 。

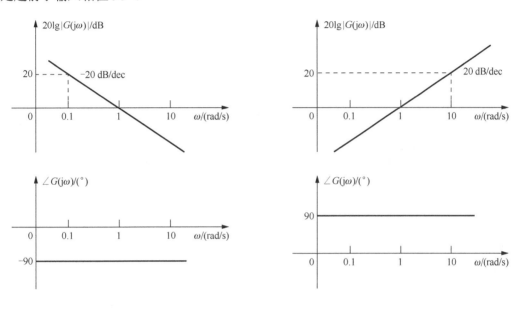

图 4-15　积分环节对数频率特性图　　　　　图 4-16　微分环节对数频率特性图

4．惯性环节

惯性环节传递函数 $G(s)=\dfrac{1}{Ts+1}$ ，若令转折频率 $\omega_T=\dfrac{1}{T}$ ，频率特性为

$$G(j\omega)=\frac{1}{1+jT\omega}=\frac{\omega_T}{\omega_T+j\omega}$$

幅频特性为

$$|G(j\omega)|=\frac{\omega_T}{\sqrt{\omega_T^2+\omega^2}}$$

相频特性为

$$\angle G(j\omega)=-\arctan\frac{\omega}{\omega_T}$$

对数幅频特性为

$$20\lg|G(j\omega)|=20\lg\omega_T-20\lg\sqrt{\omega_T^2+\omega^2}$$

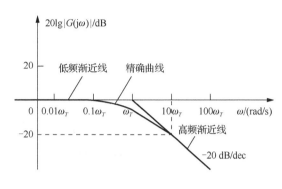

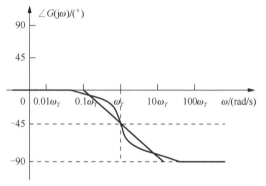

图 4-17　惯性环节对数频率特性图

当 $\omega \ll \omega_T$ 时（工程中认为小于 $\dfrac{1}{10}$ 时是远小于），对数幅频特性为 $20\lg|G(j\omega)| \approx 0\mathrm{dB}$，相频特性为 $\angle G(j\omega) = 0°$。

可见，对数幅频特性在低频段近似 0 dB 水平线，它止于 $(\omega_T, 0)$，0 dB 水平线称为惯性环节的低频渐近线。

当 $\omega \gg \omega_T$ 时（工程中大于 10 倍时认为远大于），对数幅频特性为

$$20\lg|G(j\omega)| \approx 20\lg\omega_T - 20\lg\omega,$$
$$\angle G(j\omega) = -90°$$

对于上述近似式，将 $\omega = \omega_T$ 代入，得

$$20\lg|G(j\omega)| = 0\mathrm{dB}$$

可见，对数幅频特性在高频段近似一条斜线，它始于点 $(\omega_T, 0)$，斜率为 $-20\mathrm{dB/dec}$。此斜线称为惯性环节的高频渐近线。

惯性环节的对数频率特性图如图 4-17 所示。由图 4-17 所示的对数幅频特性可知，惯性环节具有低通滤波器的特性。当输入频率 $\omega > \omega_T$ 时，其输出很快衰减，即滤掉输入信号的高频部分；在低频段，输出能较准确地反映输入。

渐近线与精确的对数幅频特性曲线之间有误差 $e(\omega)$。

在低频段，误差为

$$e(\omega) = 20\lg\omega_T - 20\lg\sqrt{\omega_T^2 + \omega^2}$$

在高频段，误差为

$$e(\omega) = 20\lg\omega - 20\lg\sqrt{\omega_T^2 + \omega^2}$$

5．一阶微分环节

一阶微分环节传递函数为 $G(s) = Ts + 1$，频率特性为 $1 + T\omega j$，令转折频率 $\omega_T = \dfrac{1}{T}$，频率特性为

$$G(j\omega) = \frac{\omega_T + j\omega}{\omega_T}$$

幅频特性为

$$|G(j\omega)| = \frac{\sqrt{\omega_T^2 + \omega^2}}{\omega_T}$$

相频特性为

$$\angle G(j\omega) = \arctan\frac{\omega}{\omega_T}$$

对数幅频特性为

$$20\lg|G(\mathrm{j}\omega)|=20\lg\sqrt{\omega_T^2+\omega^2}-20\lg\omega_T$$

当 $\omega<<\omega_T$ 时，$20\lg|G(\mathrm{j}\omega)|\approx20\lg\omega_T-20\lg\omega_T=0\mathrm{dB}$，即低频渐近线是 0 dB 水平线，相频特性为 $\angle G(\mathrm{j}\omega)=0°$。

当 $\omega=\omega_T$ 时，$20\lg|G(\mathrm{j}\omega)|=10\lg2\approx3(\mathrm{dB})$，相频特性为 $\angle G(\mathrm{j}\omega)=45°$。

当 $\omega>>\omega_T$ 时，$20\lg|G(\mathrm{j}\omega)|\approx20\lg\omega-20\lg\omega_T$，即高频渐近线为一直线，始于点 $(\omega_T,0)$，斜率为 20 dB/dec，相频特性为 $\angle G(\mathrm{j}\omega)=90°$。

一阶微分环节的对数频率特性图如图 4-18 所示，其对数相频特性对称于点 $(\omega_T,45°)$，且当 $\omega<<\omega_T$ 时，$\angle G(\mathrm{j}\omega)\to0°$，当 $\omega>>\omega_T$ 时，$\angle G(\mathrm{j}\omega)\to90°$。

6. 振荡环节

振荡环节的传递函数为 $G(s)=\dfrac{\omega_n^2}{s^2+2\xi\omega_n s+\omega_n^2}$，设相对频率为 $\lambda=\dfrac{\omega}{\omega_n}$，频率特性为

$$\begin{aligned}G(\mathrm{j}\omega)&=\frac{1}{1-\lambda^2+\mathrm{j}2\xi\lambda}\\&=\frac{1-\lambda^2}{\left(1-\lambda^2\right)^2+\left(2\xi\lambda\right)^2}-\mathrm{j}\frac{2\xi\lambda}{\left(1-\lambda^2\right)^2+\left(2\xi\lambda\right)^2}\end{aligned}$$

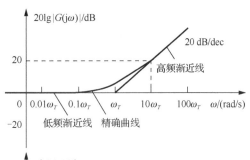

幅频特性为

$$\left|G(\mathrm{j}\omega)\right|=A(\omega)=\frac{1}{\sqrt{\left(1-\lambda^2\right)^2+\left(2\xi\lambda\right)^2}}$$

相频特性为

$$\angle G(\mathrm{j}\omega)=\varphi(\omega)=\begin{cases}-\arctan\dfrac{2\xi\lambda}{1-\lambda^2}, & \omega\leqslant\omega_n\\[2mm]-\pi-\arctan\dfrac{2\xi\lambda}{1-\lambda^2}, & \omega>\omega_n\end{cases}$$

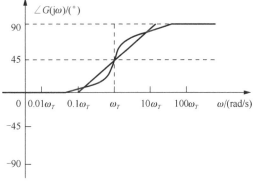

对数幅频特性为

$$20\lg|G(\mathrm{j}\omega)|=-20\lg\sqrt{(1-\lambda^2)^2+4\xi^2\lambda^2}$$

当 $\omega<<\omega_n(\lambda\approx0)$ 时，$20\lg|G(\mathrm{j}\omega)|=0\mathrm{dB}$，即低频渐近线是 0 dB 水平线，相频特性为 $\angle G(\mathrm{j}\omega)=0°$。

图 4-18　一阶微分环节对数频率特性图

当 $\omega=\omega_n(\lambda=1)$ 时，$20\lg|G(\mathrm{j}\omega)|=-20\lg2\xi$，相频特性为 $\angle G(\mathrm{j}\omega)=-90°$。

当 $\omega>>\omega_n(\lambda>>1)$ 时，忽略 1 与 $4\xi^2\lambda^2$，得 $20\lg|G(\mathrm{j}\omega)|\approx-40\lg\lambda=-40\lg\omega+40\lg\omega_n$，相频特性为 $\angle G(\mathrm{j}\omega)=-180°$。

振荡环节的对数频率特性图如图 4-19 所示，图中横坐标所标注的是 $\lambda(\omega/\omega_n)$ 的值。由于二阶振荡环节有无阻尼固有频率 ω_n 和阻尼比 ξ 两个参数，所以对数频率特性图还与阻尼比 ξ 有关。当阻尼比 $\xi<\dfrac{\sqrt{2}}{2}$ 时，系统出现谐振峰值，对数幅频特性精确线在无阻尼固有频率 ω_n 附

近的谐振频率 ω_r 处出现向上的尖峰；$\xi \geqslant \dfrac{\sqrt{2}}{2}$ 时，系统不会出现谐振峰值，对数幅频特性精确线在无阻尼固有频率 ω_n 处为 $20\lg|G(\mathrm{j}\omega)| = -20\lg 2\xi$。因此，对于二阶振荡环节，以渐近线代替实际幅频特性曲线时，只有阻尼比 ξ 为 0.4～0.7 时，误差才不大。

7．延迟环节

延迟环节 $G(s) = \mathrm{e}^{-\tau s}$，频率特性为 $G(\mathrm{j}\omega) = \mathrm{e}^{-\mathrm{j}\tau\omega}$，幅频特性为

$$|G(\mathrm{j}\omega)| = 1$$

相频特性为

$$\angle G(\mathrm{j}\omega) = -\tau\omega$$

对数幅频特性为

$$20\lg|G(\mathrm{j}\omega)| = 0\mathrm{dB}$$

延迟环节的对数频率特性图如图 4-20 所示。对数幅频特性为 0dB 线，相频特性随着 ω 增加而增加。

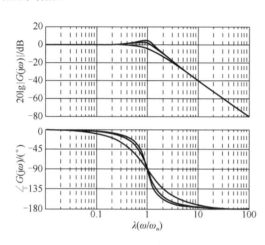

图 4-19　振荡环节对数频率特性图

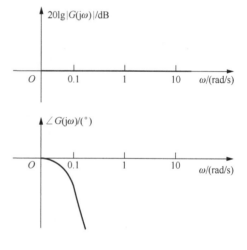

图 4-20　延迟环节对数频率特性图

4.3.3　一般系统的对数频率特性图

对于一般线性定常系统频率特性传递函数，有

$$G(\mathrm{j}\omega) = \frac{K\prod\limits_{i=1}^{\mu}(\tau_i\mathrm{j}\omega+1)\prod\limits_{l=1}^{\eta}[T_l^2(\mathrm{j}\omega)^2+\mathrm{j}2\xi_l T_l\omega+1]}{(\mathrm{j}\omega)^v\prod\limits_{p=1}^{\rho}(T_p\omega+1)\prod\limits_{k=1}^{\sigma}[T_k^2(\mathrm{j}\omega)^2+\mathrm{j}2\xi_k T_k\omega+1]},\quad \begin{pmatrix}\mu+2\eta=m,\quad n\geqslant m\\ v+\rho+2\sigma=n\end{pmatrix} \tag{4-12}$$

式 (4-12) 所示系统的频率特性由一个比例环节的频率特性 $G_1(\mathrm{j}\omega)$、μ 个一阶微分环节频率特性 $G_i(\mathrm{j}\omega)$、η 个二阶微分环节的频率特性 $G_l(\mathrm{j}\omega)$、v 重积分环节的频率特性 $G_v(\mathrm{j}\omega)$、ρ 个一阶惯性环节 $G_p(\mathrm{j}\omega)$、σ 个二阶振荡环节频率特性 $G_k(\mathrm{j}\omega)$ 串联组成，系统的对数幅频特性为

$$20\lg|G(\mathrm{j}\omega)| = 20\lg|G_1(\mathrm{j}\omega)| + \sum_{i=1}^{\mu}20\lg|G_i(\mathrm{j}\omega)| + \sum_{l=1}^{\eta}20\lg|G_l(\mathrm{j}\omega)|$$
$$- 20\lg|G_v(\mathrm{j}\omega)| - \sum_{p=1}^{\rho}20\lg|G_p(\mathrm{j}\omega)| - \sum_{k=1}^{\sigma}20\lg|G_k(\mathrm{j}\omega)| \tag{4-13}$$

对数相频特性为

$$\angle G(\mathrm{j}\omega) = \angle G_1(\mathrm{j}\omega) + \sum_{i=1}^{\mu}\angle G_i(\mathrm{j}\omega) + \sum_{l=1}^{\eta}\angle G_l(\mathrm{j}\omega) + \angle G_v(\mathrm{j}\omega) + \sum_{p=1}^{\rho}\angle G_p(\mathrm{j}\omega) + \sum_{k=1}^{\sigma}\angle G_k(\mathrm{j}\omega) \tag{4-14}$$

可见，系统幅频特性的伯德（Bode）图可由各典型环节的幅频特性伯德图叠加得到。同理，系统相频特性的伯德图亦可用各典型环节的相频特性伯德图叠加得到。

【例 4-5】　已知某系统的传递函数为 $G(s) = \dfrac{24(0.25s + 0.5)}{(5s + 2)(0.05s + 2)}$，绘制 Bode 图。

解：（1）为了避免绘图时出现错误，应把传递函数化为标准的典型环节串联的形式，由传递函数可知该系统由一个比例环节、一个一阶微分环节和两个一阶惯性环节组成，即

$$G(s) = \frac{3(0.5s + 1)}{(2.5s + 1)(0.025s + 1)}$$

（2）系统的频率特性为

$$G(\mathrm{j}\omega) = \frac{3(1 + \mathrm{j}0.5\omega)}{(1 + \mathrm{j}2.5\omega)(1 + \mathrm{j}0.025\omega)}$$

（3）求各环节的转折频率 ω_T。

惯性环节 $\dfrac{1}{1 + \mathrm{j}2.5\omega}$ 的 $\omega_{T1} = \dfrac{1}{2.5} = 0.4(\mathrm{rad/s})$。

惯性环节 $\dfrac{1}{1 + \mathrm{j}0.025\omega}$ 的 $\omega_{T2} = \dfrac{1}{0.025} = 40(\mathrm{rad/s})$。

导前环节 $1 + \mathrm{j}0.5\omega$ 的 $\omega_{T3} = \dfrac{1}{0.5} = 2(\mathrm{rad/s})$。

注意：各环节的时间常数 T 的单位为秒，其倒数 $1/T = \omega_T$ 的单位为 s^{-1}。

（4）绘制各环节的对数幅频特性渐近线，如图 4-21（a）所示。

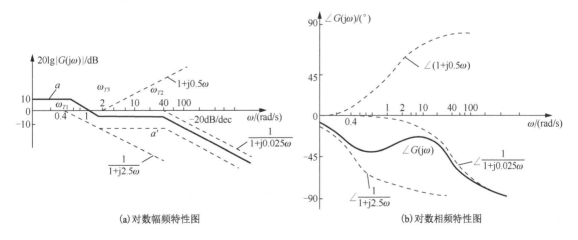

(a) 对数幅频特性图　　　　　　　　　　　　(b) 对数相频特性图

图 4-21　例 4-5 的对数频率特性图

（5）除比例环节外，将各环节的对数幅频特性渐近线进行叠加得折线 a'。

（6）将 a' 上移 9.5 dB（等于 20lg3，是系统总增益的分贝数），得系统对数幅频特性 a，在渐近线转折频率处用误差修正曲线。

（7）绘制各环节的对数相频特性曲线，叠加后得系统的对数相频特性图，如图 4-21（b）所示。

4.3.4　最小相位系统

在[s]正半平面既无极点，也无零点的传递函数称为最小相位传递函数，具有最小相位传递函数的系统称为最小相位系统。反之，在[s]正半平面有极点或有零点的传递函数称为非最小相位传递函数，具有非最小相位传递函数的系统称为非最小相位系统。

【例 4-6】　有两个系统的传递函数分别为 $G_1(s)=\dfrac{1+Ts}{1+T_1 s}$ 和 $G_2(s)=\dfrac{1-Ts}{1+T_1 s}(0<T<T_1)$，试分析两个系统的频率特性的区别。

解： 系统 1 的零点为 $z=-1/T$，极点为 $p=-1/T_1$，零极点分布图如图 4-22（a）所示，系统 1 为最小相位系统。

系统 2 的零点为 $z=1/T$，在[s]正半平面，极点为 $p=-1/T_1$，零极点分布图如图 4-22（b）所示，系统 2 为非最小相位系统。

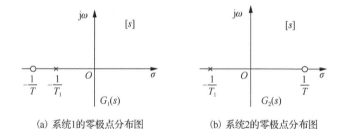

(a) 系统1的零极点分布图　　　　　　(b) 系统2的零极点分布图

图 4-22　最小相位系统和非最小相位系统零极点分布图

系统 1 的频率特性为

$$G_1(j\omega)=\frac{1+jT\omega}{1+jT_1\omega}=\frac{1+T_1 T\omega^2}{1+(T_1\omega)^2}-j\frac{\omega(T_1-T)}{1+(T_1\omega)^2}$$

$$=\frac{\sqrt{1+(T_1\omega)^2}}{\sqrt{1+(T_1\omega)^2}}\angle(\arctan T\omega-\arctan T_1\omega)$$

系统 2 的频率特性为

$$G_2(j\omega)=\frac{1-jT\omega}{1+jT_1\omega}=\frac{1-T_1 T\omega^2}{1+(T_1\omega)^2}-j\frac{\omega(T_1+T)}{1+(T_1\omega)^2}$$

$$=\frac{\sqrt{1+(T_1\omega)^2}}{\sqrt{1+(T_1\omega)^2}}\angle(-\arctan T\omega-\arctan T_1\omega)$$

可见，两个系统的幅频特性相同，两个系统的相频特性均为滞后环节，系统 1 的相位滞后小于系统 2 的滞后，如图 4-23 所示。因此，最小相位系统是指系统滞后最小的系统。

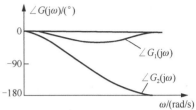

在工程控制系统设计中，不仅希望系统要稳定，还希望控制系统的各个组成环节是最小相位系统，这样控制系统输出跟踪输入时的快速性更好。对于稳定系统而言，最小相位系统的相位变化范围最小。在对数频率特性曲线上，一个对数幅频特性所代表的环节，能给出最小可能的相位移的系统称为最小相位系统。可以通过检验幅频特性

图 4-23　最小相位系统与非最小相位系统的相频特性

的高频渐近线斜率和频率 ω 为无穷大时的相位来确定该系统是否为最小相位系统。如果频率趋于无穷大时，幅频特性的渐近线斜率为 $-20(n-m)$ dB/dec（其中 n、m 分别为传递函数中分母多项式、分子多项式的阶次），而相位在频率 ω 趋于无穷大时为 $-90°(n-m)$，则该系统为最小相位系统，否则为非最小相位系统。

最小相位系统有一个重要特征：当给出了幅频特性时，也就确定了相频特性；当给出了相频特性时，也就确定了幅频特性。

4.4　由频率特性辨识系统模型

工程实际中，有许多系统的数学模型很难通过解析法精确建立出来。对于这类系统，可以通过实验测出系统的频率特性曲线，进而辨识出系统的传递函数。

1. 0 型系统

设系统传递函数为 $G_0(j\omega) = \dfrac{K_0(j\tau_1\omega+1)(j\tau_2\omega+1)\cdots}{(jT_1\omega+1)(jT_2\omega+1)\cdots}$，当频率 $\omega \to 0$rad/s 时，有 $G_0(j\omega) \approx K_0$，

对于 $G_0(j\omega)$ 的对数幅频特性图的渐近线而言，有

$$20\lg|G_0(j\omega)| = 20\lg|K_0|$$

式中，当 $\omega = 1$rad/s 时，$20\lg|G_0(j1)| = 20\lg|K_0|$。

可见，0 型系统幅频特性 Bode 图在低频处的高度为 $20\lg|K_0|$，如图 4-24 所示。

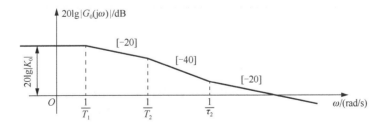

图 4-24　0 型系统 Bode 图增益的确定

2. I 型系统

设系统传递函数为 $G_1(j\omega) = \dfrac{K_1(j\tau_1\omega+1)(j\tau_2\omega+1)\cdots}{j\omega(jT_1\omega+1)(jT_2\omega+1)\cdots}$，当频率 $\omega \to 0\text{rad/s}$ 时，有 $G_1(j\omega) \approx \dfrac{K_1}{j\omega}$，对于 $G_1(j\omega)$ 的对数幅频特性图的渐近线而言，有

$$20\lg|G_1(j\omega)| \approx 20\lg|K_1| - 20\lg\omega$$

式中，当 $\omega = 1\text{rad/s}$ 时，$20\lg|G_1(j1)| \approx 20\lg|K_1|$；当 $20\lg|G_1(j\omega)| = 0\text{ dB}$ 时，$\omega = |K_1|$。

可见，如果系统各转折频率均大于 $\omega = 1\text{ rad/s}$，I 型系统幅频特性 Bode 图在 $\omega = 1\text{ rad/s}$ 处的高度为 $20\lg|K_1|$，如图 4-25(a) 所示；如果系统有的转折频率小于 $\omega = 1\text{ rad/s}$，则首段 -20dB/dec 斜率线的延长线与 $\omega = 1\text{ rad/s}$ 线的交点高度为 $20\lg|K_1|$，如图 4-25(b) 所示。首段 -20dB/dec 斜率线或其延长线与 0dB 线的交点坐标为 $(|K_1|, 0)$，如图 4-25 所示。

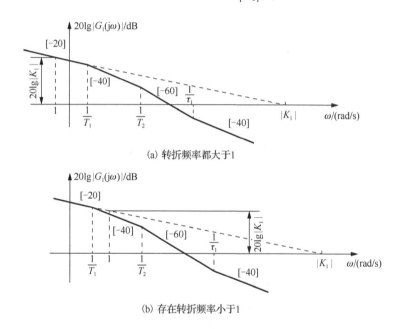

(a) 转折频率都大于1

(b) 存在转折频率小于1

图 4-25　I 型系统 Bode 图增益的确定

3. II 型系统

设系统传递函数为 $G_2(j\omega) = \dfrac{K_2(j\tau_1\omega+1)(j\tau_2\omega+1)\cdots}{(j\omega)^2(jT_1\omega+1)(jT_2\omega+1)\cdots}$，当频率 $\omega \to 0\text{rad/s}$ 时，近似有

$G_2(j\omega) \approx \dfrac{K_2}{(j\omega)^2}$，对于 $G_2(j\omega)$ 的对数幅频特性图的渐近线而言，有

$$20\lg|G_2(j\omega)| \approx 20\lg|K_2| - 40\lg\omega$$

式中，当 $\omega = 1\text{rad/s}$ 时，$20\lg|G_2(j1)| \approx 20\lg|K_2|$；当 $20\lg|G_2(j\omega)| = 0\text{ dB}$ 时，$\omega = \sqrt{|K_2|}$。

可见，II 型系统对数幅频特性图的首段 -40dB/dec 斜率线或其延长线与 $\omega = 1\text{ rad/s}$ 线的交点高度为 $20\lg|K_2|$；其首段 -40dB/dec 斜率线或其延长线与 0dB 线的交点坐标为 $(\sqrt{|K_2|}, 0)$，如图 4-26 所示。

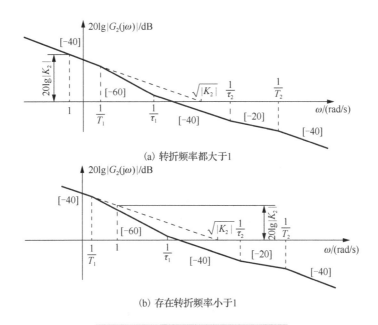

(a) 转折频率都大于1

(b) 存在转折频率小于1

图 4-26　Ⅱ型系统 Bode 图增益的确定

【例 4-7】　图 4-27 所示为某开环最小相位系统的对数幅频特性图，试求传递函数。

解：低频起始段为-20dB/dec，高频段是-60dB/dec 的斜线，且系统出现谐振，所以可确定系统开环传递函数为

$$G_k(s) = \frac{K}{s\left[\left(\dfrac{s}{\omega_n}\right)^2 + \dfrac{2\zeta}{\omega_n}s + 1\right]}$$

系统频率特性传递函数为

$$G_k(j\omega) = \frac{K}{j\omega\left[\left(\dfrac{j\omega}{\omega_n}\right)^2 + \dfrac{2\zeta}{\omega_n}j\omega + 1\right]}$$

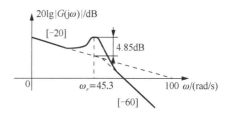

图 4-27　例 4-7 系统的对数幅频特性图

当频率 $\omega \to 0\text{rad/s}$ 时，近似有 $G_k(j\omega) \approx \dfrac{K}{j\omega}$，对于 $G_k(j\omega)$ 的对数幅频特性图的渐近线而言，有

$$20\lg|G_k(j\omega)| \approx 20\lg|K| - 20\lg\omega$$

式中，当 $20\lg|G_k(j\omega)| = 0\text{dB}$ 时，$\omega = |K|$，即低频起始段的延长线与 ω 轴交于点 $(100,0)$，故 $K = 100$。

由振荡环节的谐振频率 ω_r 和谐振峰值 M_r 表达式可知

$$\omega_r = \omega_n\sqrt{1 - 2\xi^2} = 45.3$$

$$20\lg M_r = 20\lg\frac{1}{2\zeta\sqrt{1-\xi^2}} = 4.85$$

解得

$$\xi = 0.3, \quad \omega_n = 50$$

传递函数为

$$G_k(s) = \frac{100}{s\left[(0.02s)^2 + 0.012s + 1\right]}$$

4.5　控制系统的闭环频率特性

4.5.1　开环频率特性与闭环频率特性的关系

设单位负反馈控制系统的输入信号为 $x_i(t)$，输出信号为 $x_o(t)$，开环传递函数为 $G_k(s)$，则闭环传递函数为 $G_b(s) = \dfrac{G_k(s)}{1 + G_k(s)}$，系统的闭环频率特性为

$$G_b(j\omega) = \frac{X_o(s)}{X_i(s)} = \frac{G_k(j\omega)}{1 + G_k(j\omega)} \tag{4-15}$$

下面分析系统开环频率特性 $G_k(j\omega)$ 与闭环频率特性 $G_b(j\omega)$ 在对数幅频特性图和极坐标图上的关系。

1. 对数幅频特性的关系

一般工程系统在开环频率特性上具有低通滤波的性质，即在低频时，$|G_k(j\omega)| \gg 1$，式(4-15)近似可表示为

$$|G_b(j\omega)| = \frac{|G_k(j\omega)|}{|1 + G_k(j\omega)|} \approx 1$$

在高频时，$|G_k(j\omega)| \ll 1$，式(4-15)近似可表示为

$$|G_b(j\omega)| = \frac{|G_k(j\omega)|}{|1 + G_k(j\omega)|} \approx |G_k(j\omega)|$$

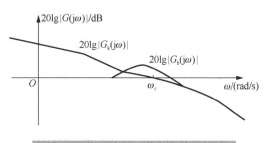

图 4-28　开环与闭环对数幅频特性的关系

可见，低频时，闭环系统的对数幅频特性 $20\lg|G_b(j\omega)| \approx 0\,dB$；高频时，闭环系统的对数幅频特性近似为开环系统高频时的对数幅频特性，即 $20\lg|G_b(j\omega)| \approx 20\lg|G_k(j\omega)|$，如图 4-28 所示。因此，单位反馈的最小相位系统在低频输入时，输出信号能较好地跟踪输入信号，这是控制系统需要的工作频段；当在高频输入时，输出信号的幅值与相位和开环系统幅频特性基本相同；而中频段的情况与系统的结构和参数有较大的关系。

2. 对数相频特性的关系

系统的开环频率特性如图 4-29 所示，图中坐标原点为 O 点，$(-1, j0)$ 为 Q 点，设对于开环频率特性曲线上任一点 A，有

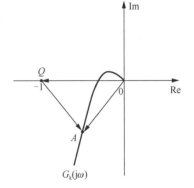

$$G_b(j\omega) = \frac{G_k(j\omega)}{1 + G_k(j\omega)} = \frac{G_k(j\omega)}{G_k(j\omega) - (-1)}$$

$$= \frac{\overrightarrow{OA}}{\overrightarrow{OA} - \overrightarrow{OQ}} = \frac{\overrightarrow{OA}}{\overrightarrow{QA}} = \left|\frac{\overrightarrow{OA}}{\overrightarrow{QA}}\right| \angle OAQ$$

即幅频特性为

$$\left|G_b(j\omega)\right| = \frac{\left|G_k(j\omega)\right|}{\left|1 + G_k(j\omega)\right|} = \left|\frac{\overrightarrow{OA}}{\overrightarrow{QA}}\right| \tag{4-16}$$

图 4-29　开环频率特性

相频特性为

$$\angle G_b(j\omega) = \angle G_k(j\omega) - \angle[1 + G_k(j\omega)] = \angle OAQ \tag{4-17}$$

可见，根据开环系统的频率特性图可以直接由式(4-16)和式(4-17)的几何关系确定出系统的闭环频率特性值。

1) 等 M 圆

设闭环系统的幅频特性的值为 $\left|G_b(j\omega)\right| = M$，闭环系统的相频特性的值为 N，开环系统的频率特性为 $G_k(j\omega) = U + jV$，由式(4-16)得

$$M = \frac{\left|U + jV\right|}{\left|1 + U + jV\right|} = \sqrt{\frac{U^2 + V^2}{(1 + U)^2 + V^2}} \tag{4-18}$$

当 $M = 1$ 时，由式(4-18)可得 $U = -\dfrac{1}{2}$，即通过点 $\left(-\dfrac{1}{2}, j0\right)$ 且平行于虚轴的直线。

当 $M \neq 1$ 时，由式(4-18)可得

$$\left(U + \frac{M^2}{M^2 - 1}\right)^2 + V^2 = \frac{M^2}{\left(M^2 - 1\right)^2} \tag{4-19}$$

式(4-19)为一个圆方程，其圆心为 $\left(-\dfrac{M^2}{M^2 - 1}, j0\right)$，半径为 $\left|\dfrac{M}{M^2 - 1}\right|$。

在复平面上，对于一个给定的 M 值，式(4-19)描述出一个圆，并确定出圆心和半径，这就是等 M 圆。当 M 值不断变化时，描述出的轨迹是一簇圆，如图 4-30 所示。$M < 1$ 的圆位于 $M = 1$ 线的右侧，而 $M > 1$ 的圆位于 $M = 1$ 线的左侧。当 $M \to \infty$ 时，圆缩小为 $(-1, j0)$ 点。根据开环系统的频率特性图，利用等 M 圆可以确定闭环系统的幅频特性。

2) 等 N 圆

设闭环系统的相频特性的值为 φ，开环系统的频率特性为 $G_k(j\omega) = U + jV$，由式(4-16)得

$$G_b(j\omega) = \frac{G_k(j\omega)}{1 + G_k(j\omega)} = \frac{U + jV}{1 + U + jV}$$

由该式写出相频特性为

$$\angle G_b(j\omega) = \varphi = \arctan\frac{V}{U} - \arctan\frac{V}{1+U}$$

令 $N = \tan\varphi$ ，则

$$N = \tan\left(\arctan\frac{V}{U} - \arctan\frac{V}{1+U}\right)$$

配方整理得

$$\left(U+\frac{1}{2}\right)^2 + \left(V-\frac{1}{2N}\right)^2 = \frac{1}{4} + \left(\frac{1}{2N}\right)^2 \tag{4-20}$$

式(4-20)为一个圆方程，其圆心为 $\left(-\dfrac{1}{2}, j\dfrac{1}{2N}\right)$ ，半径为 $\sqrt{\dfrac{1}{4} + \left(\dfrac{1}{2N}\right)^2}$ ，图 4-31 表示的是一族等 N 圆。

实际上，对于给定的闭环系统的相位 φ 值， N 圆并不是一个完整圆，而只是一段圆弧。根据开环系统的频率特性图，利用等 N 圆可以确定闭环系统的相频特性。

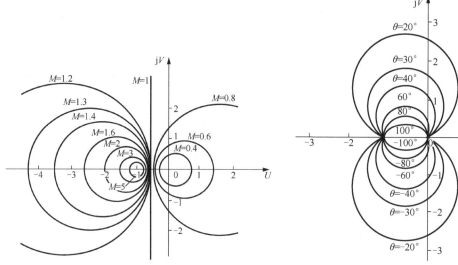

图 4-30 等 M 圆族

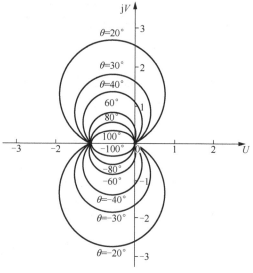

图 4-31 等 N 圆族

4.5.2 频率特性的指标

在频域分析时要用到一些有关频率特性的指标或特征量，频域性能指标也是用系统的频率特性曲线在数值和形状上的某些特征点来评价系统性能的，如图 4-32 所示。

1. 零频幅值 $A(0)$

零频幅值 $A(0)$ 表示当频率 ω 接近于 0rad/s 时，闭环系统输出的幅值与输入的幅值之比。在

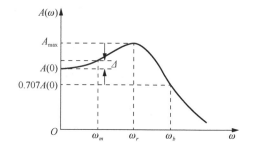

图 4-32 频率特性的特征量

频率极低时，对于单位反馈系统而言，若输出幅值能完全准确地反映输入幅值，则 $A(0)=1$。$A(0)$ 越接近于 1，系统的稳态误差越小，所以 $A(0)$ 的数值与 1 的差值，反映了系统的稳态精度。

2. 复现频率 ω_m 与复现带宽 $0 \sim \omega_m$

若事先规定一个 $\varDelta$ 作为反映低频输入信号的允许误差，那么，ω_m 就是幅频特性值与 $A(0)$ 的差第一次达到 $\varDelta$ 时的频率，称为复现频率。当频率超过 ω_m 时，输出就不能准确地复现输入，所以，$0 \sim \omega_m$ 表征复现低频输入信号的带宽，称为复现带宽。

3. 谐振频率 ω_r 及谐振峰值 M_r

谐振峰值定义为 $M_r = \dfrac{A_{\max}}{A(0)}$，在 $A(0)=1$ 时，M_r 与 $A_{\max}$ 在数值上相同（$A_{\max}$ 为最大幅值）。一般在二阶系统中，希望选取 $M_r < 1.4$，因为这时阶跃响应的最大超调量 $M_p < 25\%$，系统能有较满意的过渡过程。谐振峰值 M_r 与误差 e 的关系是：e 越小，M_r 越大。因此，若 M_r 太大，即 e 太小，则 M_p 过大；若 M_r 太小，即 e 太大，则调整时间 t_s 过长，所以，若既要减弱系统的振荡性能，又不失一定的快速性，需要适当地选取 M_r 值。

4. 截止频率 ω_b 和截止带宽 $0 \sim \omega_b$

一般规定 $A(\omega)$ 由 $A(0)$ 下降 3dB 时的频率，即 $A(\omega)$ 由 $A(0)$ 下降到 $0.707\,A(0)$ 的频率称为系统的截止频率，以 ω_b 表示，一阶惯性环节的转折频率 ω_T 就是截止频率 $\omega_b = 1/T$。因为对于单位负反馈系统，当 $A(0)=1$ 时，$20\lg 0.707 = -3\,\mathrm{dB}$。对于二阶振荡环节，截止频率为 $\omega_b = \omega_n \sqrt{1 - 2\zeta^2 + \sqrt{2 - 4\zeta^2 + 4\zeta^4}}$。

频率 $0 \sim \omega_b$ 的范围称为系统的截止带宽或简称带宽。它表示超过此频率后，输出亦急剧衰减，跟不上输入，形成系统响应的截止状态。对于随动控制系统来说，系统的带宽表征系统允许工作的最高频率范围，若此带宽大，则系统的动态性能好。对于低通滤波器，希望带宽要小，即只允许频率较低的输入信号通过系统，而频率稍高的输入信号均被滤掉。对于系统响应的快速性而言，可以证明，带宽越大，响应的快速性越好，即过渡过程的调整时间越短。

4.6　利用 MATLAB 进行频域分析

4.6.1　利用 MATLAB 绘制 Nyquist 图

在 MATLAB 中，可以用函数 nyquist 来绘制给定线性系统的频率特性曲线。已知系统传递函数：

$$G(s) = \frac{\mathrm{num}(s)}{\mathrm{den}(s)}$$

式中，$\mathrm{num}(s)$ 和 $\mathrm{den}(s)$ 分别包含了分子与分母的按 s 的降幂次序排列的多项式系数。

调用其格式为

```
nyquist(num,den)
nyquist(num,den,w)
nyquist(A,B,C,D)
nyquist(A,B,C,D,w)
nyquist(A,B,C,D,iu,w)
nyquist(sys)
```

在调用时不带左端参数，nyquist 就在屏幕上绘制 Nyquist 图，MATLAB 就计算系统在以 rad/s 为单位的指定频率上的响应。注意，如果使用了上述任一函数，再使用 grid 函数时，则不会产生 x-y 网格线(水平和垂直方向的网格线)。如果需要 x-y 网格线，可使用后面所列的任一带左端参数的 nyquist 函数，再配合使用 grid 函数来实现。

在使用带左端参数的函数时，例如：

```
[re,im,w] = nyquist(num,den)
[re,im,w] = nyquist(num,den,w)
[re,im,w] = nyquist(A,B,C,D)
[re,im,w] = nyquist(A,B,C,D,w)
[re,im,w] = nyquist(A,B,C,D,iu,w)
[re,im,w] = nyquist(sys)
```

MATLAB 将系统的频率响应的数值赋予矩阵 re、im 和 w，但不在屏幕上绘制 Nyquist 图。矩阵 re 和 im 分别为系统在由向量 w 给定的频率点上的频率响应的实部和虚部。应当注意的是，re 和 im 的列数与系统输出的数目相同，其每一行对应于 w 的一个元素。若要绘制 Nyquist 图，则可以使用 plot 函数。

【例 4-8】　已知开环传递函数为 $G_k(s) = \dfrac{100}{s^2+6s+100}$，用 MATLAB 绘制该系统的奈奎斯特图。

解：因为该系统的表达式为传递函数，所以可使用函数 nyquist(num,den) 来绘制 Nyquist 图。输入如下 MATLAB 程序：

```
num = [100];
den = [1 6 100];
nyquist(num,den);
```

系统的 Nyquist 图如图 4-33 所示。图中实轴和虚轴的范围是自动产生的。

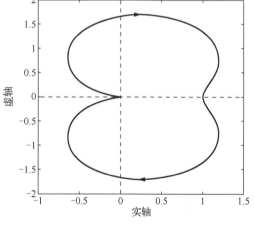

图 4-33　例 4-8 系统的 Nyquist 图

4.6.2　利用 MATLAB 绘制 Bode 图

在 MATLAB 中，可以用 bode 函数来绘制给定系统的 Bode 图，输入函数 bode 不带左端参数时，在屏幕上就会绘制 Bode 图，图中的幅值单位为分贝(dB)。最常用的 bode 函数形式有

```
bode(num,den)
bode(num,den,w)
bode(A,B,C,D)
bode(A,B,C,D,w)
bode(A,B,C,D,iu,w)
bode(sys)
```

在使用左端参数时,

```
[mag,phase,w] = bode(num,den,w)
```

bode 函数只将系统频率响应的数值赋予矩阵变量 mag、phase 和 w,而不在屏幕上绘制 Bode
图。矩阵 mag 和 phase 分别是频率响应在指定频率点上计算得出的幅值和相位。相位的单位
为度(°)。幅值可以通过如下语句转换为分贝值:

```
magdB = 20*log10(mag)
```

带左端参数的 bode 函数的常用形式有

```
[mag,phase,w] = bode(num,den)
[mag,phase,w] = bode(num,den,w)
[mag,phase,w] = bode(A,B,C,D)
[mag,phase,w] = bode(A,B,C,D,w)
[mag,phase,w] = bode(A,B,C,D,iu,w)
[mag,phase,w] = bode(sys)
```

若须指定频率范围,可使用函数 logspace(d1,d2) 或 logspace(d1,d2,n)。函数 logspace(d1,d2)
可以在十倍频程 10^{d1} 和 10^{d2} 内生成一个包含 50 个点的、呈对数均匀分布的向量(这 50 个点包含
起点和终点;在起点和终点之间有 48 个点)。为了在频率 0.1~100rad/s 产生 50 个点,可以输
入以下函数:

```
w=logspace(-1,2)
```

logspace(d1,d2,n) 在十倍频程 10^{d1} 和 10^{d2} 内生成呈对数均匀分布的 n 个点(包括起点和终
点)。例如,为了在频率 1~1000rad/s 产生 100 个点,可以输入如下函数:

```
w=logspace(0,3,100)
```

在绘制 Bode 图时,如果需要采用用户指定的频率点,那么 bode 函数必须像函数
bode(num,den,w) 和 [mag,phase,w]=bode(num,den,w) = bode(A,B,C,D,w)那样包含频率向量 w。

【例 4-9】　已知系统的传递数为 $G(s) = \dfrac{1}{s^2 + 0.6s + 1}$,用 MATLAB 绘制该系统的 Bode 图。

解:因为该系统的表达式为传递函数,所以可使用函数 bode(num,den)来绘制 Bode 图。
输入如下 MATLAB 程序:

```
num = [1];
den = [1 0.6 1];
bode(num,den)
grid on
```

系统的 Bode 图如图 4-34 所示。

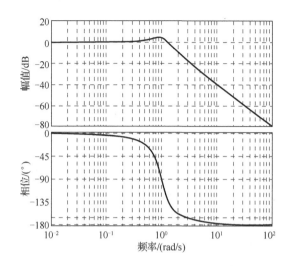

图 4-34　例 4-9 系统的 Bode 图

4.7　高速列车车辆垂向振动频域仿真分析

轨道不平顺信号可简化为平稳随机信号和非平稳信号，其中平稳随机信号可以看成若干个不同波长的正弦信号随机叠加而形成的不平顺信号。因此列车在运行过程中在不同频率的正弦输入信号的激励下，将产生不同的输出幅值和不同的相位。本节以第 2 章建立的高速列车车辆垂向动力学模型为例进行频域分析。

【例 4-10】　例 2-33 建立了图 2-39 所示的车辆垂向动力学模型，车辆相关参数如表 2-7 所示。将轮轨作用视为刚性接触，将轨道不平顺位移即轮对的垂向位移 $z_{w1}(t)$ 视为系统输入，分别单独以车体的沉浮运动 $z_c(t)$ 和车体点头运动 $\beta_c(t)$ 为输出信号。

(1) 绘制以 $z_{w1}(t)$ 为输入，以 $z_c(t)$ 为输出的系统频率特性的 Nyquist 图和 Bode 图。

(2) 绘制以 $z_{w1}(t)$ 为输入，以 $\beta_c(t)$ 为输出的系统频率特性的 Nyquist 图和 Bode 图。

(3) 绘制输入信号 $z_{w1}(t)$ 分别为 $3\sin(2\pi t)$mm 、$3\sin(40\pi t)$mm 时，$z_c(t)$ 的时间响应曲线。

解： (1) 例 2-33 中式 (2-107) 给出了车体沉浮运动 $z_c(t)$ 关于轮对 1 垂向位移 $z_{w1}(t)$ 的传递函数：

$$G_{czw1}(s) = \frac{2.4\times10^9 s^2 + 7.92\times10^{10} s + 6.24\times10^{11}}{7.56\times10^7 s^4 + 5.928\times10^9 s^3 + 1.16904\times10^{11} s^2 + 3.168\times10^{11} s + 2.496\times10^{12}}$$

(2) 例 2-33 中式 (2-108) 给出了车体点头运动 $\beta_c(t)$ 关于轮对 1 垂向位移 $z_{w1}(t)$ 的传递函数：

$$G_{c\beta w1}(s) = \frac{2.16\times10^{10} s^2 + 7.128\times10^{11} s + 5.616\times10^{12}}{4.83\times10^9 s^4 + 3.81608\times10^{11} s^3 + 7.670504\times10^{12} s^2 + 2.56608\times10^{13} s + 2.02176\times10^{14}}$$

在 MATLAB 窗口编写如下程序：

```
Gczw1_num=[2.4e9,7.92e10,6.24e11];
```

```
Gczw1_den=[7.56e7,5.928e9,1.16904e11,3.168e11,2.496e12];
Gczw1=tf(Gczw1_num,Gczw1_den);%构建车体沉浮运动传递函数
Gcbw1_num=[2.16e10,7.128e11,5.616e12];
Gcbw1_den=[4.83e9,3.81608e11,7.670504e12,2.56608e13,2.02176e14];
Gcbw1=tf(Gcbw1_num,Gcbw1_den); %构建车体点头运动传递函数

nyquist(Gczw1,'k-',Gcbw1,'k--')%绘制系统 Nyquist 图
v=[-0.6 0.6 -0.8 0.8];axis(v)
legend('车体沉浮','车体点头');
figure
bode(Gczw1,'k-',Gcbw1,'k--')%绘制系统 Bode 图
grid on
legend('车体沉浮','车体点头');
```

车体沉浮运动系统的图像如图 4-35 中实线所示,车体点头运动系统的图像如图 4-35 中虚线所示。

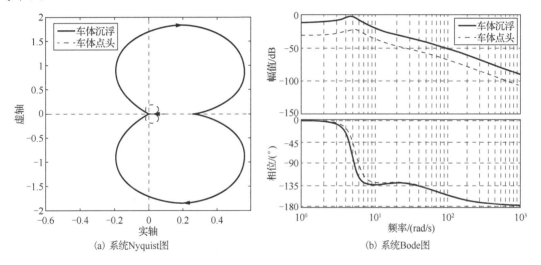

(a) 系统Nyquist图　　　　　　　　　　　　　　(b) 系统Bode图

图 4-35　系统频率响应曲线

(3)例2-33 中式(2-107)给出了车体沉浮运动 $z_c(t)$ 关于轮对 1 垂向位移 $z_{w1}(t)$ 的传递函数:

$$G_{czw1}(s) = \frac{2.4 \times 10^9 s^2 + 7.92 \times 10^{10} s + 6.24 \times 10^{11}}{7.56 \times 10^7 s^4 + 5.928 \times 10^9 s^3 + 1.16904 \times 10^{11} s^2 + 3.168 \times 10^{11} s + 2.496 \times 10^{12}}$$

利用 MATLAB 编程,便可以绘制当输入 $z_{w1}(t)$ 分别为 $3\sin 2\pi t(\mathrm{mm})$ 、 $3\sin 40\pi t(\mathrm{mm})$ 时, $z_c(t)$ 的响应曲线。

在 MATLAB 窗口编写如下程序:

```
Gczw1_num=[2.4e9,7.92e10,6.24e11];
Gczw1_den=[7.56e7,5.928e9,1.16904e11,3.168e11,2.496e12];
%%
t=linspace(0,60,40000);
```

```
xin1=0.003*sin(2*pi*t);
yout1=lsim(Gczw1_num,Gczw1_den,xin1,t); yout1=yout1*1000;
xin2=0.003*sin(40*pi*t);
yout2=lsim(Gczw1_num,Gczw1_den,xin2,t);
yout2=yout2*1000;
figure
plot(t,yout1,'k--',t,yout2,'k')
xlabel('t/s'); ylabel('z/mm')
legend('sin(2\pit)响应曲线 ','sin(40\pit)响应曲线 ')
```

单击"运行"按钮，可得到如图 4-36 所示图像。

由图 4-36 的结果可知，将 1Hz 正弦信号输入列车沉浮运动模型中，幅值由 3mm 变成 1.054mm；将 20Hz 正弦信号输入列车沉浮运动模型中，幅值由 3mm 变成 5.59×10^{-3} mm。可见，列车沉浮运动模型对不同频率的输入信号的响应不同。

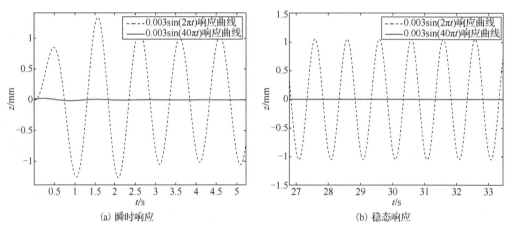

(a) 瞬时响应　　　　　　　　　　　　　　(b) 稳态响应

图 4-36　不同输入下的系统时间响应

习　　题

4-1　什么是频率响应？

4-2　比较时域分析法与频域分析法的异同。

4-3　当频率 $\omega_1=0.2$rad/s 和 $\omega_1=20$rad/s 时，试确定下列传递函数的幅值和相位。

(1) $G_1(s)=\dfrac{10}{s}$。　　　　　　　　　(2) $G_2(s)=\dfrac{1}{s(0.1s+1)}$。

4-4　试求下列函数的幅频特性 $A(\omega)$、相频特性 $\varphi(\omega)$、实频特性 $U(\omega)$ 和虚频特性 $V(\omega)$。

(1) $G_1(j\omega)=\dfrac{5}{30j\omega+1}$。　　　　(2) $G_2(j\omega)=\dfrac{1}{j\omega(0.1j\omega+1)}$。

4-5 设单位负反馈系统的开环传递函数为 $G_k(s) = \dfrac{10}{s+1}$，试分别求下列输入信号 $x_i(t)$ 的作用下，闭环系统的稳态输出 $x_{os}(t)$。

(1) $x_i(t) = \sin(t+30°)$。

(2) $x_i(t) = 2\cos(2t-45°)$。

(3) $x_i(t) = \sin(t+30°) - 2\cos(2t-45°)$。

4-6 已知系统的单位阶跃响应为 $x_o(t) = 1 - 1.8\mathrm{e}^{-4t} + 0.8\mathrm{e}^{-9t}\ (t \geqslant 0)$，试求系统的幅频特性与相频特性。

4-7 由质量、弹簧、阻尼组成的机械系统如图 4-37 所示，已知 $m = 1\mathrm{kg}$，k 为弹簧的弹性系数，c 为黏性阻尼系数。若外力 $f(t) = 2\sin 2t(\mathrm{N})$，由实验得到系统的稳态输出为 $x_{os}(t) = \sin\left(2t - \dfrac{\pi}{2}\right)$，试确定 k 和 c。

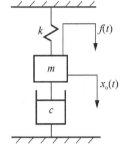

图 4-37 机械系统图

4-8 某单位负反馈的二阶 I 型系统，在单位阶跃输入信号的作用下，其最大超调量为 16.3%，峰值时间为 114.6 ms，试求其开环传递函数，并求出谐振峰值 M_r 和谐振频率 ω_r。

4-9 试绘制具有下列传递函数的各系统的 Nyquist 图，并采用 MATLAB 程序绘制相应的 Nyquist 图。

(1) $G(s) = \dfrac{1}{1+0.01s}$。

(2) $G(s) = \dfrac{1}{s(1+0.1s)}$。

(3) $G(s) = \dfrac{1}{s(0.1s+1)(0.5s+1)}$。

(4) $G(s) = \dfrac{7.5(0.2s+1)(s+1)}{s(s^2+16s+100)}$。

(5) $G(s) = \dfrac{50(0.6s+1)}{s^2(4s+1)}$。

(6) $G(s) = 10\mathrm{e}^{-0.1s}$。

4-10 下面的各传递函数能否在图 4-38 中找到相应的 Nyquist 曲线？说明理由。

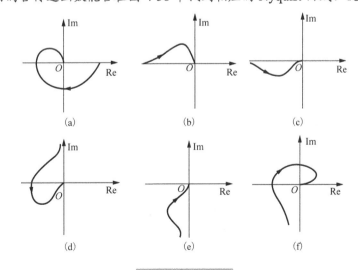

图 4-38 Nyquist 图

(1) $G_1(s) = \dfrac{0.2(4s+1)}{s^2(0.4s+1)}$。　　　　　(2) $G_2(s) = \dfrac{0.14(9s^2+5s+1)}{s^2(0.3s+1)}$。

(3) $G_3(s) = \dfrac{K(0.1s+1)}{s(s+1)}(K>0)$。　　　(4) $G_4(s) = \dfrac{K}{(s+1)(s+2)(s+3)}(K>0)$。

(5) $G_5(s) = \dfrac{K}{s(s+1)(0.5s+1)}(K>0)$。　　(6) $G_6(s) = \dfrac{K}{(s+1)(s+2)}(K>0)$。

4-11　试绘制出具有下列传递函数的系统的 Bode 图，并采用 MATLAB 程序分别绘出相应的 Bode 图和 Nyquist 图。

(1) $G(s) = \dfrac{2.5(s+10)}{s^2(0.2s+1)}$。　　　　　(2) $G(s) = \dfrac{10(0.02s+1)(s+1)}{s(s^2+4s+100)}$。

(3) $G(s) = \dfrac{650s^2}{(0.04s+1)(0.4s+1)}$。　　(4) $G(s) = \dfrac{20(s+5)(s+40)}{s(s+0.1)(s+20)^2}$。

4-12　采用 MATLAB 编程绘制下列系统的 Bode 图，并分析它们的 Bode 图有何异同。

(1) $G(s) = \dfrac{5s+1}{3s+1}$。　　　(2) $G(s) = \dfrac{5s-1}{3s+1}$。　　　(3) $G(s) = \dfrac{1-5s}{3s+1}$。

(4) $G(s) = \dfrac{5s+1}{3s-1}$。　　　(5) $G(s) = \dfrac{5s+1}{1-3s}$。　　　(6) $G(s) = \dfrac{5s-1}{3s-1}$。

4-13　设单位负反馈系统的开环频率特性 Bode 图如图 4-39 所示，求系统的闭环传递函数（系统为最小相位系统）。

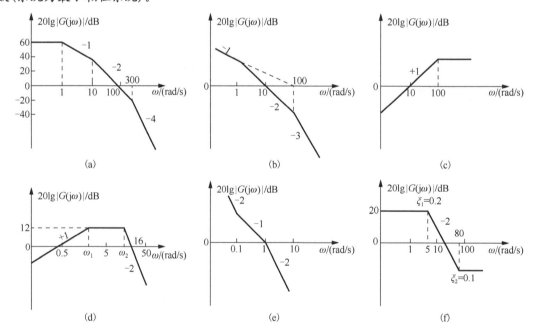

图 4-39　系统开环频率特性 Bode 图

第5章 控制系统的稳定性分析

控制系统正常工作的前提条件就是它必须是稳定的，所以控制系统的稳定性分析是控制理论研究的重要内容之一。对于线性系统和非线性系统，经典控制理论与现代控制理论中对稳定有不同的定义，也发展形成了多种稳定性判定方法。本章重点介绍与线性系统稳定性相关的基本概念、线性定常系统稳定性的几种常用判据及稳定裕度。掌握这些内容对于经典控制系统分析和设计是十分重要的。

5.1 系统稳定性的基本概念

5.1.1 线性系统的稳定性定义

线性系统的稳定性是由系统自身的结构和参数确定的，而与输入信号或干扰信号无关。由控制系统的时域分析和频域分析可知，系统的响应分为零输入响应和零状态响应，对于同一系统，在不同输入(或干扰)信号的作用下，其零状态响应的形状或量值不同。因此，线性系统的稳定性的定义应限定在零输入(即仅非零初始状态)或有限时间的输入(即有限时间后输入变为零)情况下。

对于线性系统，若仅在初始状态或有限时间输入的作用下，引导的系统时间响应随着时间的推移逐渐衰减并最终趋向于零(即回到系统的平衡位置)，称该系统稳定；反之，如果随时间推移，系统的响应离平衡位置越来越远，则称该系统不稳定；如果时间响应随着时间的推移既不发散，也不衰减趋于零(即不回到平衡位置)，则称该系统临界稳定。

关于系统平衡点的说明，如图 5-1(a)所示，一个小球放在一个凹曲面上，原平衡位置为 A，当小球受到外力作用后偏离 A 点，如移至 B 点，当外力消除后，小球受曲面的摩擦力和空气阻力的作用，经过来回几次衰减振荡，最终回到原平衡位置 A，则 A 点是稳定的平衡点；如果曲面光滑无摩擦且忽略空气阻力作用，小球受到外力作用后移至 B 点，当外力作用消失时，小球的动能与势能相互转化不衰减，使小球来回运动，则小球在 A 点是临界稳定的。反之，如图 5-1(b)所示，把小球放在一个凸面顶点 A' 上，理论上 A' 点是平衡点，但当小球受到外力作用后，偏离原来的位置，且越来越偏，即使外力消除，小球也不能回到原来的位置，因此 A' 点是不稳定的平衡点。

需要指出，上面关于稳定性的定义只能适用于线性系统，对于非线性系统，稳定性除与系统的结构和参数有关外，还与输入和初始条件有关。严格来说，实际系

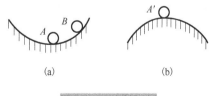

图 5-1　稳定性示例

统都是非线性的，而线性系统只是在一定条件下或工作范围内将非线性系统模型进行模型简化的结果。以下讨论的线性系统稳定性的问题中，初始偏差所引起的系统的变化均不超出其线性化范围。

线性系统的稳定性定义为初始状态或有限时间输入作用引起的响应逐渐衰减到零，而物理系统的响应代表系统的能量转化与能量消耗。例如，机械运动代表机械能转化及阻尼消耗，电磁系统代表电能磁能转化与电阻或磁阻消耗，液压系统代表液压能转化与液阻消耗等。因此，物理系统通常是稳定的，只有当系统存在不恰当的外反馈时才可能不稳定，即系统不稳定产生的根本原因在于引进了不恰当的外反馈。

5.1.2　线性控制系统稳定的条件

控制系统在实际工作过程中，不可避免地会受到外界各种因素的扰动，不稳定的控制系统无法正常工作，为了确保设计的闭环控制系统稳定，首先需要分析闭环控制系统稳定的条件。下面根据线性系统稳定性的定义来推导稳定的条件。

设闭环控制系统的传递函数为 $G_b(s) = \dfrac{X_o(s)}{X_i(s)} = \dfrac{G(s)}{1 + G(s)H(s)}$，系统在零初始条件下受脉冲函数 $x_i(t) = \delta(t)$ 的激励(脉冲函数不仅是有限时间函数，还是瞬态冲击函数)，根据稳定性的定义确定稳定的条件。

设系统闭环传递函数为

$$G_b(s) = \frac{X_o(s)}{X_i(s)} = \frac{G(s)}{1 + G(s)H(s)} = \frac{b_m s^m + b_{m-1} s^{m-1} + \cdots + b_1 s + b_0}{a_n s^n + a_{n-1} s^{n-1} + \cdots + a_1 s + a_0}, \quad n \geqslant m \tag{5-1}$$

系统的闭环特征方程为 $a_n s^n + a_{n-1} s^{n-1} + \cdots + a_1 s + a_0$，物理系统的特征方程为实系数的代数方程，而实系数代数方程的虚根是成共轭对出现的，故设式(5-1)所表示的闭环控制系统的特征根由 q 个实根 $s_j = p_j$ 及 r 对共轭虚根 $s_k = u_k \pm \mathrm{j} v_k$ 组成，其中 $j = 1, 2, \cdots, q$，$k = 1, 2, \cdots, r$，$n = q + 2r$，则系统的脉冲响应为

$$X_o(s) = G_b(s) X_i(s) = \frac{b_m s^m + b_{m-1} s^{m-1} + \cdots + b_1 s + b_0}{\prod\limits_{j=1}^{q}(s - p_j) \prod\limits_{k=1}^{r}\left[(s - u_k)^2 + v_k^2\right]} \times 1, \quad q + 2r = n$$

将该式展开为

$$X_o(s) = \sum_{j=1}^{q} \frac{a_j}{s - p_j} + \sum_{k=1}^{r} \frac{\beta_k(u_k^2 + v_k^2)}{(s - u_k)^2 + v_k^2} \tag{5-2}$$

式中，a_j、β_k 为系统分解后的实系数，对于给定的系统，可以用待定系数法或留数定理确定。对该式进行拉氏逆变换，得

$$x_o(t) = \sum_{j=1}^{q} a_j \mathrm{e}^{p_j t} + \sum_{k=1}^{r} \frac{\beta_k(u_k^2 + v_k^2)}{v_k} \mathrm{e}^{u_k t} \sin vt \tag{5-3}$$

当时间趋于无穷大时，系统的脉冲响应为

$$x_o(\infty) \leqslant \sum_{j=1}^{q} a_j \lim_{t \to \infty} \mathrm{e}^{p_j t} + \sum_{k=1}^{r} \frac{\beta_k(u_k^2 + v_k^2)}{v_k} \lim_{t \to \infty} \mathrm{e}^{u_k t} \tag{5-4}$$

由稳定性的定义及式(5-4)知，控制系统稳定的充要条件是：闭环系统的特征根全部位于 $[s]$ 平面的负半平面(或称闭环传递函数的极点全部具有负实部)。若存在闭环系统的特征根位于虚轴上，而其余特征根全部位于 $[s]$ 平面的负半平面，则系统临界稳定，由稳定性的定义知，临界稳定也称作不稳定。若至少有一个特征根位于 $[s]$ 平面的正半平面，则系统不稳定。

须指出，控制系统的稳定性指闭环系统的稳定性，其闭环系统稳定不代表其开环系统稳定，开环系统稳定时，其闭环系统也不一定稳定。若能求出闭环系统的特征根，就能判断系统是否稳定，然而求解高阶系统的特征根并非易事，所以本章将讲述避开求解特征根来判断系统稳定性的方法。

5.1.3　非线性系统的稳定性定义

俄国学者李雅普诺夫在统一考虑了线性系统和非线性系统稳定性问题后，于 1892 年对系统稳定性提出了严密的数学定义，它采用初始状态进行描述，不仅适用于单变量系统、线性系统、定常系统，而且适用于多变量系统、非线性系统和时变系统。

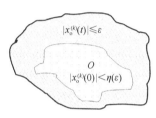

如图 5-2 所示，系统的平衡工作点为 O ，在初始状态或有限时间扰动的作用下，若希望系统的响应偏离此平衡点的输出不超过预先设定的某值或不超出域 ε ，总存在系统初始状态或扰动偏差不超过域 η 时，满足 $\left|x_{\mathrm{o}}^{(k)}(t)\right| \leqslant \varepsilon$ ，则称系统在平衡工作点 O 处是稳定的，或称为李氏稳定；反之称为李氏不稳定。李氏稳定可用数学描述为

图 5-2　李氏稳定示意图

$$\forall \varepsilon > 0, \quad \exists \left|x_{\mathrm{o}}^{(k)}(0)\right| < \eta \Rightarrow \left|x_{\mathrm{o}}^{(k)}(t)\right| \leqslant \varepsilon, \quad 0 \leqslant t < \infty \tag{5-5}$$

式中， $k = 0,1,\cdots,n$ 为系统的输出变量维数(或状态数)； $x_{\mathrm{o}}^{(k)}(0)$ 为系统的初始状态或扰动引起的初值； $x_{\mathrm{o}}^{(k)}(t)$ 为系统输出；实数 η 与 ε 有关，记为 $\eta(\varepsilon)$ 。

通常 η 也与初始时刻 t_0 有关，如果 η 与初始时刻 t_0 无关，则称平衡状态是一致稳定的。

若系统的平衡工作点在李雅普诺夫意义下是稳定的，且扰动引起的响应随着时间增加渐近衰减到零，则称此平衡状态是渐近稳定的。线性系统若李氏稳定，则必然渐近稳定，但其对于非线性系统则不成立。非线性系统稳定只要求扰动引起的响应不超出域 ε ，渐近稳定比李氏稳定的要求高，系统是渐近稳定，则一定是李氏稳定；反之不然。

系统动力学方程往往是建立在"小偏差"线性化的基础之上的。在偏差较大时，线性化带来的误差较大。因此，用线性方程来研究系统的稳定性时，就只限于初始偏差不超出某一微小范围时的稳定性，称为"小偏差"稳定性或"局部"稳定性。如果系统在任意初始条件下都保持渐近稳定，则称系统"在大范围内渐近稳定"。

5.2　代数稳定性判据

线性定常系统稳定的充要条件是闭环特征根全部具有负实部。因此，判别其稳定性，就要求解系统特征方程的根，但实际控制系统大都是由多个环节组成的高阶系统，当系统阶次高于 4 时，求解系统高阶特征方程将相当麻烦。事实上，判别系统稳定性只需要判断特征根在复平面[s]上的分布情况，而求解系统特征方程的根需要解出根的具体值。可见，判别系统稳定性与求解特征方程并非同一问题，因此避开特征方程的求解，直接通过分析特征根的分布来判别系统的稳定性是可能的。在这一思路的指导下，产生了不需要求解特征根的线性定常系统的代数稳定性判据和几何稳定性判据，以及能适用于非线性系统的李雅普诺夫稳定性判据。本节对劳斯稳定性判据和赫尔维茨稳定性判据两种代数稳定性判据进行介绍。

5.2.1　劳斯稳定性判据

劳斯稳定性判据是劳斯(Routh)于1877年提出的。该判据不需要求解系统特征方程的根，只需要根据系统特征方程的各项系数运算来判别系统稳定性。

设系统的特征方程为

$$D(s) = a_n s^n + a_{n-1} s^{n-1} + \cdots + a_1 s + a_0 = 0 \tag{5-6}$$

针对该特征方程，劳斯稳定性判据含必要条件和充分必要条件(充要条件)。

1. 系统稳定的必要条件

式(5-6)特征方程两端同除以a_n，得

$$s^n + \frac{a_{n-1}}{a_n} s^{n-1} + \frac{a_{n-2}}{a_n} s^{n-2} + \cdots + \frac{a_1}{a_n} s + \frac{a_0}{a_n} = 0 \tag{5-7}$$

设式(5-7)的特征方程的n个特征根为$s_1, s_2, \cdots, s_n$，对方程进行因式分解，得

$$(s - s_1)(s - s_2) \cdots (s - s_n) = 0$$

将该方程等号左边的项展开，得

$$s^n - (s_1 + s_2 + \cdots + s_n)s^{n-1} + (s_1 s_2 + s_1 s_3 + \cdots + s_{n-1} s_n)s^{n-2} - \cdots + (-1)^n (s_1 s_2 \cdots s_n) = 0 \tag{5-8}$$

由式(5-7)与式(5-8)根与系数的关系可得

$$\begin{cases} \dfrac{a_{n-1}}{a_n} = -\displaystyle\sum_{i=1}^{n} s_i \\[2mm] \dfrac{a_{n-2}}{a_n} = \displaystyle\sum_{\substack{i<j \\ i=1,j=2}}^{n} s_i s_j \\[2mm] \dfrac{a_{n-3}}{a_n} = -\displaystyle\sum_{\substack{i<j<k \\ i=1,j=2,k=3}}^{n} s_i s_j s_k \\[2mm] \qquad\vdots \\[1mm] \dfrac{a_0}{a_n} = (-1)^n \displaystyle\prod_{i=1}^{n} s_i \end{cases} \tag{5-9}$$

从式(5-9)可知，要使全部特征根$s_1, s_2, \cdots, s_n$均具有负实部，须满足下面两个必要条件：

(1)特征方程的各项系数$a_i (i = 0,1,2,\cdots,n-1,n)$都不等于零。因为若有一个系数为零，则必出现实部为零的特征根或实部有正有负的特征根，才能满足式(5-9)，此时系统临界稳定(根在虚轴上)或不稳定(根的实部为正)。

(2)特征方程的各项系数a_i的符号都相同。因为只有系数符号一致才可能满足式(5-9)。

由上面两个条件及式(5-9)可得，满足这两个条件仍不能保证系统的特征根全部具有负实部，但不满足这两个条件的系统特征根一定不全部具有负实部，所以上述两个条件仅为劳斯

稳定性判据的必要条件。

2. 系统稳定的充要条件

运用劳斯稳定性判据的充要条件时，首先需要根据系统特征方程系数构造劳斯表，其次对劳斯表进行递推计算，最后根据劳斯递推计算表的第一列元素符号来判别系统的稳定性。具体过程如下。

(1)根据控制系统的特征方程(5-6)列写劳斯表。

$$
\begin{array}{c|ccccc}
s^n & a_n & a_{n-2} & a_{n-4} & a_{n-6} & \cdots \\
s^{n-1} & a_{n-1} & a_{n-3} & a_{n-5} & a_{n-7} & \cdots
\end{array}
$$

需要指出，系统特征方程的阶次 n 可能是奇数，也可能是偶数。当 n 是偶数时，方程系数 $a_n, a_{n-1}, \cdots, a_0$ 为奇数个，这种情况下需要在劳斯表第二行的最后一列添加一个零元素，例如：

$$
\begin{array}{c|cccccc}
s^n & a_n & a_{n-2} & a_{n-4} & a_{n-6} & \cdots & a_0 \\
s^{n-1} & a_{n-1} & a_{n-3} & a_{n-5} & a_{n-7} & \cdots & 0
\end{array}
$$

(2)对列写出的劳斯表按下列规则进行递推运算，得到劳斯递推表。

$$
\begin{array}{c|ccccc}
s^n & a_n & a_{n-2} & a_{n-4} & a_{n-6} & \cdots \\
s^{n-1} & a_{n-1} & a_{n-3} & a_{n-5} & a_{n-7} & \cdots \\
\hline
s^{n-2} & b_1 & b_2 & b_3 & b_4 & \cdots \\
s^{n-3} & c_1 & c_2 & c_3 & c_4 & \cdots \\
\vdots & \vdots & \vdots & \vdots & \vdots & \vdots \\
s^2 & e_1 & e_2 & & & \\
s^1 & f_1 & & & & \\
s^0 & g_1 & & & &
\end{array}
$$

劳斯递推表共有 $n+1$ 行，递推至 s^0 行的元素 g_1 为止，具体的递推规则为：计算 b_i 时所用二阶行列式是由劳斯表前两行组成的二行阵的第 1 列与第 $i+1$ 列构成的。计算一直进行到其余 b_i 值为零时止。

$$
b_1 = -\frac{1}{a_{n-1}} \begin{vmatrix} a_n & a_{n-2} \\ a_{n-1} & a_{n-3} \end{vmatrix} = \frac{a_{n-1}a_{n-2} - a_n a_{n-3}}{a_{n-1}}
$$

$$
b_2 = -\frac{1}{a_{n-1}} \begin{vmatrix} a_n & a_{n-4} \\ a_{n-1} & a_{n-5} \end{vmatrix} = \frac{a_{n-1}a_{n-4} - a_n a_{n-5}}{a_{n-1}}
$$

$$
b_3 = -\frac{1}{a_{n-1}} \begin{vmatrix} a_n & a_{n-6} \\ a_{n-1} & a_{n-7} \end{vmatrix} = \frac{a_{n-1}a_{n-6} - a_n a_{n-7}}{a_{n-1}}
$$

$$
\vdots
$$

计算 c_i 时采用的二阶行列式是由劳斯阵列右侧第二、三行组成的二行阵的第 1 列与第 $i+1$ 列构成的，同样，系数 c_i 的计算一直进行到其余 c_i 值为零为止。

$$
c_1 = -\frac{1}{b_1} \begin{vmatrix} a_{n-1} & a_{n-3} \\ b_1 & b_2 \end{vmatrix} = \frac{b_1 a_{n-3} - a_{n-1} b_2}{b_1}
$$

$$c_2 = -\frac{1}{b_1}\begin{vmatrix} a_{n-1} & a_{n-5} \\ b_1 & b_3 \end{vmatrix} = \frac{b_1 a_{n-5} - a_{n-1} b_3}{b_1}$$

$$c_3 = -\frac{1}{b_1}\begin{vmatrix} a_{n-1} & a_{n-7} \\ b_1 & b_4 \end{vmatrix} = \frac{b_1 a_{n-7} - a_{n-1} b_4}{b_1}$$

$$\vdots$$

按上述递推运算，直至计算到 s^0 行的元素 g_1 时，劳斯递推运算结束。在递推运算过程中，为简化运算，可以用同一个正数除或乘某一行的所有元素，这并不会改变系统的稳定性。

(3) 通过递推得出的劳斯递推表判断系统稳定性。

特征方程(5-6)所描述的系统稳定的充分必要条件是劳斯递推表的第 1 列的所有元素的符号相同。若第一列各元素的符号不同，则系统不稳定，且第一列各元素符号依次改变的次数为不稳定根的个数(即正实部特征根的个数)。

【例 5-1】 系统的特征方程为 $2s^4 + s^3 + 3s^2 + 5s + 10 = 0$，用劳斯稳定性判据判别系统是否稳定。

解： 特征方程各项系数非零，且符号一致，满足劳斯稳定的必要条件，所以需要用劳斯稳定充要条件来进行判断。

列写劳斯表，并进行递推运算：

$$
\begin{array}{c|ccc}
s^4 & 2 & 3 & 10 \\
s^3 & 1 & 5 & 0 \\
\hline
s^2 & -7 & 10 & \quad\text{第一次符号改变} \\
s^1 & 6.43 & 0 & \quad\text{第二次符号改变} \\
s^0 & 10 & &
\end{array}
$$

由于劳斯递推表第一列元素的符号改变了两次，所以系统不稳定，且有两个不稳定的根。事实上该方程的 4 个根分别为 $s_{1,2} = -1.005 \pm j0.993$ 和 $s_{3,4} = 0.775 \pm j1.444$。显然，后面一对复数根在复平面的正半平面，即系统的两个不稳定根。

【例 5-2】 设某系统的特征方程为 $s^3 + (\lambda+1)s^2 + (\lambda + \mu - 1)s + \mu - 1 = 0$，试确定使系统稳定的参数 λ 及 μ 满足的条件。

解： 根据特征方程列写劳斯表，并进行递推运算：

$$
\begin{array}{c|cc}
s^3 & 1 & \lambda + \mu - 1 \\
s^2 & \lambda + 1 & \mu - 1 \\
\hline
s^1 & \dfrac{\lambda(\lambda + \mu)}{\lambda + 1} & 0 \\
s^0 & \mu - 1 & 0
\end{array}
$$

要使系统稳定，则第一列元素均为正，有

$$\begin{cases} \lambda + 1 > 0 \\ \lambda(\lambda + \mu) > 0 \\ \mu - 1 > 0 \end{cases}$$

可见，系统稳定的条件为 $\mu > 1$ 和 $\lambda > 0$。

3. 劳斯稳定性判据的特殊情况

在应用劳斯稳定性判据进行稳定性判别时，有时会遇到两种特殊情况。

(1) 如果在劳斯阵列中任意一行的第一个元素为 0，而该行存在非 0 元素，则用任意小的正数 ε 代替这个 0 元素，然后继续按劳斯表递推运算至最后一个元素。这时，如果第一列元素符号没有发生改变，则系统临界稳定；如果第一列元素符号改变，则系统不稳定，且不稳定根的个数仍为第一列元素符号改变的次数。

【例 5-3】　设某系统的特征方程为 $D(s) = s^3 - 3s + 2 = 0$，试用劳斯稳定性判据判别系统不稳定根的个数。

解：利用劳斯稳定必要条件已知该系统不稳定，但需要用劳斯递推表判别不稳定根的个数。

$$
\begin{array}{cccc}
s^3 & 1 & -3 & 0 \\
s^2 & 0 & 2 & 0
\end{array}
$$

第二行的第一列元素为 0，用任意小正数 ε 代替这个 0 元素，继续进行递推运算：

$$
\begin{array}{c|cc}
s^3 & 1 & -3 \\
s^2 & 0(\varepsilon) & 2 \\
\hline
s^1 & -3 - 2/\varepsilon & 0 \\
s^0 & 2 & 0
\end{array}
$$

由于第一列各元素符号改变次数为 2，因此系统不稳定，且有两个正实部的不稳定根。

(2) 如果劳斯表或递推过程中出现某行所有元素全为 0，则可用该行的上一行元素构建一个关于 s 的辅助方程，对辅助方程两边求导，用各次导数的系数代替全为 0 的这一行元素，继续按劳斯表进行运算。这时，如果第一列元素符号没有发生改变，则系统临界稳定；如果第一列元素符号改变，则系统不稳定，且不稳定根的个数仍为第一列元素符号改变的次数。

【例 5-4】　设某系统特征方程为

$$s^6 + 2s^5 + 8s^4 + 12s^3 + 20s^2 + 16s + 16 = 0$$

试用劳斯稳定性判据判别系统的稳定性。

解：列写劳斯表，并进行如下递推运算：

$$
\begin{array}{c|cccc}
s^6 & 1 & 8 & 20 & 16 \\
s^5 & 2 & 12 & 16 & 0 \\
\hline
s^4 & 1 & 6 & 8 \\
s^3 & 0 & 0 & 0
\end{array}
$$

由上表可知，s^3 行的各元素全部为 0。在这种特殊情况下，可利用该行的上一行的元素构成一个辅助方程：

$$s^4 + 6s^2 + 8 = 0$$

将辅助方程对 s 求导得一个新的方程：

$$4s^3 + 12s = 0$$

用该方程的各项系数作为 s^3 行的各项元素，并继续按劳斯表进行运算：

$$
\begin{array}{c|cccc}
s^6 & 1 & 8 & 20 & 16 \\
s^5 & 2 & 12 & 16 & 0 \\
\hline
s^4 & 1 & 6 & 8 \\
s^3 & 0 & 0 & 0 \\
s^3 & 4 & 12 \\
s^2 & 3 & 8 \\
s^1 & 4/3 \\
s^0 & 8
\end{array}
$$

从上述劳斯阵列中可知，第一列各项系数都为正，但由于出现了全为 0 的行，所以系统临界稳定，说明系统存在共轭纯虚根，该根可由辅助方程求得。求解辅助方程

$$s^4 + 6s^2 + 8 = 0$$

可得系统特征方程为

$$s^4 + 6s^2 + 8 = (s^2 + 2)(s^2 + 4) = 0$$

$$s_{1,2} = \pm j\sqrt{2}, \quad s_{3,4} = \pm j2$$

4. 劳斯稳定性判据的适用范围

劳斯稳定性判据适用于线性定常系统，且系统特征方程是实系数的代数方程。但当系统存在滞后环节(或延迟环节)时，则不能用劳斯稳定性判据判别系统稳定性。对于经典控制理论研究的线性定常系统，其特征方程通常都满足实系数的代数方程，但不少控制系统都存在滞后环节。因此，劳斯稳定性判据的应用范围受到一定限制，且劳斯稳定性判据只能判别系统的绝对稳定性，不能直接反映系统的相对稳定性。

5.2.2 赫尔维茨稳定性判据

瑞士数学家赫尔维茨(Hurwitz)在不了解 Routh 工作的情况下，于 1895 年独立给出了根据特征方程的系数来判别系统稳定性的另一种计算方法，但赫尔维茨的条件与劳斯的条件本质上是一致的，所以这两种判据也称为 Routh-Hurwitz 稳定性判据。

设系统的特征方程为

$$D(s) = a_n s^n + a_{n-1} s^{n-1} + \cdots + a_1 s + a_0 = 0, \quad a_n > 0 \tag{5-10}$$

将式(5-10)的系数排成如下的 $n \times n$ 行列式：

$$
\Delta =
\begin{vmatrix}
a_{n-1} & a_{n-3} & a_{n-5} & \cdots & 0 \\
a_n & a_{n-2} & a_{n-4} & \cdots & 0 \\
0 & a_{n-1} & a_{n-3} & \cdots & 0 \\
0 & a_n & a_{n-2} & \cdots & 0 \\
0 & 0 & a_{n-1} & \cdots & 0 \\
\vdots & \vdots & \vdots & \vdots & \vdots \\
0 & \cdots & \cdots & a_1 & 0 \\
0 & \cdots & \cdots & a_2 & a_0
\end{vmatrix}
\tag{5-11}
$$

赫尔维茨行列式为 $n \times n$ 行列式，排列规则为：首先在主对角线上从 a_{n-1} 开始，按脚标依次递减的顺序写特征方程的系数，一直写到 a_0 为止，如式(5-11)所示。然后从主对角线上的

系数出发，写出其中每一列的各元素：每列自上而下，系数 a 的脚标依次增加。当写到特征方程中不存在的系数脚标时，以 0 代替。

$$\Delta_1 = a_{n-1}, \quad \Delta_2 = \begin{vmatrix} a_{n-1} & a_{n-3} \\ a_n & a_{n-2} \end{vmatrix}, \quad \Delta_3 = \begin{vmatrix} a_{n-1} & a_{n-3} & a_{n-5} \\ a_n & a_{n-2} & a_{n-4} \\ 0 & a_{n-1} & a_{n-3} \end{vmatrix}, \quad \cdots \tag{5-12}$$

赫尔维茨稳定的充分必要条件是主行列式 Δ_n 及其对角线上各子行列式 $\Delta_1, \Delta_2, \cdots, \Delta_{n-1}$ 均为正。

Δ_n 也称为赫尔维茨行列式。由于这个行列式直接由系数排列而成，规律简单而明确，使用也比较方便，但对于六阶以上的系统，由于行列式计算麻烦，故较少应用。

对于特征方程阶次较低的系统，赫尔维茨稳定性判据可以写成下列简单的形式。

$n=2$ 时，各系数大于零。

$n=3$ 时，各系数大于零，且 $a_2 a_1 > a_3 a_0$。

$n=4$ 时，各系数大于零，且 $a_3 a_2 a_1 - a_4 a_1^2 - a_3^2 a_0 > 0$。

上述结果与劳斯稳定性判据所得结果相同，在判别阶次较低的系统的稳定性时，可直接应用上述简单结果。

【例 5-5】 设系统的特征方程为 $s^4 + 8s^3 + 17s^2 + 16s + 5 = 0$，试用赫尔维茨稳定性判据判别系统的稳定性。

解： 由特征方程知各项系数均为正，满足判据的必要条件 $a_i > 0 (i=1,2,3,4)$。再检查第二个条件，赫尔维茨行列式为四阶：

$$\Delta_4 = \begin{vmatrix} 8 & 16 & 0 & 0 \\ 1 & 17 & 5 & 0 \\ 0 & 8 & 16 & 0 \\ 0 & 1 & 17 & 5 \end{vmatrix} > 0, \quad \Delta_3 = \begin{vmatrix} 8 & 16 & 0 \\ 1 & 17 & 5 \\ 0 & 8 & 16 \end{vmatrix} > 0, \quad \Delta_2 = \begin{vmatrix} 8 & 16 \\ 1 & 17 \end{vmatrix} > 0, \quad \Delta_1 = |8| > 0$$

故系统稳定。

为了减少行列式的计算工作量，已经证明，当满足 $a_i > 0$ 的条件时，若所有奇次顺序赫尔维茨行列式的主子式为正，则所有偶次顺序赫尔维茨行列式的主子式必为正；反之亦然。

劳斯稳定性判据和赫尔维茨稳定性判据都是用特征根与系数的关系来判别稳定性的，它们的判别式均为代数式，故又称这些判据为代数稳定性判据。劳斯稳定性判据和赫尔维茨稳定性判据对于带延迟环节等系统形成的超越方程无能为力，这是代数稳定性判据的局限性，并且它们只适用于实系数的特征方程。

5.3 几何（Nyquist）稳定性判据

奈奎斯特（Nyquist）于 1932 年提出由开环系统频率特性图来判断闭环系统稳定性的一种判据，称为奈奎斯特稳定性判据，由于 Nyquist 稳定性判据是用开环系统的频率特性图来判断稳定性的，所以也称为几何稳定性判据。

Nyquist 稳定性判据与 Routh 稳定性判据一样不需要求解闭环系统的特征方程的根，就能判断闭环系统的稳定性。由于开环系统的频率特性图除通过开环传递函数来绘制外，还可通过实验来获取，所以对于难以用解析法建立传递函数的系统，仍可通过实验获得开环系统的频率特性图来判断闭环系统的稳定性；Nyquist 稳定性判据不仅能判断系统的稳定性及有几个不稳定的根，还能给出系统的相对稳定裕度，且进一步在图上展示出提高系统稳定性及改善动态性能的途径，因而这种方法在 1940 年后获得了广泛的应用。

5.3.1　Nyquist 稳定性判据基础知识

1. 辅助传递函数 $F(s)$

控制系统稳定性是指闭环极点(即特征根)全部位于[s]平面的负半平面，而奈奎斯特稳定性判据是从控制系统的开环传递函数来判断闭环系统的稳定性的，下面分析开环与闭环零极点之间的关系。

如图 5-3 所示的闭环控制系统方框图，设该系统的各环节传递函数为

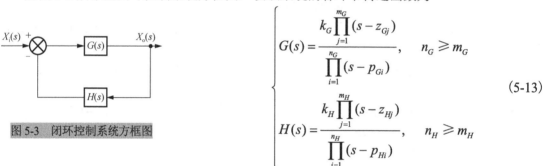

图 5-3　闭环控制系统方框图

$$\begin{cases} G(s) = \dfrac{k_G \prod\limits_{j=1}^{m_G}(s-z_{Gj})}{\prod\limits_{i=1}^{n_G}(s-p_{Gi})}, & n_G \geqslant m_G \\[4mm] H(s) = \dfrac{k_H \prod\limits_{j=1}^{m_H}(s-z_{Hj})}{\prod\limits_{i=1}^{n_H}(s-p_{Hi})}, & n_H \geqslant m_H \end{cases} \tag{5-13}$$

式中，z_{Gj}、z_{Hj}、p_{Gi}、p_{Hi} 分别为前向通路传递函数 $G(s)$ 和反馈通路传递函数 $H(s)$ 的零点与极点；m_G、m_H、n_G、n_H 分别为前向通路传递函数 $G(s)$ 和反馈通路传递函数 $H(s)$ 的零点数与极点数；k_G、k_H 分别为前向通路传递函数 $G(s)$ 和反馈通路传递函数 $H(s)$ 的零极点表示的增益系统。

系统开环传递函数为

$$G_k(s) = G(s)H(s) = \frac{k_G k_H \prod\limits_{j=1}^{m_G}(s-z_{Gj}) \cdot \prod\limits_{j=1}^{m_H}(s-z_{Hj})}{\prod\limits_{i=1}^{n_G}(s-p_{Gi}) \cdot \prod\limits_{i=1}^{n_H}(s-p_{Hi})}, \quad n \geqslant m \tag{5-14}$$

式中，$n = n_G + n_H$ 为开环传递函数的极点数或系统阶次；$m = m_G + m_H$ 为开环传递函数的零点数。系统闭环传递函数为

$$G_b(s) = \frac{G(s)}{1+G(s)H(s)} = \frac{k_G \prod\limits_{j=1}^{m_G}(s-z_{Gj}) \cdot \prod\limits_{i=1}^{n_H}(s-p_{Hi})}{\prod\limits_{i=1}^{n_G}(s-p_{Gi}) \cdot \prod\limits_{i=1}^{n_H}(s-p_{Hi}) + k_G k_H \prod\limits_{j=1}^{m_G}(s-z_{Gj}) \cdot \prod\limits_{j=1}^{m_H}(s-z_{Hj})} \tag{5-15}$$

令辅助传递函数 $F(s)$ 为

$$F(s) = 1 + H(s)G(s) = \frac{\prod\limits_{i=1}^{n_G}(s-p_{Gi}) \cdot \prod\limits_{i=1}^{n_H}(s-p_{Hi}) + k_G k_H \prod\limits_{j=1}^{m_G}(s-z_{Gj}) \cdot \prod\limits_{j=1}^{m_H}(s-z_{Hj})}{\prod\limits_{i=1}^{n_G}(s-p_{Gi}) \cdot \prod\limits_{i=1}^{n_H}(s-p_{Hi})} = \frac{K\prod\limits_{j=1}^{n}(s-z_j)}{\prod\limits_{i=1}^{n}(s-p_i)}$$

(5-16)

式中，z_j、p_i $(i=j=1,2,\cdots,n)$ 分别为辅助传递函数 $F(s)$ 的零点和极点。由式 (5-14)～式 (5-16) 可知，开环传递函数的极点等于辅助传递函数的极点 p_i，而辅助传递函数的零点 z_j 等于闭环传递函数的零点，如图 5-4 所示。图中"√"代表开环传递函数极点及位置已知，"?"代表闭环传递函数的极点分布是需要确定的。

$$\underbrace{\substack{\text{开环传递函数} \\ G_k(s)=G(s)H(s) \\ \underbrace{\text{零点}\quad\text{极点}}}}_{} \overset{=}{\underset{\surd}{}} \underbrace{\substack{\text{辅助传递函数} \\ F(s)=1+G(s)H(s) \\ \underbrace{\text{极点}\quad\text{零点}}}}_{} \overset{=}{\underset{?}{}} \underbrace{\substack{\text{闭环传递函数} \\ G_b(s) \\ \underbrace{\text{极点}\quad\text{零点}}}}_{}$$

图 5-4　开环、闭环与辅助传递函数零极点的关系图

根据图 5-4 所示的开环传递函数、辅助传递函数和闭环传递函数的零极点关系，对闭环传递函数极点分布的判断可转化为对辅助传递函数零点分布的分析。下面对辅助传递函数 $F(s)$ 应用复变函数的柯西幅角原理进行分析。

2. 柯西幅角原理

实际控制系统的开环传递函数是复变数 s 的有理分式，其分子阶次是小于等于分母阶次复变数 s 的实系数多项式。因此，由开环传递函数得到的辅助传递函数 $F(s)$ 亦是 s 的有理分式，分子和分母均为复变数 s 的实系数 n 阶多项式。辅助传递函数 $F(s)$ 亦变为复变数 $s=\sigma+\mathrm{j}\omega$ 的复变函数，下面对复变函数 $F(s)$ 应用柯西幅角原理来推导奈奎斯特稳定性判据。

(1) 由式 (5-16) 知，辅助传递函数 $F(s)$ 在复平面 $[s]$ 上，除 n 个极点 p_i 为奇点外，是处处可导的(或解析的)单值连续函数。

(2) 在复平面 $[s]$ 上任意选择一解析点 $s_1 = a_1 + \mathrm{j}\omega_1$，将该 s_1 点通过 $F(s)$ 映射到复平面 $[F]$ 上为 $F(s_1) = u_1 + \mathrm{j}v_1$，点 $F(s_1)$ 称为点 s_1 的象，如图 5-5 所示。

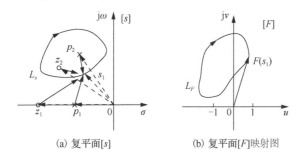

(a) 复平面$[s]$　　　　　(b) 复平面$[F]$映射图

图 5-5　辅助传递函数的映射图(一)

(3) 从复平面 $[s]$ 上任选的 s_1 点出发，按顺时针方向任选一条不经过 $F(s)$ 的极点(暂假设也不经过它的零点)的封闭曲线 L_s，则这条封闭曲线 L_s 通过函数 $F(s)$ 映射到复平面 $[F]$ 上也是

一条封闭曲线，即 L_F，如图 5-5 所示。

（4）设复平面 $[s]$ 上任选的这条封闭曲线 L_s 包围的 $F(s)$ 的零点个数为 Z，L_s 包围的 $F(s)$ 的极点个数 P，而封闭曲线 L_F 顺时针包围原点的圈数为 N（顺时针为正，逆时针为负），则根据柯西幅角原理，有

$$N = Z - P \tag{5-17}$$

现对式 (5-17) 进行简要推证。

证：根据式 (5-16) 得

$$F(s) = \frac{K \prod_{j=1}^{n} |s - z_j|}{\prod_{i=1}^{n} |s - p_i|} \angle \left[\sum_{j=1}^{n} \angle(s - z_j) - \sum_{i=1}^{n} \angle(s - p_i) \right]$$

即

$$\angle F(s) = \sum_{j=1}^{n} \angle(s - z_j) - \sum_{i=1}^{n} \angle(s - p_i) \tag{5-18}$$

如图 5-5 所示，复平面 $[s]$ 上的 z_1、p_1 是辅助传递函数 $F(s)$ 在封闭曲线 L_s 外的零点和极点；z_2、p_2 是辅助传递函数 $F(s)$ 在封闭曲线 L_s 内的零点和极点。当动点 s 从 s_1 点开始沿 L_s 顺时针转一圈时，向量 $s - z_1$ 与向量 $s - p_1$ 的固定端点 z_1 和 p_1 在封闭曲线 L_s 外部，向量 $s - z_1$ 及向量 $s - p_1$ 相位变化的代数和都为 $0°$，即

$$\begin{cases} \Delta\angle(s - z_1) = 0° \\ {}_{s:s_1 \to L_s \to s_1} \\ \Delta\angle(s - p_1) = 0° \\ {}_{s:s_1 \to L_s \to s_1} \end{cases}$$

当动点 s 从 s_1 点开始沿 L_s 顺时针转一圈时，向量 $s - z_2$ 及向量 $s - p_2$ 的固定端点 z_2 和 p_2 在封闭曲线 L_s 内部，所以向量 $s - z_2$ 及向量 $s - p_2$ 顺时针转一圈，相位变化的代数和都为 $360°$，即

$$\begin{cases} \Delta\angle(s - z_2) = 360° \\ {}_{s:s_1 \to L_s \to s_1} \\ \Delta\angle(s - p_2) = 360° \\ {}_{s:s_1 \to L_s \to s_1} \end{cases} \tag{5-19}$$

若封闭曲线 L_s 包围的 $F(s)$ 的零点个数为 Z，L_s 包围的 $F(s)$ 的极点个数 P，由式 (5-18) 和式 (5-19) 得

$$\sum_{j=1}^{m} \angle(s - z_j) - \sum_{i=1}^{n} \angle(s - p_i) = 360°Z - 360°P \tag{5-20}$$

由图 5-5 所示的复平面 $[F]$ 可知，当封闭曲线 L_F 不包围原点时，由于向量 $F(s)$ 的端点为原点且不在封闭曲线 L_F 的内部，向量 $F(s)$ 的相位变化代数和为 $0°$；当封闭曲线 L_F 顺时针包围原点 N 圈时，由于向量 $F(s)$ 的端点为原点且在封闭曲线 L_F 的内部，向量 $F(s)$ 相位变化代数和为 $360°N$，则

$$\Delta\angle F(s) \Big|_{F(s):F(s_1) \to L_s \to F(s_1)} = 360°N \tag{5-21}$$

由式 (5-18)、式 (5-20) 和式 (5-21) 得

$$360°N = 360°(Z - P)$$

故

$$N = Z - P$$

证毕。

须指出，因为复平面$[s]$上的封闭曲线L_s规定为顺时针旋转，所以映射到复平面$[F]$的封闭曲线L_F顺时针包围原点的圈数N为正，若逆时针包围，则N为负。

3. 开环传递函数的映射关系

由于辅助传递函数$F(s) = 1 + H(s)G(s)$，设$F(s) = u + jv$，则

$$H(s)G(s) = F(s) - 1 = u - 1 + jv = \text{Re} + j\text{Im}$$

该式表明，开环传递函数$H(s)G(s)$与辅助传递函数$F(s)$的虚部完全相同，而开环传递数的实部为$F(s)$的实部减1，所以，上述复平面$[s]$上的封闭曲线L_s映射到复平面$[F]$上的封闭曲线L_F，与封闭曲线L_s映射到复平面$[GH]$上的封闭曲线L_{GH}的形态是完全相同的，只是在复平面$[GH]$上左移了一个单位，如图5-6所示。

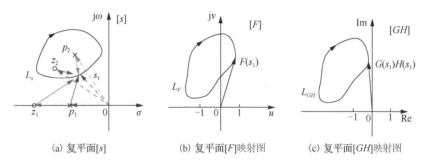

(a) 复平面$[s]$　　　　　(b) 复平面$[F]$映射图　　　　　(c) 复平面$[GH]$映射图

图 5-6　辅助传递函数的映射图(二)

可见，对开环传递函数用式(5-17)仍然成立，即复平面$[s]$上任选的一条封闭曲线L_s不经过开环传递函数的极点，封闭曲线L_s通过开环传递函数$G(s)H(s)$映射到复平面$[GH]$上的封闭曲线为L_{GH}，则有

$$N = Z - P \tag{5-22}$$

式中，N为封闭曲线L_{GH}顺时针包围$(-1, j0)$点的圈数；P为封闭曲线L_s包围的开环传递函数的极点个数；Z为封闭曲线L_s包围的闭环传递函数的极点个数。

5.3.2　Nyquist 稳定性判据原理

1. Nyquist 封闭曲线 L_s 的确定

控制系统稳定的条件是闭环系统的全部极点均在复平面$[s]$的负半平面，或在包含虚轴的$[s]$正半平面内，闭环传递函数没有极点。为利用开环传递函数$G(s)H(s)$的映射曲线和式(5-22)来判别闭环系统的稳定性，需要合理选择复平面$[s]$上这条封闭曲线L_s的路径，这样式(5-22)的Z才能代表封闭曲线L_s包围的系统的稳定或不稳定根的个数。

由于系统的稳定性可以从闭环传递函数的极点是否全在$[s]$负半平面或$[s]$正半平面是否有极点两方面来判别，所以对应复平面$[s]$上封闭曲线L_s的选择也分为包括全部负半平面的封闭曲线或包括全部正半平面的封闭曲线两种。但选择包围复平面$[s]$的负半平面的封闭曲线L_s

时，系统稳定需要 Z 等于全部特征根的个数（即系统阶数），这在不同阶次的系统使用时不便于统一。因此，Nyquist 曲线选择为复平面 $[s]$ 上包围整个正半平面的封闭曲线 L_s，如图 5-7(a) 所示，封闭曲线 L_s 为由复平面 $[s]$ 的虚轴和以原点为圆心的无穷大半圆组成的顺时针旋转的封闭曲线。由于封闭曲线 L_s 不能经过开环传递函数 $G(s)H(s)$ 的极点，当开环传递函数在虚轴上有极点时，需要用无穷小半圆从右边绕开这个虚轴上的极点，图 5-7(b) 所示为原点是开环传递函数的极点时，复平面 $[s]$ 上 Nyquist 封闭曲线 L_s 的情况。

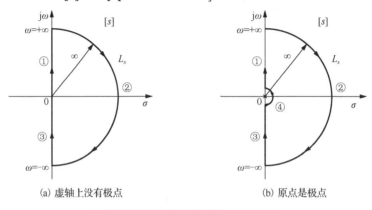

(a) 虚轴上没有极点　　　　　　　　　(b) 原点是极点

图 5-7　$[s]$ 平面上的 Nyquist 封闭曲线

2. Nyquist 稳定性判别方法

复平面 $[s]$ 上 Nyquist 封闭曲线 L_s 确定为包围整个正半平面的无穷大半圆后，就可以绘出其通过开环传递函数映射到 $[GH]$ 平面上的 Nyquist 封闭曲线 L_{GH}。由式(5-22)得

$$Z = N + P \tag{5-23}$$

式中，Z 为闭环传递函数不稳定根的个数（或称为闭环传递函数在正半平面的极点个数）；N 为封闭曲线 L_{GH} 顺时针包围 $(-1, j0)$ 点的圈数，逆时针包围为负；P 为开环传递函数不稳定根的个数（或称为开环传递函数在 $[GH]$ 正半平面的极点个数）。

综上所述，Nyquist 稳定性判据为：闭环控制系统稳定的充分必要条件是其开环系统 $G(s)H(s)$ 的 Nyquist 曲线 L_{GH} 逆时针包围 $(-1, j0)$ 点的圈数等于 $G(s)H(s)$ 在复平面 $[s]$ 的正半平面内极点的个数。如果 Nyquist 曲线 L_{GH} 不包围 $(-1, j0)$ 点，但通过 $(-1, j0)$，闭环系统临界稳定。

5.3.3　Nyquist 稳定性判据的应用

奈奎斯特稳定性判据采用开环传递函数来分析闭环系统的稳定性，而控制系统由被控部分和控制部分构成，其开环传递函数 $G(s)H(s)$ 通常由比例环节、积分环节、一阶惯性环节和二阶振荡环节构成，可写成如下形式：

$$G_k(s) = G(s)H(s) = \frac{b_0 s^m + b_1 s^{m-1} + \cdots + b_{m-1}s + b_m}{s^\nu (a_0 s^{n-\nu} + a_1 s^{n-\nu-1} + \cdots + a_{n-\nu-1}s + a_{n-\nu})}, \quad n \geqslant m \tag{5-24}$$

式(5-24)可表示成典型环节的形式：

$$G_k(s) = \frac{K\prod\limits_{i=1}^{q_1}(T_i s+1)\prod\limits_{l=1}^{r_1}\left(\dfrac{1}{\omega_l^2}s^2+\dfrac{2\xi_l}{\omega_l}s+1\right)}{s^\nu\prod\limits_{j=1}^{q}(T_j s+1)\prod\limits_{k=1}^{r}\left(\dfrac{1}{\omega_k^2}s^2+\dfrac{2\xi_k}{\omega_k}s+1\right)} \tag{5-25}$$

式中，$m=q_1+2r_1$；$n=\nu+q+2r$；$K=\dfrac{b_m}{a_{n-\nu}}$ 为系统的开环增益；ν 为系统的型次。

对于式(5-25)表示的 n 阶和 ν 型开环控制系统，利用 Nyquist 稳定性判据判别其闭环系统的稳定性的步骤如下：

(1)根据已知的开环传递函数确定正半平面根的个数 P；

(2)将复平面$[s]$上的 Nyquist 曲线 L_s 通过 $G_k(s)$ 映射到$[GH]$平面上的 Nyquist 封闭曲线 L_{GH}；

(3)从$[GH]$平面上得出 L_{GH} 曲线顺时针或逆时针包围 $(-1, j0)$ 点的圈数 N；

(4)利用 $Z=N+P$ 判别系统的稳定性及不稳定根的个数。

上述稳定性的判别过程中，主要工作在于将封闭曲线 L_s 映射为封闭曲线 L_{GH}，下面针对开环系统在虚轴上是否有极点(或奇异点)来讨论 Nyquist 稳定性判据的应用。

1. Nyquist 稳定性判据应用于 0 型系统

若系统为 0 型系统，当开环系统的传递函数 $G_k(s)$ 在虚轴上没有极点时，复平面$[s]$上的奈奎斯特封闭曲线 L_s 如图 5-7(a)所示由虚轴正半轴、虚轴负半轴和正半平面上的无穷大半圆三段组成，其每段的映射图绘制方法如下。

1)虚轴正半轴

如图 5-7(a)所示的①段，将该段 $s=j\omega$ 代入式(5-25)的开环传递函数 $G_k(s)$ 的开环频率特性 $G_k(j\omega)$，绘制 ω 由 0^+ 变化到 $+\infty$ 时开环频率特性 $G_k(j\omega)$ 的极坐标图。该段的绘制方法第 4 章已介绍。其中，当 $\omega=0^+$ 时，起点为 $(K, j0)$；当 $\omega=+\infty$ 时，终点为 $-\dfrac{\pi}{2}(n-m)$ 方向趋于原点 $(0, j0)$。

2)虚轴负半轴

如图 5-7(a)所示的②段，该段 $s=j\omega$，其中 $\sigma=0$，ω 由 $-\infty$ 变化到 0^-，该段的 $G_k(j\omega)$ 的极坐标图是①段频率特性图的实轴对称图，但需要调整变化方向。

3)正半平面上的无穷大半圆

如图 5-7(a)所示的③段，该段无穷大半圆的极坐标方程为 $s=Re^{j\theta}$，其中 $R\to\infty$，θ 由 $+90°$ 顺时针变化到 $-90°$，将 $s=Re^{j\theta}$ 代入式(5-25)，当 $n>m$ 时，得

$$\lim_{R\to\infty}G_k(Re^{j\theta})=\lim_{s=Re^{j\theta},R\to\infty}\frac{b_0}{a_0 s^{n-m}}=\lim_{s=Re^{j\theta},R\to\infty}\frac{b_0}{a_0 R^{n-m}e^{j(n-m)\theta}}=\lim_{s=Re^{j\theta},R\to\infty}\frac{b_0}{a_0 R^{n-m}}e^{-j(n-m)\theta} \tag{5-26}$$

由式(5-26)知，复平面$[s]$上这个顺时针无穷大的半圆映射到$[GH]$平面上以原点为圆心的 $n-m$ 个无穷小的半圆，方向为 $+\infty\to-\infty$，逆时针，即 $n-m=1$ 时，其映射为一个无穷小的半圆；$n-m=2$ 时，映射为无穷小的一个圆；$n-m=3$ 时，为1.5 个无穷小的圆。但这些无穷小的 $n-m$ 个半圆对包围 $(-1, j0)$ 点没有影响，所以直接将这些无穷小的半圆映射为原点就可以了。

当 $n = m$ 时，得 $\lim_{R \to \infty} G_k(Re^{j\theta}) = (K, j0)$。

【例 5-6】 开环传递函数为 $G(s)H(s) = \dfrac{K}{(T_1 s + 1)(T_2 s + 1)}$，其中 T_1、T_2、K 均为正数，用 Nyquist 稳定性判据判别闭环系统的稳定性。

解：开环系统的极点为 $-\dfrac{1}{T_1}$ 和 $-\dfrac{1}{T_2}$，均在负半平面内，所以开环系统正半平面内没有根，即 $P = 0$。

$$
\begin{aligned}
G(j\omega)H(j\omega) &= \frac{K}{(jT_1\omega + 1)(jT_2\omega + 1)} \\
&= \frac{K(1 - T_1 T_2 \omega^2)}{(1 + T_1^2 \omega^2)(1 + T_2^2 \omega^2)} - j\frac{K\omega(T_1 + T_2)}{(1 + T_1^2 \omega^2)(1 + T_2^2 \omega^2)} \\
&= \frac{K}{\sqrt{1 + (T_1\omega)^2} \cdot \sqrt{1 + (T_2\omega)^2}} \angle(-\arctan T_1\omega - \arctan T_2\omega)
\end{aligned}
$$

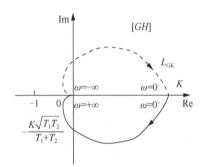

图 5-8 例 5-6Nyquist 图

当 $\omega = 0^+$ 时，$G(j0^+)H(j0^+) = K\angle 0°$。

当 $\omega = \dfrac{\sqrt{T_1 T_2}}{T_1 T_2}$ 时，$G(j\omega)H(j\omega) = \dfrac{K\sqrt{T_1 T_2}}{T_1 + T_2} \angle -90°$。

当 $\omega = +\infty$ 时，$G(j+\infty)H(j+\infty) = 0\angle -180°$。

当 $s = Re^{j\theta}$ 时，$G(s)H(s) = (0, j0)$。

绘制开环系统的 Nyquist 图，如图 5-8 所示。
Nyquist 曲线不包围 $(-1, j0)$，即 $N = 0$，有
$$Z = N + P = 0$$
故闭环系统稳定。

【例 5-7】 开环传递函数为 $G(s)H(s) = \dfrac{K}{(Ts - 1)}$，其中 T 和 K 均为正数，用 Nyquist 稳定性判据判别闭环系统的稳定性。

解：开环系统的极点 $\dfrac{1}{T}$ 在正半平面上，所以开环系统有一个不稳定的根，即 $P = 1$。

$$
\begin{aligned}
G(j\omega)H(j\omega) &= \frac{K}{jT\omega - 1} \\
&= \frac{-K}{1 + T^2\omega^2} - j\frac{KT\omega}{1 + T^2\omega^2} \\
&= \frac{K}{\sqrt{1 + T^2\omega^2}} \angle(-\pi + \arctan T\omega)
\end{aligned}
$$

当 $\omega = 0^+$ 时，$G(j0^+)H(j0^+) = K\angle 180°$。

当 $\omega = +\infty$ 时，$G(j+\infty)H(j+\infty) = 0\angle -90°$。

当 $s = Re^{j\theta}$ 时，$G(s)H(s) = (0, j0)$。

绘制开环系统的 Nyquist 图，如图 5-9 所示。

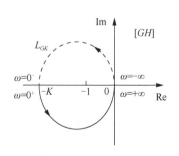

图 5-9 例 5-7Nyquist 图

Nyquist 曲线逆时针包围 $(-1, \mathrm{j}0)$ 一圈，即 $N = -1$，有

$$Z = N + P = -1 + 1 = 0$$

故闭环系统稳定。

2. Nyquist 稳定性判据应用于非 0 型系统

若系统为非 0 型系统，当开环系统的传递函数 $G_k(s)$ 在虚轴的原点处存在极点时，系统的型次为原点重极点的数量。复平面 $[s]$ 上的奈奎斯特封闭曲线 L_s 如图 5-7 (b) 所示，Nyquist 封闭曲线 L_s 由虚轴正半轴、虚轴负半轴、正半平面上的无穷大半圆和正半平面上的无穷小半圆四段组成。其前三段的映射图绘制方法与 0 型系统一样，下面重点对第四段无穷小半圆的映射进行介绍。

如图 5-7 (b) 所示的第④段，该段无穷小半圆的极坐标方程为 $s = \varepsilon \mathrm{e}^{\mathrm{j}\phi}$，其中 $\varepsilon \to 0$，θ 由 $-90°$ 逆时针变化到 $+90°$，将 $s = \varepsilon \mathrm{e}^{\mathrm{j}\phi}$ 代入式 (5-25)，得

$$\lim_{\varepsilon \to 0, \phi = -90° \to +90°} G_k(\varepsilon \mathrm{e}^{\mathrm{j}\phi}) = \lim_{\varepsilon \to 0, \phi = -90° \to +90°} \frac{K}{(\varepsilon \mathrm{e}^{\mathrm{j}\phi})^{\nu}} = \lim_{R \to \infty, \phi = -90° \to +90°} R^{\nu} \mathrm{e}^{-\mathrm{j}\nu\phi} \tag{5-27}$$

由式 (5-27) 可知，复平面 $[s]$ 上这个逆时针无穷小半圆映射到 $[GH]$ 平面上为 ν 个无穷大的半圆，方向为 $0^- \to 0^+$，顺时针，即 Ⅰ 型系统时映射为一个无穷大的半圆，Ⅱ 型系统时映射为一个无穷大的圆，Ⅲ 型系统时映射为 1.5 个无穷大的圆。

【例 5-8】 开环传递函数为 $G_k(s) = \dfrac{K}{s(Ts + 1)}$，其中 T 和 K 均为正数，用 Nyquist 稳定性判据判别闭环系统的稳定性。

解： 开环系统的极点为 0 和 $-\dfrac{1}{T}$，均不在正半平面上，所以 $P = 0$。

$$G_k(\mathrm{j}\omega) = \frac{K}{\mathrm{j}\omega(1 + \mathrm{j}T\omega)} = \frac{-KT}{1 + T^2\omega^2} - \mathrm{j}\frac{K}{\omega(1 + T^2\omega^2)} = \frac{K}{\omega\sqrt{1 + T^2\omega^2}} \angle (-90° - \arctan T\omega)$$

当 $\omega = 0^+$ 时，$\lim\limits_{\omega \to 0^+} G_k(\mathrm{j}\omega) = \lim\limits_{\omega \to 0^+} \left[\dfrac{-KT}{1 + T^2\omega^2} - \mathrm{j}\dfrac{-K}{\omega(1 + T^2\omega^2)} \right] = -KT - \mathrm{j}\infty$，所以，起点渐近线为 $\mathrm{Re} = -KT$。

当 $\omega = +\infty$ 时，$G_k(\mathrm{j}+\infty) = -0 - \mathrm{j}0 = 0 \angle -180°$。

当 ω 由 $0^+ \to +\infty$ 时，对应在 $[s]$ 平面图 5-10 (a) 的线段①，映射为图 5-10 (b) 中的线段①。

当 ω 由 $-\infty \to 0^-$ 时，对应在 $[s]$ 平面图 5-10 (a) 的曲线③，映射为图 5-10 (b) 中的线段③。

当 $s = R\mathrm{e}^{\mathrm{j}\theta}$，其中 $R \to \infty$，θ 由 $+90°$ 顺时针变化到 $-90°$ 时，对应为 $[s]$ 平面中顺时针的无穷大半圆，即图 5-10 (a) 中的曲线②。

$$\lim_{s = R\mathrm{e}^{\mathrm{j}\theta}, R \to \infty} G(s)H(s) = \lim_{s = R\mathrm{e}^{\mathrm{j}\theta}, R \to \infty} \frac{K}{s(Ts + 1)} \approx \lim_{s = R\mathrm{e}^{\mathrm{j}\theta}, R \to \infty} \frac{K}{s^2} = \lim_{s = R\mathrm{e}^{\mathrm{j}\theta}, R \to \infty} \frac{K}{R^2\mathrm{e}^{\mathrm{j}2\theta}} = \lim_{s = R\mathrm{e}^{\mathrm{j}\theta}, R \to \infty} \frac{K}{R^2} \mathrm{e}^{-\mathrm{j}2\theta}$$

由上式可知，$[s]$ 平面中的曲线②，映射为 $[GH]$ 平面上逆时针的无穷小的一个半圆，如图 5-10 (b) 中线段②所示。但这个无穷小的圆不影响系统稳定性分析，为方便作图，可将无穷大半圆映射为 $[GH]$ 平面上的原点。

当 $s = \varepsilon \mathrm{e}^{\mathrm{j}\phi}$，其中 $\varepsilon \to 0$，θ 由 $-90°$ 逆时针变化到 $+90°$ 时，有

$$\lim_{s=\varepsilon e^{j\phi},\varepsilon\to0} G(s)H(s) = \lim_{s=\varepsilon e^{j\phi},\varepsilon\to0}\frac{K}{s(Ts+1)}\approx\lim_{s=\varepsilon e^{j\phi},\varepsilon\to0}\frac{K}{s}=\frac{K}{\varepsilon e^{j\phi}}=\frac{K}{\varepsilon}e^{-j\phi}$$

由上式可知，如图 5-10(a)所示，对应在[s]平面中逆时针的无穷小半圆④，映射为[GH]平面上顺时针的无穷大的半圆，如图 5-10(b)中曲线④所示。

如图 5-10 所示，[GH]平面上 Nyquist 曲线不包围 $(-1,j0)$，即 $N=0$，有

$$Z=N+P=0$$

故闭环系统稳定。

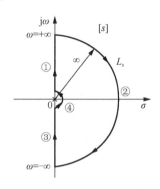 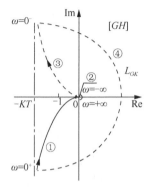

(a) [s]平面上的Nyquist图　　　　　　　(b) [GH]平面上的Nyquist图

图 5-10　例 5-8Nyquist 图

【例 5-9】　开环传递函数为 $G(s)H(s)=\dfrac{K}{s(s+1)(10s+1)}$，用 Nyquist 稳定性判据判别其闭环系统的稳定性。

解： 开环系统的极点为 0、−1、−0.1，均不在正半平面上，所以 $P=0$。

$$G(j\omega)H(j\omega)=\frac{K}{j\omega(1+j\omega)(1+j10\omega)}$$

$$=\frac{K}{\omega[(1+\omega^2)(1+100\omega^2)]^{1/2}}\angle\left(-\frac{\pi}{2}-\arctan\omega-\arctan10\omega\right)$$

$$=\frac{-11K}{(1+\omega^2)(1+100\omega^2)}+j\frac{K(10\omega^2-1)}{\omega(1+\omega^2)(1+100\omega^2)}$$

当 $\omega\to0^+$ 时，$\lim\limits_{\omega\to0^+}G(j\omega)H(j\omega)=-11K-j\infty=\infty\angle-90°$，所以，起点渐近线为 $\mathrm{Re}=-11K$。

为求与坐标轴实轴的交点，可令虚频为 0，求得 $\omega=+\infty$，或 $\omega=\dfrac{1}{\sqrt{10}}$，然后将 ω 代入虚频。$\omega=+\infty$ 时与实轴的交点为奈奎斯特图的终点，$\omega=\dfrac{1}{\sqrt{10}}$ 时，与实轴的交点为 $\left(-\dfrac{10K}{11},j0\right)$。

当 $\omega\to+\infty$ 时，$G(j+\infty)H(j+\infty)=-0+j0=0\angle-270°$。

当 ω 由 $0^+\to+\infty$ 时，对应在[s]平面图 5-11(a)的线段①，映射为图 5-11(b)中的线段①。

当 ω 由 $-\infty\to0^-$ 时，对应在[s]平面图 5-11(a)的线段③，映射为图 5-11(b)中的线段③。

当 $s=Re^{j\theta}$，其中 $R\to\infty$，θ 由 $+90°$ 顺时针变化到 $-90°$ 时，对应为[s]平面中顺时针的无

穷大半圆：

$$\lim_{s=Re^{j\theta},R\to\infty} G(s)H(s) = \lim_{s=Re^{j\theta},R\to\infty} \frac{K}{s(s+1)(10s+1)} \approx \lim_{s=Re^{j\theta},R\to\infty} \frac{K}{10s^3} = \lim_{s=Re^{j\theta},R\to\infty} \frac{K}{10R^3} e^{-j3\theta}$$

如图 5-11(a)所示，对应在[s]平面中顺时针的无穷大半圆②，映射为[GH]平面上逆时针的无穷小的 1.5 个圆。但这个无穷小的圆不影响系统稳定性分析，为方便作图，将其映射为[GH]平面上的原点。

当 $s = \varepsilon e^{j\phi}$，其中 $\varepsilon \to 0$，θ 由 $-90°$ 逆时针变化到 $+90°$ 时，对应为[s]平面中逆时针的无穷小半圆：

$$\lim_{s=\varepsilon e^{j\phi},\varepsilon\to 0} G(s)H(s) = \lim_{s=\varepsilon e^{j\phi},\varepsilon\to 0} \frac{K}{s(s+1)(10s+1)} \approx \lim_{s=\varepsilon e^{j\phi},\varepsilon\to 0} \frac{K}{s} = \frac{K}{\varepsilon e^{j\phi}} = \frac{K}{\varepsilon} e^{-j\phi}$$

如图 5-11(a)所示，对应在[s]平面中逆时针的无穷小半圆④，映射为[GH]平面上顺时针的无穷大的半圆，如图 5-11(b)中曲线④所示。

绘制出开环系统的 Nyquist 图，如图 5-11 所示。

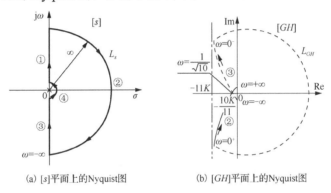

(a) [s]平面上的Nyquist图　　　　(b) [GH]平面上的Nyquist图

图 5-11　例 5-9Nyquist 图

当 $0<K<1.1$ 时，ω 由 $-\infty$ 变到 $+\infty$，开环 Nyquist 曲线不包围 $(-1,j0)$ 点，所以，$N=0$，$N=Z+P=0$，闭环系统是稳定的。

当 $K=1.1$ 时，闭环系统临界稳定。

当 $K>1.1$ 时，开环 Nyquist 曲线顺时针包围 $(-1,j0)$ 点 2 圈，所以，$N=2$，$Z=N+P=2$，闭环系统不稳定，且有两个不稳定根。

【例 5-10】　系统开环传递函数为 $G_k(s) = \dfrac{K(s+3)}{s(s-1)}$，判别系统的稳定性。

解：开环系统的极点为 0 和 1，有一个开环右极点，所以 $P=1$。

$$G(j\omega)H(j\omega) = \frac{K(j\omega+3)}{j\omega(j\omega-1)} = -\frac{4K}{\omega^2+1} + jK\frac{(3-\omega^2)}{\omega(\omega^2+1)}$$

当 $\omega \to 0^+$ 时，$G(j0)H(j0) = -4K + j\infty$，所以起点渐近线为 $Re = -4K$。

与开环 Nyquist 图实轴的交点：令 $3-\omega^2=0$，可得 $\omega = \sqrt{3}$，则可知与实轴的交点为 $(-K,j0)$。

当 $\omega \to +\infty$ 时，$G(j+\infty)H(j+\infty) = 0 - j0$。

当 ω 由 $0^+ \to +\infty$ 时，对应在[s]平面图 5-12(a)的线段①，映射为图 5-12(b)中的线段①。

当 ω 由 $-\infty \to 0^-$ 时，对应在 $[s]$ 平面图 5-12(a) 的线段③，映射为图 5-12(b) 中的线段③。

当 $s = Re^{j\theta}$，其中 $R \to \infty$，θ 由 $+90°$ 顺时针变化到 $-90°$ 时，有

$$\lim_{s=Re^{j\theta}, R\to\infty} G(s)H(s) = \lim_{s=Re^{j\theta}, R\to\infty} \frac{K(s+3)}{s(s-1)} \approx \lim_{s=Re^{j\theta}, R\to\infty} \frac{K}{s} = \frac{K}{Re^{j\theta}} = \frac{K}{R} e^{-j\theta}$$

如图 5-12(a) 所示，对应在 $[s]$ 平面中顺时针的无穷大半圆②，映射为 $[GH]$ 平面上逆时针的无穷小的半圆，如图 5-12(b) 中线段②所示。

当 $s = \varepsilon e^{j\phi}$，其中 $\varepsilon \to 0$，θ 由 $-90°$ 逆时针变化到 $+90°$ 时，有

$$\lim_{s=\varepsilon e^{j\phi}, \varepsilon\to 0} G(s)H(s) = \lim_{s=\varepsilon e^{j\phi}, \varepsilon\to 0} \frac{K}{s(s+1)(10s+1)} \approx \lim_{s=\varepsilon e^{j\phi}, \varepsilon\to 0} \frac{K}{s} = \frac{K}{\varepsilon e^{j\phi}} = \frac{K}{\varepsilon} e^{-j\phi}$$

如图 5-12(a) 所示，对应在 $[s]$ 平面中逆时针的无穷小半圆④，映射为 $[GH]$ 平面上顺时针的无穷大的半圆，如图 5-12(b) 中线段④所示。

绘制出开环系统的 Nyquist 图，如图 5-12 所示。

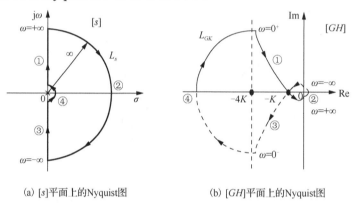

(a) $[s]$ 平面上的 Nyquist 图　　　　　(b) $[GH]$ 平面上的 Nyquist 图

图 5-12　例 5-10 Nyquist 图

当 $K > 1$ 时，ω 由 $-\infty$ 变到 $+\infty$，开环 Nyquist 曲线逆时针包围 $(-1, j0)$ 点一圈，所以，$N = -1$，$Z = N + P = 0$，闭环系统是稳定的。

当 $K = 1$ 时，闭环系统临界稳定。

当 $K < 1$ 时，ω 由 $-\infty$ 变到 $+\infty$，开环 Nyquist 曲线顺时针包围 $(-1, j0)$ 点一圈，所以，$N = 1$，$Z = N + P = 2$，闭环系统不稳定，且有两个不稳定根。

关于 Nyquist 稳定性判据的几点说明如下：

(1)Nyquist 稳定性判据的证明虽较复杂，但应用简单。由于一般系统的开环传递函数多为最小相位传递函数，$P = 0$，故只要看开环 Nyquist 曲线是否包围 $(-1, j0)$ 点，若不包围，系统就稳定。当开环传递函数为非最小相位传递函数，$P \neq 0$ 时，先求出其 P，再看开环 Nyquist 曲线包围点 $(-1, j0)$ 的圈数，若逆时针包围点 $(-1, j0)$ P 圈，则系统稳定。

(2)在 $P = 0$ 时，即 $G_k(s)$ 在 $[s]$ 平面的正半平面无极点时，称为开环稳定；在 $P \neq 0$ 时，即开环传递函数在 $[s]$ 平面的正半平面有极点时，称为开环不稳定。开环不稳定，闭环仍可能稳定；开环稳定，闭环也可能不稳定。虽然开环不稳定时，闭环可能稳定，但在工程上这种系统是不希望的，容易出现故障和可靠性问题。

（3）Nyquist 稳定性判据可以用于存在滞后环节的控制系统，其方法与没有滞后环节的控制系统的 Nyquist 稳定性判据方法一样。

5.3.4　Nyquist 稳定性判据在 Bode 图上的应用

在工程上，对控制系统进行分析和设计时，常用开环对数频率特性曲线。因此，可以把 Nyquist 稳定性判据的条件移植到开环对数频率特性曲线上，也可以直接应用对数频率特性判别系统闭环稳定性。描述系统开环频率特性的 Nyquist 图和 Bode 图之间存在着一定的关系，找出这些关系，就可以把 Nyquist 稳定性判据应用于对数频率特性曲线。

Nyquist 稳定性判据的核心是 Nyquist 曲线包围 $(-1, j0)$ 的圈数，且 $(-1, j0) = 1\angle -180°$。幅频特性 $|G(j\omega)H(j\omega)| = 1$ 在极坐标图上对应单位圆，对应于对数幅频特性图上零分贝的线；Nyquist 图上单位圆以外，即 $|G(j\omega)H(j\omega)| > 1$ 的部分，对应于对数幅频特性图上零分贝线以上的部分；单位圆以内，即 $|G(j\omega)H(j\omega)| < 1$ 的部分，对应于对数幅频特性图上零分贝线以下的部分。将开环系统 Nyquist 图与单位圆交点的频率，即对数幅频特性曲线与横轴交点的频率称为剪切频率，亦称为幅值穿越频率，记为 ω_c。相频特性为 $-180°$，在极坐标图上对应负实轴，它与对数相频特性图中的 $-180°$ 线相对应。将开环系统 Nyquist 图与负实轴交点的频率，即对数相频特性曲线与 $-180°$ 线交点的频率称为相位交界频率，亦称为相位穿越频率，记为 ω_g。

如图 5-13(a) 所示，在极坐标图的负实轴 $(-1, j0)$ 点的左侧，沿频率 ω 增加的方向，开环 Nyquist 曲线从第三象限越过负实轴到第二象限，或在对数频率特性图中满足 ω_c 左侧频段部分的相位自上而下穿越 $\varphi(\omega) = -180°$ 线时，称为正穿越；反之，开环 Nyquist 轨迹从第三象限越过负实轴到第二象限，或在对数频率特性图中满足 ω_c 左侧频段部分的相位自下而上穿越 $\varphi(\omega) = -180°$ 线时，称为负穿越。如果 $\omega = 0\text{rad/s}$，如图 5-13(b) 所示，在 Nyquist 图上相频特性从 $-180°$ 随频率的增加向第二象限发展，或对数相频特性从 $-180°$ 向上变化，称为半次负穿越；相频特性从 $-180°$ 向第三象限发展，或对数相频特性从 $-180°$ 向下变化，称为半次正穿越。

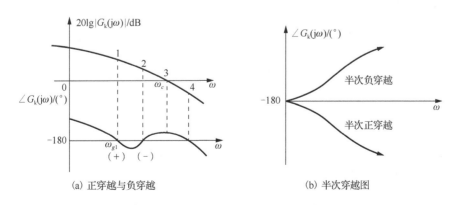

(a) 正穿越与负穿越　　　　　　　　　　(b) 半次穿越图

图 5-13　正、负穿越及半次穿越情况图

综上所述，对于 0 型和 I 型系统，在 Bode 图上，当 ω 由 $0 \to \infty$ 变化时，在开环对数幅频特性曲线 $20\lg|G_k(j\omega)| \geqslant 0$ 的频段内，若相频特性曲线 $\angle G_k(j\omega)$ 对 $-180°$ 线的负穿越次数与正穿越次数之差为 $P/2$，则闭环系统稳定，这就是 Bode 图稳定性判据；对于 II 型系统，若负穿越次数与正穿越次数之差为 $(P+1)/2$，则闭环系统稳定。其中 P 为开环不稳定根的个数。

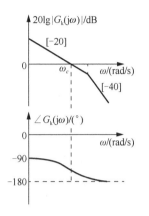

图 5-14 例 5-11 对数频率特性图

【例 5-11】 已知最小相位系统的开环传递函数的对数频率特性如图 5-14 所示，利用 Bode 图稳定性判据判别闭环系统的稳定性。

解： 开环系统为最小相位系统，所以 $P=0$。

由图 5-14 知，在 $20\lg|G_k(j\omega)| \geqslant 0$ 的频段内，即在满足 ω_c 左侧频段内，相频特性不穿越 $-180°$ 线，也就是说正负穿越次数为零，所以闭环系统稳定。

5.4 系统的稳定裕度

Nyquist 稳定性判据不仅能判别系统的绝对稳定性，还能反映系统的相对稳定性，即系统的稳定裕度。最小相位系统开环传递函数在 $[s]$ 平面的正半面无极点，如果闭环系统是稳定的，则其开环传递函数的 Nyquist 曲线不包围 $[GH]$ 平面上的 $(-1, j0)$ 点，并且曲线离 $(-1, j0)$ 点越远，系统的稳定性越高，或者说系统的稳定裕度越大。通常，用相位稳定裕度和幅值稳定裕度表征 Nyquist 曲线离 $(-1, j0)$ 点的远近，进而描述系统稳定的程度。

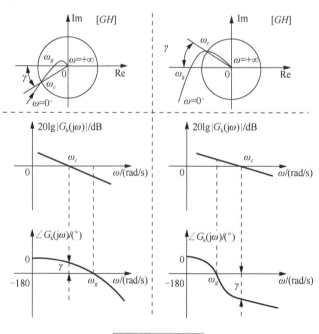

图 5-15 稳定裕度

5.4.1 相位裕度

开环频率特性曲线上幅值为 1 的矢量与负实轴的夹角称为相位裕度，即

$$\gamma = 180° + \varphi(\omega_c)$$

如图 5-15 所示，$\gamma > 0$ 时，系统稳定；$\gamma < 0$ 时，系统不稳定。可见，γ 越大，Nyquist 曲线离 $(-1, j0)$ 点越远，系统的稳定裕度越大；γ 越小，Nyquist 曲线离 $(-1, j0)$ 点越近，系统的稳定裕度越小。

在相频特性图上，相位裕度 γ 是相频特性在 $\omega = \omega_c$ 时与 $-180°$ 的相位差。

5.4.2　幅值裕度

系统开环频率特性在相位穿越频率 ω_g 处幅值的倒数称为幅值裕度，用 k_g 表示，即

$$k_g = \frac{1}{|G(j\omega_g)H(j\omega_g)|}$$

极坐标图上的负实轴对应 Bode 图上的 $-180°$ 线，所以开环系统 Nyquist 图与负实轴的交点对应其相频特性曲线与 $-180°$ 线的交点。在 Bode 图上，幅值稳定裕度以分贝表示时，记为 K_g，用公式表示为

$$K_g = 20\lg k_g = 20\lg \frac{1}{|G(j\omega_g)H(j\omega_g)|} = -20\lg|G(j\omega_g)H(j\omega_g)|$$

对于最小相位的开环系统，若相位裕度 $\gamma > 0$，且幅值裕度 $K_g > 0$，则对应的闭环系统稳定；否则，不一定稳定。

关于相位裕度和幅值裕度的几点说明如下：

(1) 控制系统的相位裕度和幅值裕度是极坐标图对 $(-1, j0)$ 点靠近程度的度量。因此，可以用这两个裕度来作为设计准则。为了确定系统的相对稳定性，两个量必须同时给出。

(2) 对于最小相位系统，只有当相位裕度和幅值裕度都是正值时，系统才是稳定的。负的稳定裕度表示系统是不稳定的。

(3) 在工程实践中，对于开环最小相位系统中的闭环稳定系统，应选取 $30° < \gamma < 60°$，$6\,\text{dB} < K_g < 20\,\text{dB}$。当对最小相位系统按此数值设计时，即使开环增益和元件的时间常数在一定范围内发生变化，也能保证系统的稳定性。

【例 5-12】　已知单位负反馈系统的闭环传递函数为 $G_b(s) = \dfrac{K}{0.1s^3 + 0.7s^2 + s + K}$，当 $K = 4$ 时，求闭环系统的相位裕度 γ 和幅值裕度 K_g。

解： 当 $K = 4$ 时，闭环传递函数为

$$G_b(s) = \frac{4}{0.1s^3 + 0.7s^2 + s + 4}$$

开环传递函数为

$$G_k(s) = \frac{G_b(s)}{1 - G_b(s)} = \frac{4}{0.1s^3 + 0.7s^2 + s} = \frac{4}{s(0.2s + 1)(0.5s + 1)}$$

开环频率特性为

$$G_k(j\omega) = \frac{4}{j\omega(j0.2\omega + 1)(j0.5\omega + 1)}$$

$$= -\frac{2.8}{(1 + 0.04\omega^2)(1 + 0.25\omega^2)} - j\frac{4(1 - 0.1\omega^2)}{\omega(1 + 0.04\omega^2)(1 + 0.25\omega^2)}$$

$$= \frac{4}{\omega\sqrt{(0.7\omega_c)^2 + (0.1\omega^2 - 1)^2}} \angle[-90° - \arctan 0.2\omega - \arctan 0.5\omega]$$

(1) 求幅值穿越频率 ω_c 和相位裕度 γ。令 $|G_k(j\omega_c)| = 1$，即

$$\frac{4}{\omega_c\sqrt{(0.7\omega_c)^2 + (0.1\omega_c^2 - 1)^2}} = 1$$

解此方程, 得

$$\omega_c = 2.345\text{rad/s}$$

由系统开环频率特性的表达式可知

$$\varphi(\omega_c) = -180° + \arctan\left(\frac{1-0.1\omega_c^2}{0.7\omega_c}\right) = -180° + 15.33°$$

即

$$\gamma = 180° + \varphi(\omega_c) = 15.33°$$

(2)求相位穿越频率 ω_g 和幅值裕度 K_g。根据相位交界频率 ω_g 的定义, 有

$$1 - 0.1\omega_g^2 = 0$$

解得

$$\omega_g = 3.162\text{rad/s}$$

根据幅值裕度的定义, 有

$$K_g = 20\lg k_g = 20\lg\frac{1}{|G_k(j\omega_g)|} = 20\lg1.75 = 4.86(\text{dB})$$

由此可见, 当 $K=4$ 时, 系统的裕度较小。

值得注意的是, 在求系统裕度时, 应根据系统开环频率特性 $G_k(j\omega)$ 确定剪切频率 ω_c 和相位穿越频率 ω_g。

【**例 5-13**】 设某单位反馈控制系统具有开环传递函数 $G(s)H(s) = \dfrac{K}{s(s+1)(s+5)}$, 试分别求取 $K=10$ 及 $K=100$ 时系统的相位裕度 γ 和幅值 $K_g(\text{dB})$。

解: 这个开环系统是最小相位系统, $P=0$, 根据 Bode 图的绘制方法, 绘制开环对数幅频与相频特性, 如图 5-16 所示。

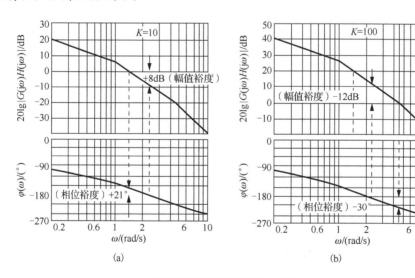

图 5-16 例 5-13 系统 Bode 图

开环对数幅频特性为

$$20\lg\left|G(\mathrm{j}\omega)H(\mathrm{j}\omega)\right| = 20\lg K - 20\lg \omega - 20\lg\sqrt{\omega^2+1} - 20\lg\sqrt{\omega^2+5^2}$$

若 $K=10$，$\omega=1$，则有

$$20\lg\left|G(\mathrm{j}1)H(\mathrm{j}1)\right| = 20\lg 10 - 20\lg\sqrt{2} - 20\lg\sqrt{1+25} \approx 3(\mathrm{dB})$$

若 $K=100$，$\omega=1$，则有

$$20\lg\left|G(\mathrm{j}1)H(\mathrm{j}1)\right| = 20\lg 100 - 20\lg\sqrt{2} - 20\lg\sqrt{1+25} \approx 23(\mathrm{dB})$$

图 5-16(b) 所示 $K=100$ 的对数幅频特性比图 5-16(a) 所示 $K=10$ 的上移了 20dB。由图 5-16(a) 可见，其相位裕度 $\gamma=21°$，幅值裕度 $K_g=8\mathrm{dB}$，因此，该系统稳定，且幅值裕度较大，但相位裕度小于 30°，因而相对稳定性还不够满意。由图 5-16(b) 可见，系统的相位裕度 $\gamma=-30°$，幅值裕度 $K_g=-12\mathrm{dB}$，所以闭环系统不稳定。

5.5　利用 MATLAB 分析系统稳定性

给定一个控制系统，可利用 MATLAB 的时域分析函数及波形、频域分析函数直接看出系统的稳定性，并可直接求出系统的相位裕度和幅值裕度，还可以通过求出特征根的分布更直接地判断出系统稳定性，如果闭环系统所有的特征根都为负实部，则系统稳定。

例如，控制系统的传递函数可以表示为如下形式：

$$G(s) = \frac{b_1 s^m + b_2 s^{m-1} + \cdots + b_m s + b_{m+1}}{a_1 s^n + a_2 s^{n-1} + \cdots + a_n s + a_{n+1}}$$

在 MATLAB 中，用 num=$[b_1,b_2,\cdots,b_m,b_{m+1}]$ 和 den=$[a_1,a_2,\cdots,a_n,a_{n+1}]$ 分别表示分子和分母的多项式系数，然后可以利用下面的一些函数来分析系统的稳定性和相对稳定性。

传递函数形式描述系统的函数为

```
sys=tf(num,den)
```

用零极点形式来描述的函数为

```
ss=zpk(sys)
```

求传递函数零极点的函数为

```
[z,p]=tf2zp(num,den)
```

绘制零极点的函数为

```
pzmap(num,den)
```

系统稳定性判断的函数为

```
ii=find(real(p)>0)
```

求幅值裕度和相位裕度的函数为

```
[Gm,Pm,Wcg,Wcp]=margin(s1)
```

其中，Gm 为幅值裕度，Pm 为相位裕度，Wcg 为相位穿越 −π 处的频率，Wcp 为幅值穿越频率。

【例 5-14】　控制系统闭环传递函数为 $G_b(s) = \dfrac{6s^4 + 1s^3 + 3s^2 + 5s + 2}{8s^5 + 5s^4 + 3s^3 + 4s^2 + 2s + 1}$，用 MATLAB 编程求系统的零极点，绘出零极点分布图，显示系统是否稳定，并显示不稳定根。

解：编制 MATLAB 的程序如下：

```
num=[6,1,3,5,2];
den=[8,5,3,4,2,1];
[z,p]=tf2zp(num,den);
pzmap(num,den);
ii=find(real(p)>0); %判断系统稳定性
n1=length(ii);
if ii>0
    disp(['系统不稳定,且有',int2str(n1),'个不稳定根']);
    disp('不稳定根为: '),disp(p(ii))
else
    disp('系统稳定');
end
```

运行以上程序，求出系统的零极点，并绘出零极点分布，如图 5-17 所示，图中明确指出了系统不稳定，并指出了引起系统不稳定的具体的根。

```
p =
  0.4300+0.9419i
  0.4300-0.9419i
 -0.5134+0.2177i
 -0.5134-0.2177i
z =
  0.3410+0.6785i
  0.3410-0.6785i
 -0.7786
 -0.2642+0.4567i
 -0.2642-0.4567i
```

系统不稳定，且有 2 个不稳定根。

不稳定根为

```
  0.3410+0.6785i
  0.3410-0.6785i
```

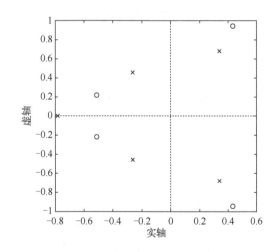

图 5-17　例 5-14 系统零极点分布图

【例 5-15】　系统开环传递函数为 $G_k(s) = \dfrac{20}{s(0.2s+1)(0.05s+1)}$，利用 MATLAB 程序绘制其 Nyquist 图及 Bode 图，并求出系统的相位裕度和幅值裕度。

解：系统传递函数也可以表示为 $G_k(s) = \dfrac{2000}{s(s+5)(s+20)}$，编程如下：

```
s1=zpk([],[0 -5 -20],2000);
figure(1)
```

```
nyquist(s1);
figure(2)
bode(s1); grid on
```

下面利用 margin 求稳定裕度：

```
[Gm,Pm,Wcg,Wcp]=margin(s1)
Gm =
    1.2500
Pm =
    5.2057
Wcg =
    10.0000
Wcp =
    8.9258
```

系统的 Nyquist 图及 Bode 图如图 5-18 所示。

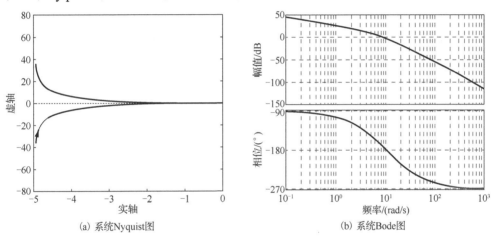

(a) 系统Nyquist图　　　　　　　(b) 系统Bode图

图 5-18　系统频率特性图

5.6　高速列车车辆垂向稳定性仿真分析

高速列车受轮轨耦合、流固耦合、机电耦合和弓网耦合作用，列车轮对、转向架及车体做多自由度的随机振动。随着列车速度的不断提高，这些耦合作用加剧，当速度超过设计的临界速度时，可能导致车轮在轨道上爬升或跳动时脱轨、转向架出现蛇性失稳、车体剧烈振动等严重安全事故，或车体运行平稳性严重超标等问题。因此，在列车设计过程中会对列车纵向、横向和垂向动力学进行建模、仿真分析、结构强度的有限元分析，以确保高速列车能安全和舒适地运行。本节针对第 2 章建立的高速列车的车辆垂向动力学模型实例，进行系统的稳定性仿真分析。

【例 5-16】　例 2-33 建立图 2-39 所示的车辆垂向动力学模型，车辆相关参数如表 2-7 所示。将轮轨作用视为刚性接触，以 $z_{w1}(t)$ 为系统输入，分别以车体的沉浮运动 $z_c(t)$ 和车体点

头运动 $\beta_c(t)$ 为输出信号。

(1)以 $z_{w1}(t)$ 为输入、$z_c(t)$ 为输出,利用 MATLAB 编程求系统的零点和极点,绘制出零极点分布图,并判断系统的稳定性。

(2)以 $z_{w1}(t)$ 为输入、$\beta_c(t)$ 为输出,利用 MATLAB 编程求系统的零点和极点,绘制出零极点分布图,并判断系统的稳定性。

解: (1)例 2-35 中式(2-107)给出了车体沉浮运动 $z_c(t)$ 关于轮对 1 垂向位移 $z_{w1}(t)$ 的传递函数:

$$G_{czw1}(s) = \frac{2.4\times10^9 s^2 + 7.92\times10^{10} s + 6.24\times10^{11}}{7.56\times10^7 s^4 + 5.928\times10^9 s^3 + 1.16904\times10^{11} s^2 + 3.168\times10^{11} s + 2.496\times10^{12}}$$

利用 MATLAB 软件编程可以计算得到系统的零点和极点。

在 MATLAB 窗口输入如下程序:

```
Gczw1_num=[2.4e9,7.92e10,6.24e11];
Gczw1_den=[7.56e7,5.928e9,1.16904e11,3.168e11,2.496e12];
%求系统的零极点
[z,p]=tf2zp(Gczw1_num,Gczw1_den);
%绘制系统的零极点分布图
pzmap(Gczw1_num,Gczw1_den);
ii=find(real(p)>0); %判别系统稳定性
n1=length(ii);
if ii>0
    disp(['系统不稳定,且有',int2str(n1),
'个不稳定根']);
else
    disp('系统稳定');
end
```

可得到如下运算结果以及如图 5-19 所示图像。

```
p =
    -47.249 + 0.000i
    -29.460 + 0.000i
    -0.852 + 4.795i
    -0.852 - 4.795i
z =
    -20
    -13
```

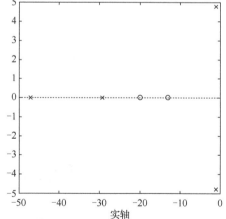

图 5-19 系统零极点分布图(一)

故系统稳定。

(2)例 2-35 中式(2-108)给出了车体沉浮运动 $\beta_c(t)$ 关于轮对 1 垂向位移 $z_{w1}(t)$ 的传递函数:

$$G_{c\beta w1}(s) = \frac{2.16\times10^{10} s^2 + 7.128\times10^{11} s + 5.616\times10^{12}}{4.83\times10^9 s^4 + 3.81608\times10^{11} s^3 + 7.670504\times10^{12} s^2 + 2.56608\times10^{13} s + 2.02176\times10^{14}}$$

利用 MATLAB 软件编程可以计算得到系统的零点和极点。

在 MATLAB 窗口输入如下程序:

```
Gcbw1_num=[2.16e10,7.128e11,5.616e12];
Gcbw1_den=[4.83e9,3.81608e11,7.670504e12,2.56608e13,2.02176e14];
%求系统零极点
[z,p]=tf2zp(Gcbw1_num,Gcbw1_den);
%绘制系统零极点分布图
pzmap(Gcbw1_num,Gcbw1_den);
%判别系统稳定性
ii=find(real(p)>0);
n1=length(ii);
if ii>0
    disp(['系统不稳定,且有',int2str(n1),
    '个不稳定根']);
else
    disp('系统稳定');
end
```

可得到如下运算结果以及如图 5-20 所示的图像。

```
p =
-47.603+0.000i
-29.248+0.00i
-1.078+5.376i
-1.078-5.376i
z =
   -20
   -13
```

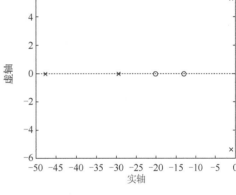

故系统稳定。

图 5-20　系统零极点分布图(二)

习　　题

5-1　为什么说系统不稳定是由于存在不恰当的反馈?

5-2　线性系统稳定性与非线性系统稳定性有何不同?

5-3　比较 Routh 稳定性判据和 Nyquist 稳定性判据的异同。

5-4　系统的特征方程为 $s^4 + 20Ks^3 + 5s^2 + (10+K)s + 1 = 0$，试用劳斯稳定性判据确定使系统稳定的 K 值范围。

5-5　单位负反馈系统的开环传递函数为 $G_k(s) = \dfrac{100}{s(0.8s+1)(0.25s+1)}$，试用劳斯稳定性判据判别系统的稳定性。

5-6　判断图 5-21 所示系统的稳定性。

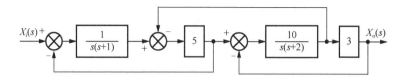

图 5-21 系统方框图(一)

5-7 单位负反馈系统的开环传递函数为 $G_k(s) = \dfrac{10(1+K)}{s(s+1)}$，求使闭环系统稳定的 K 值。

5-8 一个单位反馈系统的开环传递函数为 $G_k(s) = \dfrac{K(s+5)(s+40)}{s^3(s+200)(s+1000)}$，讨论当 K 变化时闭环系统的稳定性，使闭环系统持续振荡的 K 值等于多少？振荡频率为多少？

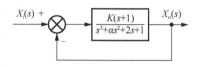

图 5-22 系统方框图(二)

5-9 系统的方框图如图 5-22 所示。试确定 K 和 α 的值，使系统维持以 $\omega = 2\text{rad/s}$ 的频率持续振荡。

5-10 试根据下列开环系统的频率特性，用 Nyquist 稳定性判据分析闭环系统的稳定性。

(1) $G(j\omega)H(j\omega) = \dfrac{10}{(1+j\omega)(1+j2\omega)(1+j3\omega)}$。

(2) $G(j\omega)H(j\omega) = \dfrac{10}{j\omega(1+j\omega)(1+j10\omega)}$。

(3) $G(j\omega)H(j\omega) = \dfrac{10}{(j\omega)^2(1+j0.1\omega)(1+j0.2\omega)}$。

5-11 系统的开环传递函数为 $G(s)H(s) = \dfrac{K(T_1 s+1)}{s^2(T_2 s+1)}$（$K>0$）。试用 Nyquist 稳定性判据分析下列三种情况下，闭环系统的稳定性。

(1) $T_1 > T_2 > 0$。   (2) $T_1 = T_2 > 0$。   (3) $T_2 > T_1 > 0$。

5-12 设一单位负反馈的开环传递函数为 $G_k(s) = \dfrac{as+1}{s^2}$，试确定 a 值，使系统的相位裕度等于 45°。

5-13 设系统的开环传递函数为 $G_k(s) = \dfrac{K}{s(s+1)(0.2s+1)}$，用 Nyquist 稳定性判据求 $K=10$ 及 $K=100$ 时闭环系统的稳定性，以及相位裕度 γ 和幅值裕度 K_g。

5-14 系统的开环传递函数为 $G(s)H(s) = \dfrac{250}{s(0.03s+1)(0.0047s+1)}$，用 MATLAB 编程计算闭环系统的零极点、相位裕度 γ 和幅值裕度 K_g，并绘制出闭环系统的零极点分布图、开环系统的 Nyquist 图和 Bode 图。

第6章　控制系统的根轨迹分析

线性控制系统的性能是由系统闭环传递函数的零点和极点确定的，其中系统的稳定性完全是由闭环控制系统的极点分布所确定的。低阶系统的极点可通过特征方程的解析法求出，但高阶系统时域分析及极点求解较困难。尽管可利用 Routh 稳定性判据和 Nyquist 稳定性判据来判别高阶系统稳定性，但系统某一参数变化时，闭环系统的极点随该参数的变化情况不清楚，限制了高阶系统的性能分析及参数优化。

1948 年，伊文思(Evans)根据反馈控制系统开环传递函数与闭环传递函数之间的内在联系，提出一种根据开环传递函数的零点和极点来绘制闭环特征根的运动轨迹的方法，并提出一套法则来绘制根轨迹，建立了经典控制理论的根轨迹法，又称为控制系统的复域分析法。根轨迹法是分析和设计线性定常控制系统的图解方法，具有简单实用的优点，在工程实践中获得了广泛应用。

6.1　根轨迹法的基本概念

6.1.1　根轨迹概念

根轨迹是指开环系统某一参数从零变化到无穷时，闭环特征根在 [s] 平面上形成的轨迹。根轨迹的讨论和绘制主要是以系统开环传递函数的增益 K 作为变化参数展开的，系统其他参数的变化可以等效转化为增益的变化来进行分析。

图 6-1 所示系统的开环传递函数：

$$G_k(s) = \frac{K}{s(0.25s+1)} = \frac{4K}{s(s+4)}$$

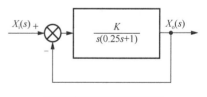

式中，K 为开环增益。该开环系统没有零点，两个极点分别为 $s_1 = 0$ 和 $s_2 = -4$，该系统的闭环传递函数为

$$G_b(s) = \frac{4K}{s^2 + 4s + 4K}$$

图 6-1　控制系统方框图

特征方程为

$$D(s) = s^2 + 4s + 4K$$

闭环特征根为

$$\begin{cases} s_1 = -2 + 2\sqrt{1-K} \\ s_2 = -2 - 2\sqrt{1-K} \end{cases}$$

对开环增益 K 取不同值时，闭环特征根如表 6-1 所示。

表 6-1 不同开环增益 K 下的闭环特征根的情况

K	s_1	s_2
0	0	−4
1	−2	−2
2	−2 + j2	−2 − j2
∞	−2 + j∞	−2 − j∞

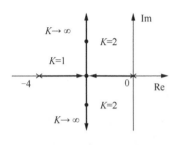

图 6-2 二阶系统根轨迹

根据表 6-1 及特征根的表达式，可以绘制出 K 由零到无穷大变化时，两个特征根的运动轨迹，如图 6-2 所示，即为系统的根轨迹。

由图 6-2 所示的根轨迹图可知：

(1) 当 $K = 0$ 时，闭环系统两个特征根与开环极点相同，分别为根轨迹的起点 $(0,0)$ 和 $(−4,0)$；

(2) 当 K 由 0 逐渐增加到 1 时，闭环系统的两个极点将分别从开环极点出发，沿实轴移动到 $(−2,0)$ 点，此时这两个点重合，闭环系统的特征方程出现重根；

(3) 当 K 从 1 继续增加时，两个特征根变为一对共轭复数根，其实部保持 −2 不变，虚部随着 K 的增加而增大，一个特征根沿正虚轴方向垂直向 +∞ 增长，另一个特征根沿负虚轴方向垂直向 −∞ 增长，当 $K = 2$ 时，二阶系统的阻尼比为最佳阻尼比；

(4) K 由零到无穷大变化过程中，除 $K = 0$ 外，闭环系统的特征根均位于 $[s]$ 平面的负半平面，闭环系统是稳定的。

需要指出，上述二阶系统的根轨迹是通过解析法逐点绘制得到的，这不适用于高阶系统的根轨迹绘制。因此，下面将分析系统的开环传递函数与闭环传递函数之间的关系，研究通过开环传递函数求取闭环系统根轨迹的方法。

6.1.2 根轨迹方程

对于典型负反馈控制系统，闭环传递函数为

$$G_b(s) = \frac{G(s)}{1 + G(s)H(s)} \tag{6-1}$$

式中，$G(s)H(s)$ 为系统的开环传递函数。该系统的闭环特征方程为

$$1 + G(s)H(s) = 0 \quad \text{或} \quad G(s)H(s) = -1 \tag{6-2}$$

满足式 (6-2) 的点均在 $[s]$ 平面的根轨迹上，故称该式为根轨迹方程。根轨迹方程为复变数 s 的方程，根轨迹方程等号两边相等分别对应幅值和相位相等，即由式 (6-2) 得到根轨迹的相方程与模方程。

根轨迹的相方程为

$$\angle G(s)H(s) = 180°(2k+1), \quad k = 0, \pm 1, \pm 2, \cdots \tag{6-3}$$

根轨迹的模方程为

$$|G(s)H(s)| = 1 \tag{6-4}$$

设系统的开环传递函数为

$$G(s)H(s) = \frac{K\prod\limits_{j=1}^{m}(T_js-1)}{\prod\limits_{i=1}^{n}(T_is-1)} = \frac{K^*\prod\limits_{j=1}^{m}(s-z_j)}{\prod\limits_{i=1}^{n}(s-p_i)}, \quad n \geqslant m$$

则根轨迹方程为

$$\frac{K^*\prod\limits_{j=1}^{m}(s-z_j)}{\prod\limits_{i=1}^{n}(s-p_i)} = -1 \tag{6-5}$$

式中，K 为系统的开环增益；K^* 为根轨迹增益；z_j 和 p_i 分别为系统的开环零点和开环极点。

将式(6-5)代入式(6-3)得到根轨迹的相方程为

$$\sum_{j=1}^{m}\angle(s-z_j) - \sum_{i=1}^{n}\angle(s-p_i) = (2k+1)\times180^\circ, \quad k = 0,\pm1,\pm2,\cdots \tag{6-6}$$

将式(6-5)代入式(6-4)得根轨迹的模方程为

$$\frac{K^*\prod\limits_{j=1}^{m}|s-z_j|}{\prod\limits_{i=1}^{n}|s-p_i|} = 1$$

$$\tag{6-7}$$

可见，相方程与增益 K^* 无关，仅与开环系统的零极点有关，而 K^* 的取值范围为 $0\sim\infty$，故在[s]平面上满足相方程的点就在根轨迹上；而根轨迹上的具体位置点则是由模方程中 K^* 的值决定的，所以满足相方程和模方程的点都是闭环系统的特征根，这些点都在根轨迹上。而且可利用开环系统的零点和极点找到闭环系统根轨迹上的点及其对应的增益。

通过上述分析,将图 6-1 所示的控制系统的开环极点 0 和 -4 代入相方程，得

$$\sum_{j=1}^{m}\angle(s-z_j) - \sum_{i=1}^{n}\angle(s-p_i) = -[\angle s + \angle(s+4)]$$

$$= 180^\circ(2k+1)$$

在[s]平面上,根据相方程进行试探分析以确定满足根轨迹的点。

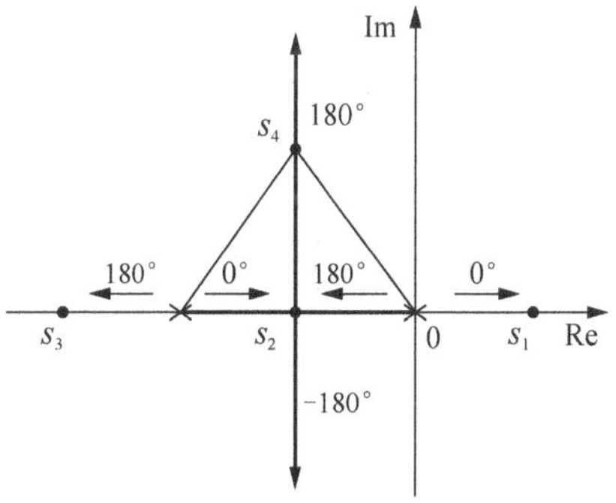

首先，假设根轨迹上的点位于实轴上，如图 6-3 所

图 6-3　系统根轨迹的绘制

示。开环系统的两个极点将实轴分为三个部分：在实轴上的 $(0,+\infty)$ 区间任取一点 s_1，可得到 $\angle s_1 + \angle(s_1+4) = 0^\circ$，显然不满足相位条件，因此右实半轴不是根轨迹；在实轴上的 $[-4,0]$ 任取一点 s_2，可得到 $\angle s_2 + \angle(s_2+4) = 180^\circ$，满足相位条件，故实轴原点到 -4 之间为根轨迹；在实轴 $(-\infty,-4)$ 区间任选一点 s_3，可得到 $\angle s_3 + \angle(s_3+4) = 360^\circ$，显然不满足相位条件，因此实轴 $(-\infty,-4)$ 区间不是根轨迹。

然后，假设根轨迹上的点位于实轴之外，如图 6-3 所示。在实轴之外的 $[s]$ 平面上任选一点 s_4，若 s_4 在根轨迹上，则 $\angle s_4 + \angle(s_4 + 4) = 180°$ 或者 $\angle s_4 + \angle(s_4 + 4) = -180°$，由简单的几何关系知，$s_4$ 必在 $(0, j0)$ 和 $(-4, j0)$ 两点连线的垂直平分线上，其他位置均不能满足相位条件，不是根轨迹。

上述通过对相方程的试探分析，可以绘出图 6-3 所示系统的根轨迹。而且通过模方程可以确定根轨迹上某点所对应的根轨迹增益 K^*，例如，求 $s = -2 + j2$ 点所对应的 K^*，将该点代入模方程 (6-7) 得到 $\dfrac{K^*}{|-2 + j2 - 0| \cdot |-2 + j2 - (-4)|} = 1$，解得 $K^* = 8$ 或 $K^* = 2$。

上述的试探方法是从根轨迹的相方程和模方程入手分析的，因此可进一步地分析根轨迹的相方程和模方程，得到一般系统的根轨迹绘制法则。

6.2　根轨迹的绘制法则及应用

针对式 (6-5) 描述的开环系统，讨论根轨迹增益 K^* 由 $0 \sim \infty$ 变化时，系统闭环极点的变化轨迹，并通过对系统根轨迹方程的分析可得出绘制根轨迹的一般法则。这些法则对于系统其他参数变化的根轨迹绘制仍然适用。

6.2.1　根轨迹的绘制法则

1. 根轨迹的分支数与对称性

根轨迹在 $[s]$ 平面上的分支数等于闭环特征方程的最高阶次 n，也就是根轨迹的分支数与闭环极点的数目相同。这是因为式 (6-5) 的分母阶次 n 大于等于分子阶次 m，其 n 次特征方程对应 n 个特征根。在增益 K^* 由零连续变化到无穷大的过程中，这个特征根 n 亦连续变化出现 n 条根轨迹。

由于物理系统的闭环特征方程为实系数的代数方程，实系数代数方程的根有实根和虚根两种，实根位于实轴上，而虚根是共轭成对出现的。根轨迹是特征根的集合，所以根轨迹位于实轴上或关于实轴对称。

2. 根轨迹的起点与终点

由于根轨迹是增益 K^* 由零连续变化到无穷大时闭环极点的轨迹，所以根轨迹起点是指 $K^* = 0$ 时根轨迹上的点，终点是指 $K^* = \infty$ 时根轨迹上的点。

当 $K^* = 0$ 时，根轨迹的模方程为

$$\prod_{i=1}^{n} |s - p_i| = K^* |s - z_j| = 0$$

该方程的 n 个特征根为 $s_i = p_i (i = 1, 2, \cdots, n)$，即 n 条根轨迹的起点为开环传递函数的极点。

当 $K^* = \infty$ 时，根轨迹的模方程为

$$\frac{\prod_{j=1}^{m} |s - z_j|}{\prod_{i=1}^{n} |s - p_i|} = \frac{1}{K^*} = 0, \quad n \geqslant m$$

该方程的 n 个特征根为 $s_j = z_j (j = 1, 2, \cdots, m)$ 及 $s_i = \infty (i = m+1, m+2, \cdots, n-m)$，即 n 条根轨迹的终点为开环传递函数的零点及无穷远处。

3. 实轴上的根轨迹

物理系统的极点和零点可能是实根与虚根两种，实根位于实轴上，而虚根是共轭成对出现的。在考虑实轴上的根轨迹时，由根轨迹的相方程知，这些成对的虚根到实轴上根轨迹的矢量角代数和为零；实轴上根轨迹左侧的实数零点和极点到实轴上这些根轨迹的矢量角全为零，而实轴上根轨迹右侧零点和极点到这些根轨迹的矢量角为 $180°$（或 $-180°$），即当右侧零点与极点数之和为奇数时，满足根轨迹的相位条件。

综上分析，实轴上根轨迹区段右侧的开环零点数与极点数之和为奇数。

4. 根轨迹的渐近线

设系统的开环传递函数为式(6-5)，当系统的极点数 n 大于零点数 m 时，有 $n-m$ 条根轨迹将趋向于无穷远处。为了在有限的根轨迹图纸上表征无穷远的根轨迹的情况，需要求得根轨迹的渐近线，而渐近线可以通过与实轴的交点坐标值 σ_a 及与实轴正方向的夹角 φ_a（亦称为方位角）确定。

1) 渐近线与实轴的交点坐标值

由于渐近线是 K^* 趋于无穷大时，$n-m$ 条根轨迹在 s 趋于无穷大所逼近的直线。当 $s \to \infty$ 时，根轨迹方程为

$$G(s)H(s) = \frac{K^* \prod\limits_{j=1}^{m}(s - z_j)}{\prod\limits_{i=1}^{n}(s - p_i)} = \frac{K^*}{(s - \sigma_a)^{n-m}} \tag{6-8}$$

式中，σ_a 为渐近线与实轴的交点坐标值。对式(6-8)两边取倒数，并乘 K^* 得

$$\frac{\prod\limits_{i=1}^{n}(s - p_i)}{\prod\limits_{j=1}^{m}(s - z_j)} = (s - \sigma_a)^{n-m}$$

将该式的等号左右两边展开，得

$$s^{n-m} - \left(\sum_{i=1}^{n} p_i - \sum_{j=1}^{m} z_j \right) s^{n-m-1} + \cdots = s^{n-m} - (n-m)\sigma_a s^{n-m-1} + \cdots$$

等式相等对应等号左右相应的系数相等，可得渐近线与实轴的交点的坐标值为

$$\sigma_a = \frac{\sum\limits_{i=1}^{n} p_i - \sum\limits_{j=1}^{m} z_j}{n-m} \tag{6-9}$$

2) 渐近线的方位角

当 $s \to \infty$ 时，式(6-8)可表示为

$$G(s)H(s) = \frac{K^*}{(s - \sigma_a)^{n-m}} = \frac{K^*}{s^{n-m}} \tag{6-10}$$

对于 $s = \infty$，可用极坐标表示为 $s = R e^{j\varphi_a}$，其中 $R \to \infty$。将 $s = R e^{j\varphi_a}$ 代入式(6-10)，得

$$G(s)H(s) = \frac{K^*}{(Re^{j\varphi_a})^{n-m}} = \frac{K^*}{R^{n-m}e^{j(n-m)\varphi_a}} = \frac{K^*}{R^{n-m}}e^{-j(n-m)\varphi_a}$$

该式为根轨迹在无穷远处的方程，其满足根轨迹的相方程条件，即

$$\varphi_a = \frac{180°(2k+1)}{n-m}, \qquad k = 0, \pm1, \pm2, \cdots \tag{6-11}$$

当 k 取不同值时，可得到相同交点和不同交角的 $n-m$ 条渐近线。

【例 6-1】 已知某系统的开环传递函数 $G(s) = \dfrac{K^*}{s(s+1)(s+2)(s+4)}$，试求其根轨迹渐近线。

解： 开环系统的四个极点分别为 $p_1 = 0$、$p_2 = -1$、$p_3 = -2$、$p_4 = -4$，不存在零点，所以闭环系统有 4 条趋近于无穷的渐近线，先求出渐近线与实轴的交点坐标值为

$$\sigma_a = \frac{\sum\limits_{i=1}^{n} p_i - \sum\limits_{j=1}^{m} z_j}{n-m} = \frac{-7}{4-0} = -\frac{7}{4}$$

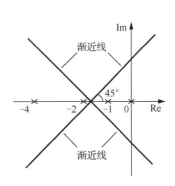

渐近线的方位角为

$$\varphi_a = \frac{(2k+1)\pi}{n-m} = 45°, \qquad k = 0$$

$$\varphi_a = \frac{(2k+1)\pi}{n-m} = 135°, \qquad k = 1$$

$$\varphi_a = \frac{(2k+1)\pi}{n-m} = 225°, \qquad k = 2$$

$$\varphi_a = \frac{(2k+1)\pi}{n-m} = 315°, \qquad k = 3$$

图 6-4　根轨迹渐近线

综上可绘制出系统的 4 条渐近线，如图 6-4 所示。

5. 根轨迹的起始角和终止角

根轨迹的起点为系统的开环极点，将根轨迹起点处的切线与实轴的正方向或水平线正方向的夹角称为起始角，亦称为出射角，用 θ_p 表示。根轨迹的终点为系统的开环零点或无穷远处，将根轨迹终点（即开环零点）处的切线与实轴的正方向或水平线正方向的夹角称为终止角，亦称为入射角，用 ϕ_z 表示。通过求解根轨迹的起始角和终止角，可以较精确地绘制出根轨迹在起点和终点附近的形状，如图 6-5 所示。

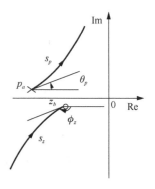

图 6-5　根轨迹的起始角和终止角

在根轨迹的起点附近的轨迹上选择一点 s_p，根轨迹上 s_p 点满足相方程，即

$$\sum_{j=1}^{m} \angle(s_p - z_j) - \sum_{i=1}^{n} \angle(s_p - p_i) = 180°(2k+1), \quad k = 0, \pm1, \pm2, \cdots \tag{6-12}$$

当根轨迹上的 s_p 点沿根轨迹无限逼近起始点的极点 p_a 时，p_a 到点 s_p 的向量的相位即为起始角 θ_p，将 $s_p = p_a$ 代入式(6-12)，得

$$\theta_p = \pm180°(2k+1) - \sum_{\substack{i=1 \\ i \neq a}}^{n} \theta_i + \sum_{j=1}^{m} \phi_j \tag{6-13}$$

式中，$\theta_i = \angle(p_a - p_i)$；$\phi_j = \angle(p_a - z_j)$。

同理，在根轨迹的终点附近的轨迹上选择一点 s_z，根轨迹上 s_z 点满足相方程，即

$$\sum_{j=1}^{m} \angle(s_z - z_j) - \sum_{i=1}^{n} \angle(s_z - p_i) = 180°(2k+1), \quad k = 0, \pm 1, \pm 2, \cdots \tag{6-14}$$

当根轨迹上的 s_z 点沿根轨迹无限逼近终点的极点 z_b 时，z_b 到 s_z 点的向量的相位即为终止角 ϕ_z，将 $s_z = z_b$ 代入式(6-14)，得

$$\phi_z = \pm 180°(2k+1) + \sum_{i=1}^{n} \theta_i - \sum_{\substack{j=1 \\ j \neq b}}^{m} \phi_j \tag{6-15}$$

式中，$\theta_i = \angle(z_b - p_i)$；$\phi_j = \angle(z_b - z_j)$。

需要指出，当系统的极点和零点在实轴上时，实轴上的根轨迹的起始角和终止角为 $0°$ 或 $180°$，此时不再需要求起始角和终止角；当实轴上的极点或零点为重根时，起始角和终止角不再是 $0°$ 或 $180°$，这时需要求起始角和终止角。

6. 根轨迹的会合点与分离点

两条及以上根轨迹分支的交点称为根轨迹的分离点或会合点。当根轨迹分支从实轴上的交点向复平面分离时，该交点称为根轨迹的分离点；当根轨迹分支从复平面向实轴上的交点会合时，该交点称为会合点。如果根轨迹位于实轴上两个相邻开环极点之间，则这两个极点之间至少存在一个分离点；如果根轨迹位于实轴上两个相邻开环零点之间，则这两个零点之间至少存在一个会合点，分离点和会合点都是特征方程重根所对应的点。根据根轨迹的对称性，根轨迹的分离点一定在实轴上或以共轭形式成对出现在复平面上，分离点(或会合点)的坐标可由以下方程求得

$$\sum_{i=1}^{n} \frac{1}{s - p_i} = \sum_{j=1}^{m} \frac{1}{s - z_j} \tag{6-16}$$

式中，p_i 为开环极点；z_j 为开环零点。

证：由根轨迹方程，得闭环系统为

$$1 + \frac{K^* \prod_{j=1}^{m}(s - z_j)}{\prod_{i=1}^{n}(s - p_i)} = 0$$

所以闭环特征方程为

$$D(s) = \prod_{i=1}^{n}(s - p_i) + K^* \prod_{j=1}^{m}(s - z_j) = 0$$

根轨迹在 $[s]$ 平面上相遇，说明闭环特征方程有重根出现。设重根为 d，根据代数方程中的重根条件，有

$$D(s) = \prod_{i=1}^{n}(s - p_i) + K^* \prod_{j=1}^{m}(s - z_j) = 0$$

或改为

$$\prod_{i=1}^{n}(s-p_i) = -K^* \prod_{j=1}^{m}(s-z_j) \tag{6-17}$$

$$\frac{\mathrm{d}}{\mathrm{d}s}\prod_{i=1}^{n}(s-p_i) = -K^* \frac{\mathrm{d}}{\mathrm{d}s}\prod_{j=1}^{m}(s-z_j) \tag{6-18}$$

由式(6-17)除式(6-18)得

$$\frac{\dfrac{\mathrm{d}}{\mathrm{d}s}\prod\limits_{i=1}^{n}(s-p_i)}{\prod\limits_{i=1}^{n}(s-p_i)} = \frac{\dfrac{\mathrm{d}}{\mathrm{d}s}\prod\limits_{j=1}^{m}(s-z_j)}{\prod\limits_{j=1}^{m}(s-z_j)}, \qquad \frac{\mathrm{d}\ln\prod\limits_{i=1}^{n}(s-p_i)}{\mathrm{d}s} = \frac{\mathrm{d}\ln\prod\limits_{j=1}^{m}(s-z_j)}{\mathrm{d}s}$$

进而得

$$\sum_{i=1}^{n}\frac{\mathrm{d}\ln(s-p_i)}{\mathrm{d}s} = \sum_{j=1}^{m}\frac{\mathrm{d}\ln(s-z_j)}{\mathrm{d}s}, \qquad \sum_{i=1}^{n}\frac{1}{s-p_i} = \sum_{j=1}^{m}\frac{1}{s-z_j}$$

在上述推导过程中,可以直接利用式(6-18)求分离点或会合点的参数。

实轴上根轨迹的分离点为:在 K^* 由零逐渐增加的过程中,根轨迹由开环极点开始沿着实轴相向运动而相遇到达分离点进入复平面,所以 K^* 取得局部最大值时,根轨迹上对应的极点为分离点,故还可以利用式(6-19)求分离点的值:

$$\frac{\mathrm{d}K^*}{\mathrm{d}s} = 0 \tag{6-19}$$

【例 6-2】 单位负反馈系统的开环传递函数为 $G_k(s) = \dfrac{K^*(s+1)}{s^2+3s+6.25}$,试求闭环系统根轨迹的分离点。

解:开环系统存在两个极点,即 $p_1 = -1.5+2\mathrm{j}$、$p_2 = -1.5-2\mathrm{j}$,存在一个零点 $z_1 = -1$,所以根据分离点(会合点)方程有

$$\frac{1}{s+1.5+2\mathrm{j}} + \frac{1}{s+1.5-2\mathrm{j}} = \frac{1}{s+1}$$

解得

$$s_1 = -3.29, \qquad s_2 = 1.29$$

根据实轴上根轨迹右侧的开环零点和开环极点总个数为奇数的条件,$s_2 = 1.29$ 不在根轨迹上,故存在唯一的分离点 $s_1 = -3.29$。

7. 根轨迹的会合角与分离角

根轨迹进入会合点时,轨迹切线与实轴正方向的夹角称为会合角;而根轨迹离开分离点时,轨迹切线与实轴正方向的夹角称分离角。

当 l 条根轨迹分支进入并立即离开分离点时,分离角 θ_d 可由式(6-20)确定:

$$\theta_d = \frac{(2k+1)\pi}{l}, \qquad k = 0,1,2,\cdots,l-1 \tag{6-20}$$

显然,当 $l=2$ 时,分离角必为 $90°$,会合角亦然。

8. 根轨迹与虚轴的交点

在系统的根轨迹增益 K^* 由零逐渐增加过程中,根轨迹可能由 $[s]$ 平面左侧经过虚轴进入

正半平面不稳定区域；对于一些非最小相位系统，也可能是由不稳定区域进入稳定的负半平面。因此，根轨迹与虚轴相交表明系统为临界稳定状态，闭环特征方程为纯虚根。将 $s = \mathrm{j}\omega$ 代入系统闭环特征方程，有 $1 + G(\mathrm{j}\omega)H(\mathrm{j}\omega) = 0$，对于复数方程等于零，即方程的实部和虚部分别为零，可以求得对应的 ω 值和根轨迹增益 K^*。

　　系统闭环特征方程有纯虚根也意味着此时系统处于临界稳定状态，故也可用劳斯稳定性判据进行计算，令劳斯表第一列中包含 K^* 的项为零，即可确定根轨迹与虚轴交点上的 K^* 值。

　　【例 6-3】　　已知单位负反馈系统的开环传递函数为 $G_\mathrm{k}(s) = \dfrac{K^*}{s(s+1)(s+4)}$，试求其根轨迹与虚轴的交点。

　　解： 系统闭环特征方程为

$$s^3 + 5s^2 + 4s + K^* = 0$$

　　方法 1：将 $s = \mathrm{j}\omega$ 代入上式，得

$$(\mathrm{j}\omega)^3 + 5(\mathrm{j}\omega)^2 + 4\mathrm{j}\omega + K^* = 0$$

整理得

$$(K^* - 5\omega^2) + \mathrm{j}(4\omega - \omega^3) = 0$$

解方程

$$\begin{cases} K^* - 5\omega^2 = 0 \\ 4\omega - \omega^3 = 0 \end{cases}$$

得到

$$\omega_1 = 0, \quad \omega_2 = 2, \quad \omega_3 = -2$$
$$K^* = 0, \quad K^* = 20$$

　　根轨迹与虚轴的交点为 $(0, \mathrm{j}0)$、$(0, \mathrm{j}2)$ 和 $(0, -\mathrm{j}2)$。

　　方法 2：列出劳斯表如下：

s^3	1	4
s^2	5	K^*
s^1	$-\dfrac{K^* - 20}{5}$	0
s^0	K^*	

要使系统临界稳定，则有

$$K^* = 0 \ \text{或} \ K^* - 20 = 0$$

解得 $K^* = 0$ 或 $K^* - 20 = 0$。

　　当 $K^* = 0$ 时，有辅助方程：

$$4s + 0 = 0$$

解辅助方程得到第一个交点 $(0, \mathrm{j}0)$。

　　当 $K^* = 20$ 时，辅助方程为

$$5s^2 + 20 = 0$$

解得交点 $(0,j2)$、$(0,-j2)$。

9. 根之和与根之积

系统的开环传递函数为

$$G(s)H(s) = \frac{K^*(s^m + b_1 s^{m-1} + \cdots + b_m)}{s^n + a_1 s^{n-1} + \cdots + a_n} = K^* \frac{\prod_{j=1}^{m}(s - z_j)}{\prod_{i=1}^{n}(s - p_i)}$$

$$= K^* \frac{s^m - \sum_{j=1}^{m} z_j s^{m-1} + \cdots \prod_{j=1}^{m} -z_j}{s^n - \sum_{i=1}^{n} p_i s^{n-1} + \cdots \prod_{i=1}^{n} -p_j} \qquad (6\text{-}21)$$

闭环特征方程为

$$D(s) = s^n + a_1 s^{n-1} + \cdots a_n + K^*(s^m + b_1 s^{n-1} + \cdots + b_m)$$

$$= \prod_{i=1}^{n}(s - p_i) + K^* \prod_{j=1}^{m}(s - z_j) = \prod_{i=1}^{n}(s - s_i) = 0 \qquad (6\text{-}22)$$

式中，s_i 为闭环系统的特征根(即闭环系统的极点)。

如果 $n - m \geqslant 2$，则闭环特征方程为

$$D(s) = s^n - \sum_{i=1}^{n} p_i s^{n-1} + \cdots + \left(\prod_{i=1}^{n} -p_i + K^* \prod_{j=1}^{m} -z_j \right) = \prod_{i=1}^{n}(s - s_i) = 0 \qquad (6\text{-}23)$$

由代数方程的根与系数之间的关系可知，n 阶代数方程 n 个极点的和等于 $n-1$ 次项的系数乘 -1，即

$$系统闭环极点之和 = \sum_{i=1}^{n} p_i \qquad (6\text{-}24)$$

$$系统闭环极点之积 = \prod_{i=1}^{n}(-p_i) + K^* \prod_{j=1}^{m}(-z_j) \qquad (6\text{-}25)$$

由式(6-24)和式(6-25)可知，随着 K^* 的增加，闭环特征根 s_i 将分别沿着各自的根轨迹分支移向终点，不论 K^* 值等于多少，所有特征根之和等于开环极点之和的定值，而与 K^* 无关。这意味着，在 K^* 增加时，如果一些根沿根轨迹分支向左移动，则必有另一些根沿根轨迹分支向右移动。了解这一情况，有助于判断根轨迹的走向。

对于某些简单的系统，在已知其部分闭环极点的情况下，通常可以较容易地确定其余的闭环极点及其对应的参数 K^* 值。

6.2.2　根轨迹绘制实例与性能分析

应用前述介绍的根轨迹绘制的九点法则可以绘制出一般系统的根轨迹。绘制出闭环系统根轨迹后，可以确定系统稳定的参数 K^* 的取值范围。根据绘制出的根轨迹，再结合第 3 章介绍的控制系统时域分析法，可以分析系统极点对闭环控制系统性能的动态影响，优化出最优的参数。

如果二阶系统在两个负实根的区段中具有过阻尼特性，则当两个负实根离虚轴的距离相

差 5 倍以上时，系统的性能主要由距离虚轴近的这个特征根所决定；当系统为共轭虚根时，可以通过第二象限的平分线确定最佳阻尼比，实轴反映系统的响应快慢，而虚轴反映系统的有阻尼振荡频率。对于高阶系统，利用根轨迹同样可以分析系统的动态性能指标，寻求最优性能的参数 K^*。

【例 6-4】 已知单位负反馈系统的开环传递函数 $G_k(s) = \dfrac{K}{s(s+1)(0.5s+1)}$，试绘制系统的根轨迹。

解： 首先将系统开环传递函数化为 $G_k(s) = \dfrac{2K}{s(s+1)(s+2)}$，根轨迹增益为

$$K^* = 2K$$

(1) 起点。

系统开环传递函数没有零点，三个极点为 $p_1 = 0$、$p_2 = -1$ 和 $p_3 = -2$，三个极点为根轨迹起点，根轨迹终止于无穷远处。

(2) 实轴上根轨迹分布区间：$(-\infty, -2] \cup [-1, 0]$。

(3) 渐近线。

系统 $n = 3$ 和 $m = 0$，所以有 3 条渐近线，渐近线与实轴的交点坐标值为

$$\sigma_a = \frac{\sum\limits_{i=1}^{n} p_i - \sum\limits_{j=1}^{m} z_j}{n - m} = \frac{-1 - 2 + 0}{3} = -1$$

渐近线与实轴的夹角：

$$\varphi_a = \frac{(2k+1)\pi}{n - m}, \quad k = 0, 1, 2$$

即

$$\varphi_a = \pm\frac{\pi}{3}, \pi$$

(4) 分离点。

根据分离点公式，得

$$\frac{1}{s} + \frac{1}{s+1} + \frac{1}{s+2} = 0$$

解得

$$s_1 = -0.423, \quad s_2 = -1.577$$

显然只有 s_1 在根轨迹上。将 -0.423 代入系统的特征方程：

$$s(s+1)(0.5s+1) + K = 0$$

可以得到此时分离点对应的 K 为 0.192，则 K^* 为 0.384。进一步地，根据 K 可以计算出此时系统的三个特征根，分别为 $s_1 = s_2 = -0.423$、$s_3 = -2.155$。

(5) 分离点的分离角为 $\pm 90°$。

(6) 求根轨迹与虚轴的交点，令 $s = j\omega$，代入特征方程得到

$$-j\omega^3 - 3\omega^2 + j2\omega + 2K = 0$$

令

$$\begin{cases} 2\omega - \omega^3 = 0 \\ 2K - 3\omega^2 = 0 \end{cases}$$

解得

$$\omega_1 = 0, \qquad \omega_{2,3} = \pm\sqrt{2}$$

$\omega_1 = 0$ 时，$K = 0$，此时 $K^* = 0$；$\omega_{2,3} = \pm\sqrt{2}$ 时，$K = 3$，此时 $K^* = 6$。

故根轨迹与虚轴的交点为原点 $(0, j0)$、$(0, j\sqrt{2})$、$(0, -j\sqrt{2})$。

易知，当 K 为 $0.192 \sim 3$ 时，系统是稳定的，同时系统存在共轭虚根，此时可以寻找最优增益 K，使共轭虚根位于第二象限的平分线上，从而使系统达到最佳阻尼比。下面求解使系统达到最优阻尼比的增益 K 及此时系统的三个特征根。

当系统达到最佳阻尼比时，设系统的共轭虚根为 $a + ja$、$a - ja$。将它们代入特征方程，可得

$$0.5(a + ja)^3 + 1.5(a + ja)^2 + (a + ja) + K = 0$$
$$0.5(a - ja)^3 + 1.5(a - ja)^2 + (a - ja) + K = 0$$

联立以上两式，可解得 $a = -0.382$，对应的 $K = 0.326$，或 $a = -2.618$，对应的 $K = -15.236$。易知，$K = -15.236$ 是不合理的，因此使系统达到最佳阻尼比的增益 $K = 0.326$（$K^* = 0.652$），此时系统的三个特征根分别为 $s_1 = -0.382 + j0.382$、$s_2 = -0.382 - j0.382$、$s_3 = -2.236$。

根据以上信息，可绘出根轨迹，如图 6-6(a) 所示。

通过绘出的根轨迹可知：当 $0 < K < 0.192$ 时，系统由三个一阶惯性环节串联构成，系统的阶跃响应为不振荡的单调上升过程；当 $K = 0.192$ 时，系统由一个一阶惯性环节和一个二阶临界阻尼振荡系统串联构成，系统的阶跃响应为不振荡的单调上升过程；当 $0.192 < K < 3$ 时，系统由一个一阶惯性环节和一个二阶欠阻尼振荡系统串联构成，且 $K = 0.326$ 为最优增益；当 $K = 3$ 时，系统临界稳定；当 $K > 3$ 时，系统不稳定。当达到最佳阻尼比时，通过仿真得到系统的阶跃响应曲线，如图 6-6(b) 所示。

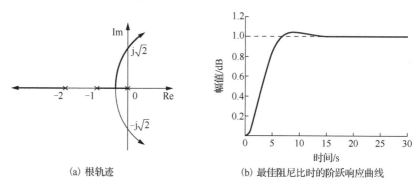

(a) 根轨迹   (b) 最佳阻尼比时的阶跃响应曲线

图 6-6 例 6-4 根轨迹及阶跃响应曲线

【例 6-5】 已知单位负反馈系统的开环传递函数为 $G_k(s) = \dfrac{K(s+1)}{s^2 + 4}$，试绘制系统的根轨迹。

解：（1）起点。

开环传递函数零点 $z_1 = -1$，两个极点为 $p_1 = -j2$ 和 $p_2 = j2$，两个极点为根轨迹起点，其中一条根轨迹终止于传递函数零点，另一条根轨迹终止于无穷远处。

(2) 实轴上根轨迹分布区间: $(-\infty, -1]$ 。

(3) 渐近线。

系统 $n=2$ 和 $m=1$ ，所以有 1 条渐近线，渐近线与实轴的交点坐标值：

$$\sigma_a = \frac{\sum_{i=1}^{n} p_i - \sum_{j=1}^{m} z_j}{n-m} = -1$$

渐近线与实轴的夹角：

$$\varphi_a = \pi$$

(4) 分离点。

根据分离点公式，有

$$\frac{1}{s+j2} + \frac{1}{s-j2} = \frac{1}{s+1}$$

解得 $s_1 = -3.236$ ， $s_2 = 1.236$ ，显然只有 s_1 在根轨迹上。将-3.236 代入系统的特征方程：

$$s^2 + Ks + K + 4 = 0$$

可以得到此时分离点对应的 K 为 6.472，系统的两个特征根分别为 $s_{1,2} = -3.236$ 。

(5) 分离点的分离角为 $\pm 90°$ 。

(6) 求根轨迹与虚轴的交点，令 $s = j\omega$ ，代入特征方程得到

$$-\omega^2 + jK\omega + (K+4) = 0$$

令

$$\begin{cases} K = 0 \\ K + 4 - \omega^2 = 0 \end{cases}$$

得到 $\omega_{1,2} = \pm 2$ ，故根轨迹与虚轴的交点为 $(0, \pm j2)$ ，此时 $K = 0$ 。

易知，当 K 在零到无穷大的范围内时，系统均是稳定的，同时根据分离点可知，当 K 为 0～6.4721 时，系统存在共轭虚根，此时可以寻找最优增益 K ，使共轭虚根位于第二象限的平分线上，从而使系统达到最佳阻尼比。下面求解使系统达到最优阻尼比的增益 K 及此时系统的两个特征根。

当系统达到最佳阻尼比时，设系统的共轭虚根为 $a + ja$ 、 $a - ja$ 。将它们代入特征方程，可得

$$(a + ja)^2 + K(a + ja) + K + 4 = 0$$
$$(a - ja)^2 + K(a - ja) + K + 4 = 0$$

联立以上两式，可解得 $a = -2$ ，对应的 $K = 4$ ，或 $a = 1$ ，对应的 $K = -2$ 。易知 $K = -2$ 是不合理的，因此使系统达到最佳阻尼比的增益 $K = 4$ ，此时系统的两个特征根分别为 $s_1 = -2 + j2$ ， $s_2 = -2 - j2$ 。

通过绘出的根轨迹，可以确定该二阶系统，当 $K = 0$

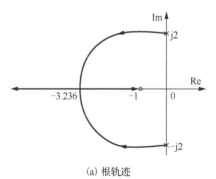

(a) 根轨迹

(b) 最佳阻尼比时的阶跃响应曲线

图 6-7　例 6-5 根轨迹及阶跃响应曲线

时，系统临界稳定；当 $0 < K < 6.472$ 时，系统为一个二阶欠阻尼系统，且 $K = 4$ 为最优增益；当 $K = 6.472$ 时，系统为一个临界阻尼系统；当 $K > 6.472$ 时，系统由两个一阶惯性环节构成。当达到最佳阻尼比时，系统的阶跃响应曲线如图 6-7(b) 所示。

【例 6-6】 已知单位负反馈系统开环传递函数为 $G_k(s) = \dfrac{K^*}{s^2(s+2)}$，试绘制系统的根轨迹。

解： (1) 起点。

开环系统没有零点，存在三个极点 $p_1 = -2$、$p_{2,3} = 0$，三个极点为根轨迹起点，根轨迹终点为无穷远处。

(2) 实轴上根轨迹分布区间：$(-\infty, -2]$。

(3) 渐近线。

系统 $n = 3$ 和 $m = 0$，所以有 3 条渐近线，渐近线与实轴的交点坐标值：

$$\sigma_a = \frac{\sum_{i=1}^{n} p_i - \sum_{j=1}^{m} z_j}{n - m} = -\frac{2}{3}$$

渐近线与实轴的夹角：

$$\varphi_a = \frac{\pi}{3}, \pi, \frac{5\pi}{3}$$

(4) 分离点。

系统的闭环特征方程为

$$s^3 + 2s^2 + K^* = 0$$

令

$$f(s) = s^3 + 2s^2 + K^*$$

出现分离点时，特征方程将出现重根，$f(s)$ 对 s 的导数应等于 0，即

$$\frac{\mathrm{d}f(s)}{\mathrm{d}s} = 3s^2 + 4s = 0$$

解得 $s_1 = -\dfrac{4}{3}$，$s_2 = 0$，显然只有 s_2 在根轨迹上。

(5) 分离点的分离角为 $\pm 90°$。

(6) 求根轨迹与虚轴的交点，令 $s = \mathrm{j}\omega$，代入特征方程得到

$$-\mathrm{j}\omega^3 + (K^* - 2\omega^2) = 0$$

即

$$\begin{cases} -\omega^3 = 0 \\ K^* - 2\omega^2 = 0 \end{cases}$$

得到 $\omega = 0$，故根轨迹与虚轴的交点为 $(0, \mathrm{j}0)$。

根据以上信息，绘制根轨迹，如图 6-8 所示。

由图 6-8 知，当 $K^* > 0$ 时，系统不稳定，现在在该控制系统的基础上增加一个微分反馈控制环节，系统的开环传递函数变为 $G(s)H(s) = \dfrac{K^*(s+1)}{s^2(s+2)}$，如图 6-9(a) 所示。绘制出改进后系统的根轨迹，如图 6-9(b) 所示。

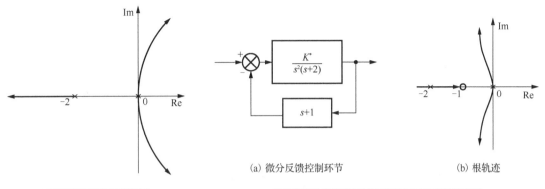

(a) 微分反馈控制环节　　　　　　　　　　(b) 根轨迹

图 6-8　例 6-6 根轨迹　　　　　　　　　图 6-9　例 6-6 微分反馈控制环节及根轨迹

几种常见的开环零极点分布及其相应的根轨迹如图 6-10 所示,供绘制概略根轨迹时参考。

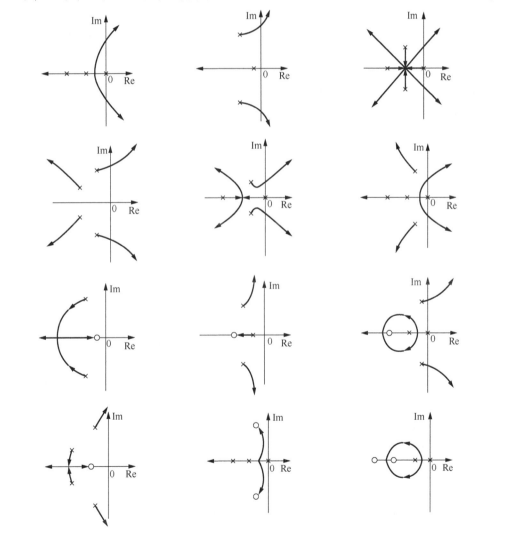

图 6-10　开环零极点分布及其根轨迹图

6.3　参数根轨迹的绘制

控制系统是由一些典型环节构成的，在系统设计和调试过程中，除需要调整开环增益外，还需要调整其他环节的一些参数来改善系统性能。这种对系统的参数使用根轨迹法进行分析的方法称为参数根轨迹。参数根轨迹的绘制需要对系统传递函数进行一些等效变换，将被分析或调整的参数转换为系统的开环增益后，再按前述的法则进行根轨迹的绘制。

绘制参数根轨迹的方法如下：

(1)将包含参数 a 的开环传递函数 $G_k(s)$ 转换成为特征方程 $D(s,a)=0$ 的形式；

(2)整理特征方程为 $aA(s)+B(s)=0$ 的形式；

(3)转换得到 $1+\dfrac{B(s)}{aA(s)}=0$ ；

(4)令等效开环传递函数为 $G_{ka}(s)=\dfrac{B(s)}{aA(s)}$ ，按照类似开环增益根轨迹绘制的方法绘制参数根轨迹。

下面举例说明参数根轨迹的绘制方法。

【例 6-7】　已知系统开环传递函数为 $G_k(s)=\dfrac{1}{(s+1)(s+a)}$ ，试绘制参数 a 为 $0\to+\infty$ 时的根轨迹。

解：

$$1+G_k(s)=\frac{(s+1)(s+a)+1}{(s+1)(s+a)}=\frac{s^2+(a+1)s+a+1}{(s+1)(s+a)}=0$$

所以系统的特征方程为

$$s^2+(a+1)s+a+1=0$$

整理得

$$a(s+1)+(s^2+s+1)=0$$

特征方程等号两边除以 s^2+s+1 得

$$\frac{a(s+1)}{s^2+s+1}+1=0$$

构造出等效开环传递函数为 $G_{ka}(s)=\dfrac{a(s+1)}{s^2+s+1}$ ，新系统的开环零点为-1，开环极点为 $-0.5\pm j0.866$ 。按照开环增益根轨迹的绘制方法绘制参数根轨迹，得到根轨迹图如图 6-11 所示。

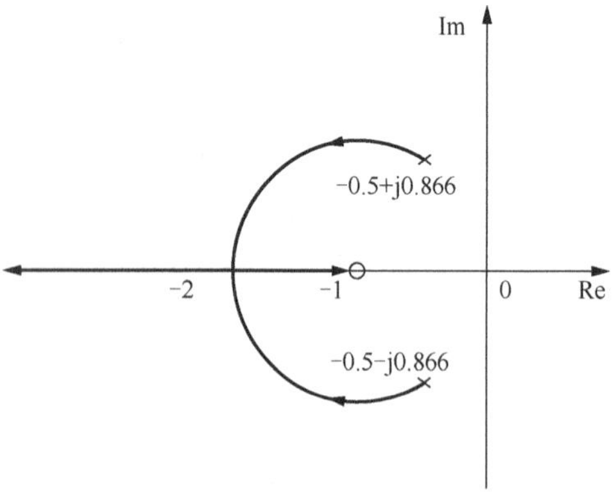

图 6-11　例 6-7 系统根轨迹图

6.4　根轨迹分析的 MATLAB 实现

利用 MATLAB 绘制系统的根轨迹非常方便，下面介绍绘制根轨迹的相关函数及应用。

6.4.1　根轨迹的相关函数

1. 求系统的零点和极点的函数

求系统的零点和极点的函数为 pzmap()，其命令格式：

```
[p,z]=pzmap(sys)
pzmap(p,z)
```

调用此函数且不将返回值赋予某变量时，pzmap() 可以在当前图形中绘制出系统的零点和极点。将返回值赋予某变量时，系统的零极点将会保存至输出变量中，而不直接绘制零极点分布图。当需要绘制零点和极点时再用 pzmap(*p,z*)。

2. 绘制根轨迹的函数

绘制根轨迹的函数为 rlocus，其命令格式：

```
rlocus(num,den)
rlocus(num,den,k)
[r,k]=rlocus(num,den)
rlocus(A,B,C,D)
```

函数 rlocus() 既适用于连续系统，也适用于离散时间系统。利用该函数可以在屏幕上得到根轨迹，不带参数 k 时，系统的增益 K 取值范围自动确定；带参数 k 时，可以由给定的向量 **k** 绘制系统的根轨迹；带有输出变量的引用函数，返回系统根位置的复数矩阵 **r** 及其相应的向量 **k**，而不直接绘制出零极点分布图；如果为状态空间内描述的系统，也可以直接输入状态空间描述的变量。

在绘制根轨迹时，可通过命令标上符号"○"或"×"以表示零点或极点，此时需要采用下列命令：

```
r=rlocus(num,den)
plot(r,'o')or plot(r, 'x')
```

此外，MATLAB 在绘图命令中还包含自动轴定标功能。

3. 求根轨迹上的增益函数

函数的命令格式：

```
[k,poles]=rlocfind(num,den)
[k,poles]=rlocfind(num,den,p)
[k,poles]=rlocfind(num,den)
```

函数的输入变量 num、den 可以由第 2 章介绍的函数 tf()、zpk() 建立的对象模型来获取。利用 rlocfind() 函数可以显示根轨迹上任意一点的相关数值，并将增益和极点返回到输出变量中，以此判断对应闭环系统的稳定性。

6.4.2　利用 MATLAB 进行系统根轨迹分析

【例 6-8】　设一个单位负反馈校正系统开环传递函数为 $G_k(s) = \dfrac{s^3 + 61s^2 + 560s + 500}{s^3 + 7s^2 + 20s + 50}$，

试绘制出该闭环系统的根轨迹。

　　解：输入以下 MATLAB 命令：

```
n1=[1,61,560,500];
d1=[1,7,20,50];
sys=tf(n1,d1);
[p,z]=pzmap(sys);
rlocus(sys);
grid on;
```

　　程序执行后计算出系统三个极点与三个零点的
数据，同时可得该系统的根轨迹，如图 6-12 所示。

　　运行结果如下：

```
p =
 -5.0000 + 0.0000i
 -1.0000 + 3.0000i
 -1.0000 - 3.0000i
z =
-50.0000
-10.0000
-1.0000
```

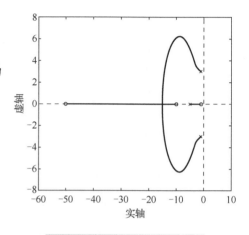

图 6-12　例 6-8 系统的根轨迹图

【**例 6-9**】　已知一个单位负反馈系统开环传递函数为 $G_k(s)=\dfrac{K(s+1)}{s(0.5s+1)(4s+1)}$，试绘制

闭环系统的根轨迹；在根轨迹图上任选一点，并计算该点的增益 K 及其所有极点的位置。

　　解：输入以下 MATLAB 命令：

```
n1=[1 1];
d1=conv([1 0],conv([0.5 1],[4,1]));
s1=tf(n1,d1);
rlocus(s1);
[k,poles]=rlocfind(s1)
```

　　程序执行后可得单位负反馈系统的根轨迹如
图 6-13 所示，同时可以计算出根轨迹在位于虚轴上的
某一极点处的增益 K 及其所对应的其他所有极点的
位置。

　　结果为：

```
Select a point in the graphics window
   selected_point =
   -1.3945 - 0.0372i
   k =
   4.8905
   poles =
   -0.4274 - 1.2530i
```

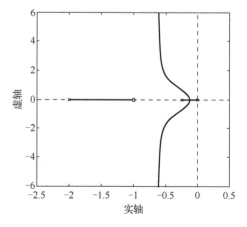

图 6-13　例 6-9 系统的根轨迹图

```
-0.4274 + 1.2530i
-1.3952 + 0.0000i
```

由程序运行结果可以得知，所选择的点为 $p_0 = -1.3945 - \text{j}0.0372$，根轨迹上距离所选点最近的极点是位于虚轴上的某点 $p_1 = -1.3952 + \text{j}0$，其相应的增益为 $K = 4.8905$；与该点相应的其他两个极坐标分别为 $p_2 = -0.4274 - \text{j}1.2530$、$p_3 = -0.4274 + \text{j}1.2530$。

6.5　高速列车车辆垂向动力学系统根轨迹仿真分析

在高速列车设计过程中需要对轮对与转向架悬挂系统(即一系悬挂)和转向架与车体悬挂系统(即二系悬挂)的弹簧及阻尼器进行参数优化设计，根据簧上质量、一系固有频率及阻尼系统确定一系悬挂参数的优化；通过车体及满载质量、挠度、列车限界、列车速度等需求设计二系弹簧刚度，在此基础上进行二系悬挂阻尼器的参数进行优化。本节针对第 2 章介绍的高速列车车辆垂向动力学模型进行根轨迹仿真分析，并优化二系悬挂阻尼器的参数。

【例 6-10】　例 2-33 建立了图 2-39 所示的车辆垂向动力学模型，车辆相关参数如表 2-7 所示。系统以车辆二系悬挂阻尼 C_{sz} 为参数，以 $z_{w1}(t)$ 为输入。

(1)求以 $z_{w1}(t)$ 为输入，以 $z_c(t)$ 为输出的传递函数，以及以二系悬挂阻尼 C_{sz} 为参数的开环传递函数模型，采用 MATLAB 编程绘制系统的参数根轨迹。

(2)求以 $z_{w1}(t)$ 为输入，以 $\beta_c(t)$ 为输出的传递函数，以及以二系悬挂阻尼 C_{sz} 为参数的开环传递函数模型，并采用 MATLAB 编程绘制系统的参数根轨迹。

解：(1)根据表 2-6 可知以 $z_{w1}(t)$ 为输入，以 $z_c(t)$ 输出的传递函数 $G_{czw1}(s)$ 如下：

$$G_{czw1}(s) = \frac{Z_c(s)}{Z_{w1}(s)} = \frac{A_1(s)A_2(s)}{A_5(s)A_7(s) - 2A_1(s)^2}$$

式中，$A_1(s)$、$A_2(s)$、$A_5(s)$、$A_7(s)$ 的具体形式详见第 2 章的相关内容。为研究二系悬挂阻尼 C_{sz} 的变化对该系统极点的影响，以 C_{sz} 为参数绘制该系统的参数根轨迹。

首先将传递函数的特征方程改写为 $C_{sz}A_z(s) + B_z(s) = 0$ 的形式，然后得到 $1 + \dfrac{C_{sz}A_z(s)}{B_z(s)} = 0$，那么最终得到以二系悬挂阻尼 C_{sz} 为参数的开环传递函数模型 $G_{k1}(s) = \dfrac{C_{sz}A_z(s)}{B_z(s)}$，通过计算，$G_{k1}(s)$ 如下：

$$G_{k1}(s) = \frac{C_{sz}(s^3 + 5.97s^2 + 119.4)}{1880.6(s^4 + 57.14s^3 + 1419.36s^2 + 1650.8s + 33015.9)}$$

那么此时 C_{sz} 就转换为开环增益。进一步地，运用常规的根轨迹法得到 C_{sz} 从零变化到无穷大时，闭环系统的极点变化，从而分析 $G_{zw1}(s)$ 性能的变化，在 MATLAB 中的实现如下：

```
syms Mc Jc Mt Jt Ksz Kpz Cpz Lc Lt Csz s%系统参数
K1=[Csz Ksz];K2=[Cpz Kpz];K3=[Csz*Lc Ksz*Lc];
K5=[Mt (2*Cpz+Csz)2*Kpz+Ksz];K7=[Mc 2*Csz 2*Ksz];
%K1、K2、K5、K7
```

```
K1=poly2sym(K1,s);K2=poly2sym(K2,s);
K5=poly2sym(K5,s);K7=poly2sym(K7,s);
num=collect(K1*K2);den=collect(K5*K7-2*K1^2);
A=Csz*(4*Kpz*s+4*Cpz*s^2+Mc*s^3+2*Mt*s^3);
B=den-A;
A=collect(simplify(A/Csz));
A=simplify(subs(A,[Mc Jc Mt Jt Ksz Kpz Cpz Lc Lt]...
,[3.6e4 2.3e6 2.1e3 2.1e3 5.2e5 1.2e6 6e4 9 1.25]));
B=simplify(subs(B,[Mc Jc Mt Jt Ksz Kpz Cpz Lc Lt]...
,[3.6e4 2.3e6 2.1e3 2.1e3 5.2e5 1.2e6 6e4 9 1.25]));
%提取分子分母多项式系数
numk1=sym2poly(A);denk1=sym2poly(B);
rlocus(numk1,denk1);
```

由图 6-14 可知, 开环传递函数共有 4 个极点, 为两组共轭虚根、三个零点。当 C_{sz} 从零开始不断增大时, 系统靠近虚轴的两个极点不断接近开环传递函数的零点, 远离虚轴的两个极点先在实轴上会合, 然后一个趋近于负无穷大, 另一个则无限接近于零。这也意味着二系悬挂阻尼过大并不利于系统的稳定。

(2) 根据表 2-6 可知以 $z_{w1}(t)$ 为输入, 以 $\beta_c(t)$ 为输出的传递函数 $G_{c\beta w1}(s)$ 如下:

$$G_{c\beta w1}(s) = \frac{\beta_c(s)}{Z_{w1}(s)} = \frac{A_2(s)A_3(s)}{A_5(s)A_8(s) - 2A_3(s)^2}$$

类似地, 采用与 (1) 中相同的方法, 得到以二系悬挂阻尼 C_{sz} 为参数的开环传递函数模型, 绘制根轨迹, 如图 6-15 所示。可以发现, 系统以 $z_c(t)$ 和以 $\beta_c(t)$ 为输出时, 二系悬挂阻尼 C_{sz} 的变化对系统的影响是十分相似的, 故在此不再赘述。在 MATLAB 中的实现如下:

```
syms Mc Jc Mt Jt Ksz Kpz Cpz Lc Lt Csz s%系统参数
%K2、K3、K5、K8
K2=[Cpz Kpz];K3=[Csz*Lc Ksz*Lc];
K5=[Mt (2*Cpz+Csz)2*Kpz+Ksz];K8=[Jc 2*Csz*Lc^2 2*Ksz*Lc^2];
K2=poly2sym(K2,s);K3=poly2sym(K3,s);
K5=poly2sym(K5,s);K8=poly2sym(K8,s);
%Gk2
num=simplify(collect(K2*K3));
den=simplify(collect(K5*K8-2*K3^2));
A=Csz*(Jc*s^3+4*Kpz*Lc^2*s+4*Cpz*Lc^2*s^2+2*Lc^2*Mt*s^3);
B=den-A;
A=collect(simplify(A/Csz));
A=simplify(subs(A,[Mc Jc Mt Jt Ksz Kpz Cpz Lc Lt]...
,[3.6e4 2.3e6 2.1e3 2.1e3 5.2e5 1.2e6 6e4 9 1.25]));
B=simplify(subs(B,[Mc Jc Mt Jt Ksz Kpz Cpz Lc Lt]...
,[3.6e4 2.3e6 2.1e3 2.1e3 5.2e5 1.2e6 6e4 9 1.25]));
%提取分子分母多项式系数
numk2=sym2poly(A);denk2=sym2poly(B);
figure(2)rlocus(numk2,denk2);
```

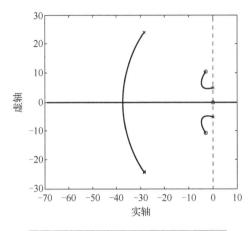

图 6-14 输出 $z_c(t)$ 时系统参数根轨迹图

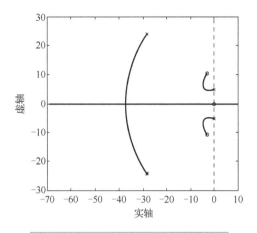

图 6-15 输出 $\beta_c(t)$ 时系统参数根轨迹图

习　题

6-1 控制系统根轨迹法适用于哪类系统的分析?

6-2 根轨迹的相方程和模方程哪个是决定系统根轨迹的?说明理由。

6-3 如何利用根轨迹法则绘制正反馈系统的根轨迹?

6-4 比较控制系统的时域、频域和复域分析方法各自的优缺点。

6-5 如果系统有两个参数变化,能否进行根轨迹法分析?说明理由。

6-6 设单位负反馈系统的开环传递函数 $G_k(s) = \dfrac{K^*(s+5)}{s(s+2)(s+3)}$,绘制闭环系统的根轨迹。

6-7 设一单位负反馈系统,已知其前向传递函数 $G(s) = \dfrac{K^*}{s^2+10s+75}$,绘出系统的根轨迹,并求穿过 $[s]$ 平面上的点 $(-5, \pm j10)$ 时,对应的增益 K^* 的大小。

6-8 单位负反馈系统的开环传递函数为 $G_k(s) = \dfrac{K^*(s+1)}{s^2(s+a)}$,试绘制下列情况下参数 K^* 的根轨迹。

(1) $a > 1$。　　(2) $a = 1$。　　(3) $0 < a < 1$。　　(4) $a = 0$。

6-9 设单位负反馈系统的开环传递函数为 $G_k(s) = \dfrac{K^*(s+b)}{s(s+a)}$,其中 $b > a > 0$,证明系统关于 K^* 的根轨迹是圆,并求圆心和半径。

6-10 已知单位负反馈控制系统的开环传递函数为 $G_k(s) = \dfrac{s+a}{s^2(s+1)}$,试绘出参数 a 的根轨迹。

6-11　控制系统的前向通路的传递函数为 $G(s) = \dfrac{K^*}{s(s+1)}$ ，反馈通路的传递数为 $H(s) = s + 2$ ，试分别绘制系统为负反馈和正反馈时的根轨迹，并用 MATLAB 编程绘制出根轨迹进行验证。

6-12　单位负反馈系统的开环传递函数为 $G_k(s) = \dfrac{K^*(s+0.9)}{(s+20)(s^2+2s+2)}$ ，并用 MATLAB 编程绘制系统的根轨迹，并确定系统稳定时 K^* 的取值范围。

第 7 章　控制系统的综合与校正

控制系统的结构和参数已知时，可以通过时域分析法、频域分析法及复域分析法对控制系统的性能进行分析及评价，这属于系统分析问题；如果控制系统已存在，但参数或结构不确定，确定系统结构或参数属于系统辨识问题；如果控制系统的性能指标不能全面地满足要求，需要对原有控制系统进行综合与校正，这属于系统校正问题；如果控制系统不存在，只有控制系统的功能需求与指标，需要设计出满足要求的控制系统，这属于控制系统的设计问题。

系统综合与校正是指原理性的局部设计，在系统中增加新的环节的传递函数或调整系统增益用以改善系统的性能，使系统性能全面满足设计要求。而控制系统的设计通常不仅包括控制器的软硬件设计，还包括检测环节和执行器的设计与系统集成，甚至还包括被控对象的设计。控制系统设计问题包括多学科的综合运用，本章主要介绍控制系统的性能指标、控制系统的综合与校正。在经典控制理论中，控制系统的校正方案通常不是唯一的，也不是通过理论进行求解的，而是通过经典控制理论进行综合运用、试探与调试来确定校正环节的结构和参数的。在工程实际中，系统校正与设计既要考虑控制系统的性能指标，又要兼顾系统经济性、维护性、可靠性和寿命等综合因素，使系统满足要求。

本章在对控制系统各种性能指标总结的基础上，对经典控制系统的几种典型校正方法进行介绍。

7.1　系统的性能指标

在控制理论中系统的性能是通过稳、快和准三个方面进行评价的，具体的性能指标分为时域性能指标、频域性能指标和综合性能指标。

7.1.1　时域性能指标

时域性能指标是指在典型输入信号的作用下，由系统的输出响应来定义的瞬态指标和稳态指标。具体时域性能指标有最大超调量 M_p、调整时间 t_s、峰值时间 t_p、上升时间 t_r、稳态误差 e_{ss}。

7.1.2　频域性能指标

频域性能指标是指在正弦或余弦谐波信号的作用下，评价系统输出稳态响应跟踪输入信号的快速性和准确性，以及干扰抑制性能的指标。具体频域性能指标有复现频率 ω_m、复现带

宽 $0 \sim \omega_m$、截止频率 ω_b、截止带宽 $0 \sim \omega_b$、谐振频率 ω_r、谐振峰值 M_r、幅值穿越频率 ω_c、相位穿越频率 ω_g、相位裕度 γ、幅值裕度 K_g。

7.1.3　综合性能指标(误差准则)

　　时域性能指标和频域性能指标都是从某一方面反映控制系统稳、快、准的性能，这种单一指标不能综合表征控制系统的性能，也不便于控制系统的优化设计。控制系统的本质就是克服干扰，让输出尽可能跟踪输入，而误差是衡量跟踪性能的主要指标，因此，可以通过误差来定义控制系统的综合性能指标，并且，在现代控制理论中可以通过这些综合性能指标来设计最优的控制系统的控制器或控制参数。

　　1. 误差积分性能指标

　　对于一个理想的系统，若给予其阶跃输入，则其输出也应是阶跃函数。事实上，这是不可能的，在输入、输出之间总存在误差，只能使误差 $e(t)$ 尽可能小。

　　当系统的闭环特征根全部具有负实根时，单位阶跃响应为无超调，误差 $e(t)$ 总是单调的。因此，系统的综合性能指标可取为

$$J = \int_0^\infty e(t)\mathrm{d}t \tag{7-1}$$

式中，误差为希望输出与实际输出的差值，由于 $E(s) = \int_0^\infty e(t)\mathrm{e}^{-st}\mathrm{d}t$，有

$$J = \lim_{s \to 0} \int_0^\infty e(t)\mathrm{e}^{-st}\mathrm{d}t = \lim_{s \to 0} E(s) \tag{7-2}$$

　　只要系统在阶跃输入下的过渡过程无超调，就可以根据式(7-2)计算其 J 值，并根据此式计算出 J 值最小的系统。

　　【例 7-1】　设单位负反馈的一阶惯性系统，其方框图如图 7-1 所示，其中开环增益 K 是待定参数，试确定能使 J 值最小的 K 值。

　　解： 当 $x_i(t) = u(t)$ 时，误差的拉氏变换为

$$E(s) = \frac{1}{1+G(s)} X_i(s) = \frac{1}{s+K}$$

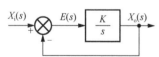

图 7-1　例 7-1 系统方框图

根据式(7-2)有 $J = \lim\limits_{s \to 0} \dfrac{1}{s+K} = \dfrac{1}{K}$。

　　可见，K 越大，J 越小，所以从使 J 减小的角度看，K 值选得越大越好。

　　若不能预先知道系统的过渡过程是否无超调，就不能应用式(7-2)计算 J 值。

　　2. 误差平方积分性能指标

　　当系统的闭环特征根存在共轭虚根时，单位阶跃响应有超调存在，其输出过渡过程有振荡，式(7-2)中 $e(t)$ 的正负会互相抵消，故常取误差平方的积分为系统的综合性能指标，即

$$J = \int_0^\infty e^2(t)\mathrm{d}t \tag{7-3}$$

式中，积分含有 $e^2(t)$ 项，$e(t)$ 的正负不会互相抵消。式(7-3)的积分上限也可以由足够大的时间 T 来代替，性能最优系统就是积分值最小的系统。而且式(7-3)误差平方积分比较容易计算，所以在实际应用时，往往采用这个性能指标来评价系统性能。用这个指标优化设计的系统对大误差有较强的抑制能力，而在误差较小时，抑制能力较弱，系统容易产生振荡。

图 7-2 中，图(a)～图(d)所示分别为阶跃响应曲线及误差曲线、误差平方曲线、误差平方积分曲线。图(a)中实线表示实际的输出，虚线表示希望的输出。

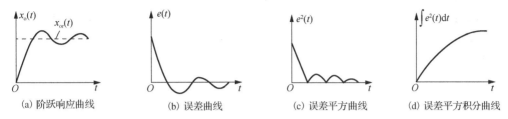

| (a) 阶跃响应曲线 | (b) 误差曲线 | (c) 误差平方曲线 | (d) 误差平方积分曲线 |

图 7-2　误差平方积分性能曲线图

3．广义误差平方积分性能指标

若要使系统过渡过程的变化既比较稳，又结束较快，可取广义误差平方积分为系统的综合性能指标，即

$$J = \int_0^\infty [e^2(t) + a\dot{e}^2(t)]dt \tag{7-4}$$

式中，a 为指定的加权系数。此指标的特点为既不允许大的动态误差长期存在，又不允许大的误差变化率长期存在，从而保证系统的过渡过程平稳且迅速。

4．误差与控制量平方和积分性能指标

对于工程中的控制系统，既希望系统的误差平方积分小，又希望控制系统所消耗的能量要少。因此在控制器算法优化时，指标常取为误差与控制量平方和的积分，即

$$J = \int_0^\infty [e^2(t) + bu^2(t)]dt \tag{7-5}$$

式中，b 为指定的加权系数。此指标的特点为既不允许较大的误差长期存在，又不允许较大的控制量长期存在，从而保证控制系统的性能与能耗得到较好的平衡。

7.2　系统校正概述

控制理论中系统的性能指标有时域、频域和综合性能指标，在工程中，控制系统的性能指标是由工作具体要求而定的，有时性能指标之间可能互相矛盾。例如，减小系统的稳态误差往往会降低系统的相对稳定性，甚至导致系统不稳定。在这种情况下，就要考虑哪个性能是主要的，首先给予满足；在另一些情况下，就要采取折中的方案，并加上必要的校正，使两方面的性能都能得到部分满足。

7.2.1　校正的概念

系统校正是指原理性的局部设计与补偿，通常指控制系统的对象、检测元件和执行机构等主要部件已经确定的条件下，在系统中增加新的环节以改善系统的性能，使系统性能指标全面满足要求，这个校正环节在控制理论中也称为校正装置，或称校正器、补偿器。

图 7-3 所示的曲线 1 为最小相位的开环 Nyquist 曲线，由于 Nyquist 曲线包围点 $(-1, j0)$，故闭环系统不稳定。为使系统稳定，一种简单的增益校正方法为减小系统的开环放大倍数 K，

即由 K 变为 K'，使 $|G(\mathrm{j}\omega)H(\mathrm{j}\omega)|$ 减小后，曲线 1 变为曲线 2，系统变得稳定。另一种方法是在原系统中增加新的环节，使 Nyquist 曲线在某个频率范围内发生变化，从曲线 1 变为曲线 3，使原来不稳定的系统变为稳定系统，且不改变增益 K，所以不增大系统的稳态误差。

图 7-4 所示的曲线 1 为 II 型最小相位开环系统的 Nyquist 曲线，系统虽是稳定的，但系统的相位裕度太小，控制系统的快速性不好，而且调节系统的 K 值仍不能改善快速性。只有通过加入新环节才能使 Nyquist 曲线变为曲线 2，在 $\omega_1 \sim \omega_2$ 频率区间产生正的相移，改善系统的性能。

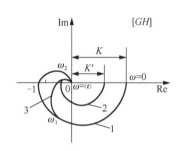

图 7-3　系统校正改善性能示意图

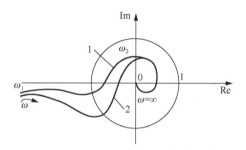

图 7-4　系统校正兼顾幅值与相位图

7.2.2　校正的分类

按校正环节 $G_c(s)$ 在系统中相对被控对象的连接方式，校正可以分为串联校正、反馈校正、顺馈校正和前馈校正。

串联校正是指校正环节与系统被控对象串联连接的校正。如图 7-5(a) 所示，串联校正是最常用的一种校正，为方便实现校正环节的数学模型、降低系统功耗，通常将串联校正环节放置在被控对象的前端。

反馈校正是指校正环节与系统被控对象或局部被控对象构成反馈的校正。如图 7-5(b) 所示，反馈校正往往是在串联校正不能充分改善系统的性能时追加的校正环节，是在串联校正的基础上的一种常用的校正方法。例如，位置控制系统中的速度反馈、电流反馈等都是反馈校正。

顺馈校正是指直接将系统的输入信号引入设计补偿环节，以完全消除控制系统的误差，因校正环节与系统的被控对象的传递顺序一致而称为顺馈校正。如图 7-5(c) 所示，顺馈校正是当控制系统的输入信号快速变化，引起串联校正或反馈校正系统不能较好地跟踪输入时引进的补偿环节。

前馈校正是指当被控对象受到外界的可测干扰时，在干扰引起系统误差之前就对它进行补偿，以及时消除干扰的影响。如图 7-5(d) 所示，前馈校正在实际控制系统中较常使用。

顺馈校正和前馈校正既可以作为串联校正或反馈校正系统的附加校正组件而组成复合控制系统，也可单独用于开环控制。在实际工程中，选择哪种校正方法取决于系统中的信号性质、技术实现的方便性、可靠性，经济性要求，环境使用条件以及设计者的经验等因素。

需要说明，从图 7-5 所示的不同校正系统方框图可知，这些校正通常指的是在反馈控制的基础上，系统的指标不能全面满足要求时而开展的不同校正，而且校正分析与设计也是针对校正环节数学模型或校正算法的。

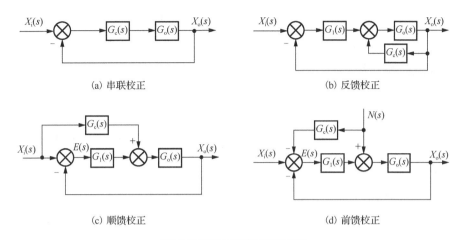

图 7-5　不同校正系统方框图

7.3　串　联　校　正

串联校正是最常用的校正方法，按校正环节的相频特性分为增益校正、相位超前校正、相位滞后校正和相位滞后-超前校正。另外，在工程控制系统中，串联 PID 校正广泛地应用。串联校正装置可分为模拟校正装置和数字校正装置，其中模拟校正装置又分无源校正装置和有源校正装置两类。对于无源校正装置，通常由无源电路元件组成校正网络；对于有源校正装置，由运算放大器与无源元件组成校正网络，有源校正装置的参数可以根据需要适当调整。数字校正中，由数字计算机来实现校正装置，其校正模型由编程实现。下面只介绍无源校正。

7.3.1　相位超前校正

在系统对输入响应速度(或跟踪能力)的要求较高，而对噪声信号抑制的要求较低的情况下，可考虑相位超前校正。相位超前校正可使开环系统幅值穿越频率增大，从而增大系统的带宽，加快响应速度。RC 超前网络如图 7-6(a)所示。

其传递函数为

$$G_{c1}(s) = \frac{1}{a} \cdot \frac{1+aTs}{1+Ts} \tag{7-6}$$

式中，$a = \dfrac{R_1 + R_2}{R_2} > 1$；$T = \dfrac{R_1 R_2}{R_1 + R_2} C$。

由式(7-6)可见，采用无源超前网络进行串联校正时，整个系统的开环增益变为原系统的 $\dfrac{1}{a}$，需要提高增益加以补偿以确保系统的稳态误差。令相位超前校正环节 $G_c(s)$ 为

$$G_c(s) = aG_{c1}(s) = \frac{1+aTs}{1+Ts} \tag{7-7}$$

校正环节的幅频特性 $A(\omega)$ 和相频特性 $\varphi(\omega)$ 分别为

$$A(\omega) = 20\lg \left| G_c(\mathrm{j}\omega) \right| = 20\lg \sqrt{1+(aT\omega)^2} - 20\lg \sqrt{1+(T\omega)^2} \tag{7-8}$$

$$\varphi(\omega) = \arctan aT\omega - \arctan T\omega > 0° \tag{7-9}$$

可见，校正环节相位始终大于等于零，呈现微分特性，故称为相位超前校正环节，且最大超前相位对应的频率为

$$\omega_m = \frac{1}{T\sqrt{a}} \tag{7-10}$$

由式(7-9)知，最大超前相位处的频率 ω_m 正好处于转折频率 $\frac{1}{aT} \sim \frac{1}{T}$ 的几何中心，最大超前相位(最大超调角)为

$$\varphi_m = \arcsin \frac{a-1}{a+1} \tag{7-11}$$

可见，最大超调角 φ_m 与 a 有关，a 越大，最大超调角越大，即微分性越强。但为保证系统的信噪比，实际中 $a \leqslant 20$，即 $\varphi_m \leqslant 69°$。绘制出校正环节的对数频率特性曲线，如图 7-6(b) 所示，在进行相位超前校正时选择 $\omega_c = \omega_m$，这样可以保证系统的响应速度，并充分利用网络的相位超前特性。由图 7-6(b)，或式(7-6)的近似渐近线关系，得

$$A(\omega_m) = 20\lg |G_c(\mathrm{j}\omega_m)| = 10\lg a \tag{7-12}$$

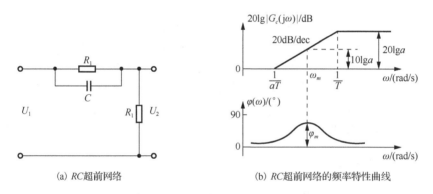

(a) RC超前网络 (b) RC超前网络的频率特性曲线

图 7-6 RC超前网络及频率特性曲线

相位超前校正的思想是利用校正网络的相位超前特性改善系统性能。只要正确地将校正网络的转折频率 $1/aT$ 和 $1/T$ 选在待校正系统幅值穿越频率的两侧，并适当选择参数 a 和 T，就可以使已校正系统的幅值穿越频率和相位裕度满足性能指标的要求，从而改善闭环系统的动态性能。闭环系统的稳态性能要求，可通过选择已校正系统的开环增益来保证。采用相位超前校正的步骤如下：

(1)根据稳态误差的要求，确定开环系统的增益 K，绘制出已确定增益后的待校正系统的 Bode 图，计算或由图确定系统的幅值穿越频率 ω_{ck} 和相位裕度 γ_k；

(2)若系统无幅值穿越频率 ω_c 的要求，则按相位裕度 γ 的要求来确定超前校正环节所需提供的最大超调角 φ_m，通常考虑 $5° \sim 10°$ 余量，计算最大超调角 $\varphi_m = \gamma - \gamma_k + (5° \sim 10°)$；

(3)根据最大超调角 φ_m 和式(7-11)计算 a；

(4)由式(7-12)计算校正环节的幅值上移量，再在待校正环节上找到对应的幅值的下移量处的频率 ω_m，由式(7-10)计算 T；

(5)对计算出的校正结果进行验证，若不满足性能要求，重复步骤(2)～(5)，直到满足要

求为止；

（6）若给定的系统性能指标包括幅值穿越频率 ω_c，则先根据要求选定幅值穿越频率 $\omega_c = \omega_m$，由式 (7-12) 计算 a，由式 (7-10) 计算 T；

（7）对计算出的校正结果进行验证，若不满足性能要求，重复步骤 (6) ~ (7)，直到满足要求为止。

【例 7-2】　　单位负反馈控制系统的开环传递函数 $G_k(s) = \dfrac{K}{s(0.5s+1)}$。要求系统在单位斜坡输入信号的作用下时，稳态误差 $e_{ss} = 0.05$，相位裕度 $\gamma \geqslant 50°$，幅值裕度 $K_g > 10$ dB，试设计相位超前校正环节 $G_c(s)$。

解：首先求开环增益 K：

$$e_{ss} = \lim_{s \to 0} s \cdot \frac{1}{1+G(s)} \cdot \frac{1}{s^2} = \frac{1}{K} = 0.05$$

解得

$$K = 20$$

待校正开环系统的频率特性 $G_k(j\omega) = \dfrac{20}{j\omega(1+j0.5\omega)}$，绘制出系统的 Bode 图，如图 7-7 所示。

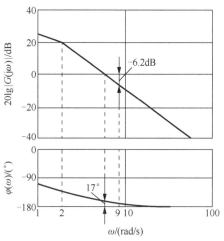

由图 7-7 可知，校正前系统的相位裕度为 $17°$；也可以由图得幅值穿越频率 ω_{ck} 约为 6.54 rad/s，则校正前的相位裕度为

$$\gamma_k = 180° - 90° - \arctan(0.5 \times 6.54) = 17° < 50°$$

图 7-7　例 7-2 待校正开环系统 Bode 图

可见，校正前系统相位裕度为 $17°$，而最小相位的二阶系统的幅值裕度为无穷大，所以系统稳定。但相位裕度小于 $50°$，不满足要求。需要进行相位超前校正。

由于相位超前校正会使系统的幅值穿越频率在 Bode 图上右移，所以在考虑相位超前量时需要适当增加 $5°$ 左右以补偿这一移动。因此校正环节的最大超前相位为

$$\varphi_m = \arcsin \frac{a-1}{a+1} = 50° - 17° + 5° = 38°$$

解得

$$a = 4.2$$

由式 (7-12) 得

$$20\lg |G_c(j\omega_m)| = 10\lg a = 6.2 \text{dB}$$

这就是超前校正环节在 ω_m 点导致的对数幅频特性的上移量。因此，可以计算校正前系统幅值为 -6.2 dB，或可从图 7-7 的 Bode 上找到这点对应的频率为 9 rad/s，故有

$$\omega_c = \omega_m = \frac{1}{\sqrt{a}T} = 9$$

解得

$$T = 0.054$$

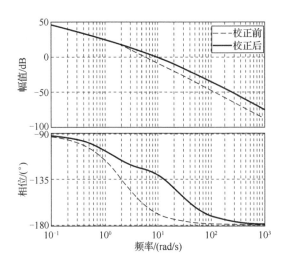

图 7-8　例 7-2 系统校正前后的 Bode 图

故校正环节为

$$G_c(s) = \frac{0.23s+1}{0.054s+1}$$

校正后系统的开环传递函数为

$$G_c(s)G_k(s) = \frac{0.23s+1}{0.054s+1} \cdot \frac{20}{s(0.5s+1)}$$

系统校正前与校正后的 Bode 图如图 7-8 所示。可见，校正后系统的带宽加大，相位裕度从 $17°$ 增加到 $50°$，幅值裕度也满足要求。

综上所述，相位超前校正环节增大了相位裕度，提高了系统的相对稳定性；加大了带宽，提高了响应速度，使过渡过程得到了显著的改善。但由于系统的增益和型数没有改变，所以稳态误差改善不大。同时，从例 7-2 的校正过程也可知道：系统的校正并非严密的求解过程，而是根据经验在 Bode 图上进行取值与试探的计算过程，不能保证求出的校正一定全面满足指标的要求，需要对校正结果进行验算，如果仍不满足要求，则还需继续重复上述过程进行校正，直到满足要求为止。

7.3.2　相位滞后校正

在系统对输入响应速度（或跟踪能力）的要求不高，而对噪声信号抑制的要求较高的情况下，可考虑相位滞后校正。RC 滞后网络如图 7-9（a）所示，其传递函数为

$$G_c(s) = \frac{1+bTs}{1+Ts} \tag{7-13}$$

式中，$b = \dfrac{R_2}{R_1+R_2} < 1$；$T = (R_1+R_2)C$。

校正环节的幅频特性 $A(\omega)$ 和相频特性 $\varphi(\omega)$ 分别为

$$A(\omega) = 20\lg|G_c(j\omega)| = 20\lg\sqrt{1+(bT\omega)^2} - 20\lg\sqrt{1+(T\omega)^2} \tag{7-14}$$

$$\varphi(\omega) = \arctan bT\omega - \arctan T\omega < 0° \tag{7-15}$$

RC 滞后网络的频率特性曲线如图 7-9（b）所示。由图可见，滞后网络在频率 $1/bT \sim 1/T$ 呈积分效应，对数相频特性小于等于零，故称为滞后校正，且最大滞后相位对应的频率为

$$\omega_m = \frac{1}{T\sqrt{b}} \tag{7-16}$$

由式（7-16）知，最大滞后相位处的频率 ω_m 正好处于转折频率 $1/bT \sim 1/T$ 的几何中心。对应的最大滞后相位（最大滞后角）为

$$\phi_m = \arctan\frac{1-b}{1+b} \tag{7-17}$$

与超前校正类似，最大滞后角 ϕ_m 发生在最大滞后角频率 ω_m 处。图 7-9（b）可见，滞后校正环节对低频信号不产生衰减，而对高频信号有削弱作用。采用无源滞后网络进行串联校正

时，主要是利用其高频幅值衰减的特性，以降低系统的开环幅值穿越频率，提高系统的相位裕度。因此，尽量避免最大滞后角发生在校正后开环系统的幅值穿越频率 ω_c 附近，一般选取

$$\frac{1}{bT} = 0.1\omega_c \tag{7-18}$$

此时，滞后网络在 ω_c 处产生的相位滞后为

$$\varphi(\omega_c) = \arctan bT\omega_c - \arctan T\omega_c \tag{7-19}$$

将式(7-19)代入式(7-18)，得

$$\varphi(\omega_c) \approx \arctan 0.1(b-1) \tag{7-20}$$

由图 7-9(b)，或由式(7-14)的近似渐近线关系，得

$$A(\omega_m) = 20\lg |G_c(\mathrm{j}\omega_m)| = -20\lg b \tag{7-21}$$

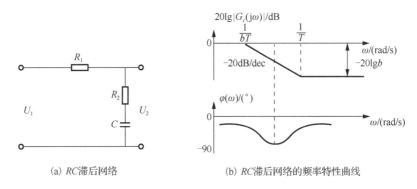

(a) RC 滞后网络　　　　　　　(b) RC 滞后网络的频率特性曲线

图 7-9　RC 滞后网络及频率特性曲线

相位滞后校正以牺牲快速性来换取保持稳态误差的同时可以改善稳定性。此外，如果待校正系统已具备满意的动态性能，仅稳态性能不满足性能指标要求，也可以采用相位滞后校正以提高系统的稳态性能，同时保持其动态性能仍然满足性能指标要求。采用相位滞后校正的步骤如下：

(1)根据稳态误差的要求，确定开环系统的增益 K，绘出已确定增益后的待校正系统的 Bode 图，计算或由图确定系统的幅值穿越频率 ω_{ck}、相位裕度 γ_k 或幅值裕度 K_{gk}；

(2)相位裕度的要求，在原 Bode 图上选取校正后系统的幅值穿越频率 ω_c；

(3)计算待校正系统在校正后的幅值穿越频率 ω_c 处的相位稳定裕度 $\gamma_k(\omega_c)$，根据校正后的相位裕度 γ，并考虑 $5° \sim 10°$ 的余量，则 $\gamma_k(\omega_c)$ 为 $\gamma_k(\omega_c) = \gamma - \varphi_m(\omega_c) + (5° \sim 10°)$；

(4)由式(7-17)和式(7-18)，计算校正 b 和 T；

(5)对计算出的校正结果进行验证，若不满足性能要求，重复步骤(2)～(5)，直到满足要求为止。

相位超前校正与相位滞后校正两种方法，在系统校正任务方面是相同的，但有以下不同之处：

(1)相位超前校正利用超前网络的相位超前特性，而相位滞后校正则利用滞后网络的高频幅值衰减特性；

(2)为了满足严格的稳态性能要求，当采用相位超前校正时，需要一定的附加增益，而相

位滞后校正一般不需要附加增益;

(3)对于同一系统,采用相位超前校正的系统带宽大于采用相位滞后校正的系统带宽,从提高系统跟踪速度的观点来看,系统带宽越大越好,但带宽越大,系统越易受噪声干扰。

7.3.3　相位滞后-超前校正

相位超前校正的作用是充分利用校正环节的微分性来提高系统的相对稳定性和响应快速性,但对稳态性能的改善作用不大。相位滞后校正的作用是充分利用校正环节的幅值衰减特性来提高系统的开环放大比例,以改善系统的稳态性能。而相位滞后-超前校正则兼顾两者的优点,可以同时改善系统的动态性能和稳态性能。当待校正系统不稳定,且要求校正后系统的响应速度、相位裕度和稳态精度较高时,采用相位滞后-超前校正为宜。

滞后-超前网络如图 7-10(a)所示,其传递函数为

$$G_c(s) = \frac{(R_1C_1s+1)(R_2C_2s+1)}{(R_1C_1s+1)(R_2C_2s+1)+R_1C_2s} \tag{7-22}$$

为便于校正分析,将滞后-超前网络的传递函数式(7-22)改写为

$$G_c(s) = \frac{(T_1s+1)(T_2s+1)}{\left(\dfrac{T_1}{c}s+1\right)(cT_2s+1)} \tag{7-23}$$

式中, $T_1=R_1C_1$; $T_2=R_2C_2$; $T_1/c+cT_2=R_1C_1+R_2C_2+R_1C_2$,设计时取 $cT_2 > T_2 > T_1 > T_1/c$,校正网络衰减因子 $c>1$; $(T_2s+1)/(cT_2s+1)$ 为网络的相位滞后部分; $(T_1s+1)/(T_1s/c+1)$ 为网络的相位超前部分。

滞后-超前网络的频率特性曲线如图 7-10(b)所示。其低频部分和高频部分幅值为 0 分贝。曲线的低频部分为负斜率、负相移,起滞后校正作用;高频部分为正斜率、正相移,起超前校正作用。其中,相位为零时的频率 ω_1 、最大超前相位频率 ω_{max} 和最小滞后相位频率 ω_{min} 分别为

$$\omega_1 = \frac{1}{\infty\sqrt{T_1T_2}} \tag{7-24}$$

$$\omega_{max} = \frac{\sqrt{c}}{T_1} \tag{7-25}$$

$$\omega_{min} = \frac{1}{T_2\sqrt{c}} \tag{7-26}$$

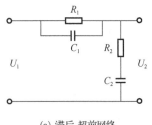

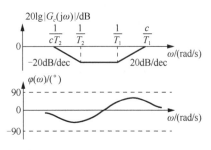

(a) 滞后-超前网络

(b) 滞后-超前网络的频率特性曲线

图 7-10　滞后-超前网络及频率特性曲线

要保证已校正系统的截止频率为所选的 ω_c ,下列等式应成立:

$$\begin{aligned}
20\lg|G_c(j\omega_c)| &= -20\lg|G_k(j\omega_c)|\\
&= -20\lg c + 20\lg T_1\omega_c \tag{7-27}
\end{aligned}$$

相位滞后-超前校正的设计步骤如下。

(1)根据稳态误差的要求,确定开环系统的增益 K ,绘制出已确定增益后的待校正系统的 Bode 图,计算或由

图确定系统的幅值穿越频率 ω_c、相位裕度 γ 或幅值裕度 K_g；

(2) 在待校正系统对数幅频特性上，选择斜率从 –20dB/dec 变为 –40dB/dec 的交接频率作为校正网络超前部分的交接频率 $1/T_1$（这种选法可以降低已校正系统的阶次，且可保证中频段斜率为期望的 –20dB/dec，并占据较宽的频带）；

(3) 根据响应速度要求，选择校正后系统的截止频率 ω_c，由式 (7-26) 可以求出 c 值；

(4) 根据相位裕度的要求，估算校正网络滞后部分的转折频率；

(5) 对计算出的校正结果进行验证，若不满足性能要求，重复上述步骤，直到满足要求为止。

在相位超前校正、相位滞后校正及相位滞后-超前校正中，涉及系统不同频段对系统性能的影响关系分析，系统三频段与系统性能的关系为：低频段取决于开环增益和开环积分环节的数目，通常是指开环对数幅频特性曲线在第一个转折频率以前的区段，它决定了系统的稳态精度；中频段是指开环幅频特性曲线在幅值穿越频率 ω_c 附近的区段，中频段应当有较宽的 –20dB/dec 斜率线，该斜率线越宽，系统的稳定性越好，ω_c 的值应满足系统快速性的要求；高频段是指开环幅频特性曲线在中频段以后的区段，通常认为是 $\omega_c > 10\omega_T$ 的区段，这部分特性是由开环传递函数的小时间常数环节决定的，由于高频段远离 ω_c 且幅值很低，因此对动态特性的影响不大，幅值越低，抗干扰能力越强。三个频段的划分并没有严格的界限，但它反映了对控制系统性能影响的主要方面，为进一步校正系统提供定性的指导原则。

7.3.4　串联 PID 校正

在经典控制理论中，串联 PID 校正也称为 PID 调节，或称为 PID 控制。PID 调节在各种工业控制系统中获得最为广泛的应用，PID 调节是 20 世纪 30 年代末出现的模拟调节器，随着计算机控制的出现，数字 PID 控制器有了更加灵活和广泛的应用。其中 P (Proportional) 为比例控制或增益校正、I (Integral) 为积分控制或相位滞后校正、D (Derivative) 为微分控制或相位超前校正，可以分别组合成 P 控制、PD 控制、PI 控制和 PID 控制，而积分控制和微分控制通常不能单独用于系统控制。

PID 控制器的输出 $u_c(t)$ 与输入 $e(t)$ 的微分方程为

$$u_c(t) = K_p e(t) + \frac{K_p}{T_i}\int_0^t e(t)\mathrm{d}t + K_p T_d \frac{\mathrm{d}e(t)}{\mathrm{d}t} \tag{7-28}$$

式中，K_p 为比例增益或比例系数；T_i 为积分时间常数；T_d 为微分时间常数；$K_i = K_p/T_i$ 为积分系数；$K_d = K_p T_d$ 为微分系数；$e(t) = x_i(t) - x_o(t)$ 为系统偏差（或称误差）。

其相应的传递函数是

$$G_c(s) = K_p\left(1 + \frac{1}{T_i s} + T_d s\right) = K_p + \frac{K_i}{s} + K_d s \tag{7-29}$$

PID 控制系统结构如图 7-11 所示。由于 PID 控制不要求精确的系统数学模型，只通过调整控制器的比例系数、积分系数和微分系数来获得满意的控制性能，所以在各种工业控制系统中得到广泛应用。

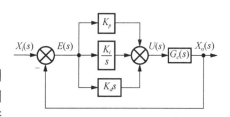

图 7-11　PID 控制系统结构

1. 比例（P）控制

比例控制也称为 P 控制，控制器的输出 $u_c(t)$ 与输入 $e(t)$ 的微分方程为

$$u_c(t) = K_p e(t)$$

其相应的传递函数为

$$G_c(s) = \frac{U_c(s)}{E(s)} = K_p$$

在串联 P 校正中，比例系数偏小时，对小误差的调节作用较弱，难以消除系统的误差；提高比例系数以提高系统的响应速度和减小系统的稳态误差，进而提高控制精度。但比例系数的提高会降低系统的相对稳定性，甚至可能造成闭环系统不稳定。因此，P 校正只在对控制系统性能要求不高的场合才单独使用。

2. 比例-微分（PD）控制

比例-微分控制也称为 PD 控制，其控制器的输出 $u_c(t)$ 与输入 $e(t)$ 的微分方程为

$$u_c(t) = K_p e(t) + K_p T_d \frac{\mathrm{d}e(t)}{\mathrm{d}t} = K_p e(t) + K_d \frac{\mathrm{d}e(t)}{\mathrm{d}t}$$

其相应的传递函数为

$$G_c(s) = K_p(1 + T_d s) = K_p + K_d s$$

PD 控制中微分能反映系统偏差的变化趋势，产生提前的控制信号，以增加系统的阻尼，从而改善系统的稳态性能；PD 控制是相位超前校正，提高系统的相位裕度，系统的幅值穿越频率增加，系统的动态性能和快速性提高。但由于微分的作用，高频增益上升，系统的抗干扰能力减弱。

3. 比例-积分（PI）控制

比例-积分控制也称为 PI 控制器，其控制器的输出 $u_c(t)$ 与输入 $e(t)$ 的微分方程为

$$u_c(t) = K_p e(t) + \frac{K_p}{T_i} \int_0^t e(t)\mathrm{d}t = K_p e(t) + K_i \int_0^t e(t)\mathrm{d}t$$

其相应的传递函数为

$$G_c(s) = K_p \left(1 + \frac{1}{T_i s}\right) = K_p + \frac{K_i}{s}$$

PI 控制增加了系统位于原点的极点，提高了系统的型数，可以消除或减小系统的稳态误差，改善系统的稳态性能，还增加了一个系统零点用于减小系统的阻尼程度。但其相位裕度有所减小，稳定程度变差，当积分作用过强时可能出现积分饱和，所以只有系统稳定裕度足够大时才能采用这种控制。

4. 比例-积分-微分（PID）控制

PID 控制将比例、积分和微分三个作用同时结合起来，控制器同时具有三者的优点。对式(7-29)的 PID 传递函数进行如下分解：

$$G_c(s) = K_p + \frac{K_i}{s} + K_d s = (1 + K_{d1}s)\left(K_{p1} + \frac{K_i}{s}\right) \tag{7-30}$$

式中，$K_p = K_{p1} + K_{d1}K_i$；$K_d = K_{d1}K_{p1}$。

可见，PID 控制器可以表示为 PD 控制器和 PI 控制器串联而成的，控制器兼备了 PD 和

PI 控制的优点。式(7-30)还可以化为

$$G_c(s) = K_p + \frac{K_i}{s} + K_d s = \frac{K_i(T_1 s + 1)(T_2 s + 1)}{s} \tag{7-31}$$

式中，$T_1 = K_{p1}/K_i$；$T_2 = K_{d1}$。

根据式(7-31)，可以绘制出 PID 控制器的 Bode 图，如图 7-12 所示。由图可知，PID 具有增益可调的相位滞后-超前校正作用。

比例控制是直接对系统误差信号进行放大控制，控制信号与误差信号不产生相位变化。比例系数 K_p 直接决定控制作用的强弱，加大 K_p 可以减少系统的稳态误差，提高系统的响应速度，但 K_p 过大会导致系统稳定性变差，甚至不稳定。

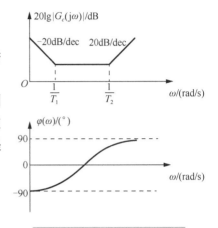

图 7-12　PID 控制器的 Bode 图

积分控制是对系统误差进行积分运算后送出控制量，积分对低频误差有放大作用，而对高频误差起衰减作用，控制信号的相位滞后 90°。积分系数 K_i 反映积分作用的强弱，加大 K_i，积分作用增强，系统稳定性降低，甚至出现积分饱和不稳定；减小 K_i，积分作用减弱，消除系统余差的时间延长。但只要误差存在，积分控制就会累积作用，因此会消除和减小系统的稳态误差。

微分控制是对系统误差进行微分运算，采用误差的变化趋势进行控制，微分对低频误差起削弱作用，而对高频误差起放大作用，控制信号的相位超前 90°。微分能反映系统偏差的变化趋势，产生提前的控制信号，以增加系统的阻尼，从而改善系统的稳定性，微分作用太强将强化系统的高频噪声，导致系统不稳定。通常让微分作用发生在系统频率特性的中频段，以改善系统的动态性能。

7.4　反馈校正

串联校正是一种广泛应用的改善控制系统性能的校正方法，校正环节传递函数与被控对象传递函数串联相乘构成校正后系统的开环传递函数，校正后的系统的频率特性为两者的幅频特性相乘和相频特性相加。由于校正环节不能直接改变被控对象的特性，对于一些动态性能较差或难控的被控对象，串联校正对系统性能的提升作用有限。而反馈校正通过与被控对象或部分被控对象构成反馈后，能有效改变被控对象的结构和参数，除能获得串联校正的性能外，还可以大大减弱系统对象特性参数变化及各种干扰给系统带来的不利影响，从而提高系统的整体性能，反馈校正也是广泛应用的一种校正方法。

7.4.1　改变被控对象的结构与参数

反馈校正是指反馈校正环节在反馈通路上，与被控对象(或局部被控对象)构成反馈回路，

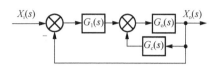

图 7-13　反馈校正系统方框图

是控制系统的局部反馈，而并非通常所称的闭环控制系统的反馈。图 7-13 为反馈校正的系统方框图。其中，$G_o(s)$ 为被控对象的传递函数模型，$G_1(s)$ 为闭环控制系统的串联校正环节的传递函数模型，而 $G_c(s)$ 为反馈校正环节的传递函数模型。系统采用反馈校正后，被控对象模型由 $G_o(s)$ 改变为 $\tilde{G}_o(s)$：

$$\tilde{G}_o(s) = \frac{G_o(s)}{1 + G_o(s)G_c(s)} \tag{7-32}$$

校正后，开环传递函数由 $G_k(s) = G_1(s)G_o(s)$ 改变为

$$\tilde{G}_k(s) = G_1(s)\tilde{G}_o(s) = \frac{G_1(s)G_o(s)}{1 + G_o(s)G_c(s)} \tag{7-33}$$

校正后，系统闭环传递函数 $G_b(s) = G_1(s)G_o(s)/\big(1 + G_1(s)G_o(s)\big)$ 改变为

$$\tilde{G}_b(s) = \frac{G_1(s)G_o(s)}{1 + G_c(s)G_o(s) + G_1(s)G_o(s)} \tag{7-34}$$

　　由式(7-32)～式(7-34)知，反馈校正改变了被控对象模型的结构和参数，相应改变了系统的开环传递函数与闭环传递函数的结构和参数，所以可通过反馈校正环节的传递函数模型 $G_c(s)$ 的选取来改善被控对象特性，从而提升闭环控制系统的性能。

　　下面分析图 7-14 所示局部反馈校正后对象的特性的变化。如图 7-14(a)所示，被控对象由积分环节采用比例(或位置)反馈校正后，传递函数为

$$G(s) = \frac{K/s}{(K\lambda/s) + 1}$$

　　可见，积分环节局部反馈校正后变为了一阶惯性环节，且一阶惯性环节的参数可以通过调整位置反馈系数 λ 来改变。

　　如图 7-14(b)所示，被控对象由二阶等幅振荡环节采用局部微分(或速度)反馈校正后，传递函数为

$$G(s) = \frac{K}{T^2 s^2 + K\tau s + 1}$$

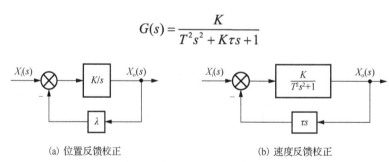

(a) 位置反馈校正　　　　　　　　　　　　　(b) 速度反馈校正

图 7-14　局部反馈校正回路

　　可见，二阶等幅振荡环节经速度反馈校正后，变为了二阶稳定的环节，提高了系统的稳定性，而且可以通过调整速度反馈系数 τ 改变二阶系统的阻尼，使系统在最佳的二阶欠阻尼衰减振荡下工作。

7.4.2　取代被控对象模型

如图 7-13 所示的反馈校正的系统方框图，系统采用反馈校正后，闭环控制系统的被控对象模型改变为式(7-32)，开环传递函数改变为式(7-33)。

在系统动态性能主要影响的频率范围内，如果设计校正器使下列关系式成立：

$$\left|G_o(\mathrm{j}\omega)G_c(\mathrm{j}\omega)\right|>1 \tag{7-35}$$

由式(7-35)和式(7-32)，得校正后系统的被控对象近似为

$$\tilde{G}_o(s)\approx\frac{1}{G_c(s)} \tag{7-36}$$

由式(7-36)和式(7-33)，得校正后系统的开环传递函数近似为

$$\tilde{G}_k(s)\approx\frac{G_1(s)}{G_c(s)} \tag{7-37}$$

式(7-36)表明，反馈校正后被控对象的数学模型由原来的 $G_o(s)$ 改变为 $1/G_c(s)$，被控对象特性几乎与被反馈校正环节包围的环节无关。

而当 $|G_o(\mathrm{j}\omega)G_c(\mathrm{j}\omega)|\leqslant1$ 时，式(7-33)变成

$$\tilde{G}_k(s)\approx G_1(s)G_o(s) \tag{7-38}$$

式(7-38)表明，已校正系统与待校正系统的特性一致，反馈校正对该频段内系统特性的改变不大。因此，适当选取反馈校正环节传递函数模型 $G_c(s)$ 的结构和参数，可以使校正后的对象的特性按期望的方式变化。上述分析的结果会产生一定的误差，最大误差发生在 $|G_o(\mathrm{j}\omega)G_c(\mathrm{j}\omega)|=1$ 的附近，但最大误差也不超过 3dB，这个误差在实际工程中是可以接受的。

以上分析表明，反馈补偿的主要优点如下：

(1)反馈校正可以提高系统的频带宽度，加快响应速度；

(2)反馈校正可以削弱被控对象由于参数变化对控制系统性能造成的不利影响；

(3)反馈校正可以消除被控对象中不希望的特性，可以在一定的条件下采用反馈校正环节取代不希望的部分模型。

7.5　顺馈校正与前馈校正

串联校正和反馈校正是经典控制理论中最为常用的两种校正方法，通常在一定程度上改善系统的特性，使校正后系统的性能指标满足要求。但这两种校正方法均在系统的闭环控制主回路内，通过系统的主反馈回路控制发挥作用。由于反馈控制的本质就是检测系统的误差(或偏差)，用误差(或偏差)来调节纠正系统的误差(或偏差)，这决定了串联校正系统和反馈校正系统都是采用有差控制的。对于采用串联校正和反馈校正的系统，提高系统的稳态精度需要加大开环增益和系统型数，但这往往会降低系统的稳定性或使系统不稳定；提高系统对输入信号的快速跟踪性能需要增加系统的带宽，这又会导致干扰抑制性能变差。

为了解决串联校正和反馈校正存在的稳定性与稳态指标的矛盾，以及输入跟踪性能和干扰抑制性能的矛盾，可采用输入顺馈校正和干扰前馈校正。除了通过在控制系统的主反馈回

路内部进行串联校正或局部反馈校正外，还在输入通道上加顺馈校正和在干扰通道上加前馈校正，所以这种开环和闭环的组合校正也称为顺馈复合校正和前馈复合校正。

7.5.1　顺馈校正

顺馈校正系统的方框图如图 7-15 所示。其中，$G_o(s)$ 为系统被控对象传递函数模型，$G_1(s)$ 为串联校正器传递函数模型，$G_c(s)$ 为顺馈校正器传递函数模型，下面讨论顺馈校正器模型 $G_c(s)$ 的选择。利用梅森增益公式，求出图 7-15 系统的闭环传递函数为

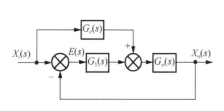

图 7-15　顺馈校正系统方框图

$$G_b(s) = \frac{X_o(s)}{X_i(s)} = \frac{G_1(s)G_o(s) + G_c(s)G_o(s)}{1 + G_1(s)G_o(s)} \qquad (7\text{-}39)$$

若系统误差 $E(s) = X_i(s) - X_o(s) = 0$，则系统的输出 $X_o(s)$ 等于系统的输入 $X_i(s)$，即闭环传递函数 $G_b(s) = 1$，代入 (7-39) 可解得

$$G_c(s) = \frac{1}{G_o(s)} \qquad (7\text{-}40)$$

顺馈校正环节满足式 (7-40) 时，不论系统的输入信号是什么形式的或如何变化，系统的输出都完全等于系统的输入，系统不存在跟踪误差。但在工程实际中，由于多数对象也存在一定的非线性和时变特性，很难建立被控对象的精确数学模型，且即使建立出系统的精确模型 $G_o(s)$，由于传递函数的分母阶次通常比分子阶次高，当分子与分母阶次差二阶及以上时，式 (7-40) 在工程上是难以实现的。顺馈校正器在工程中是难以完全消除输入跟踪误差的。在实际应用时主要针对系统主要频段采用近似补偿，或对系统稳态误差进行全补偿，以使顺馈校正器传递函数模型 $G_c(s)$ 简单易于工程实现。

由图 7-15 和式 (7-39) 知，顺馈校正器的传递函数 $G_c(s)$ 在系统回路之外，补偿通道不影响特征方程，即顺馈校正不改变系统的稳定性，所以可在不加顺馈校正通道前，先设计串联校正系统，保证系统有较好的动态性能和足够的稳定裕度后，再设置补偿器 $G_c(s)$，减小动态误差，提高系统的稳态精度。采用顺馈校正还可以等效提高系统的型数，在不影响系统的稳定的条件下消除系统的稳态误差。

7.5.2　前馈校正

当系统受到的干扰信号可测量时，可以直接利用该干扰信号设计校正器 (或补偿器) 进行前馈校正。前馈校正系统的方框图如图 7-16 所示。其中，$G_o(s)$ 为系统被控对象传递函数模型，$G_1(s)$ 为串联校正器传递函数模型，$G_c(s)$ 为前馈校正器，下面讨论前馈校正器 $G_c(s)$ 的设计方法。

根据线性系统的叠加原理，分析图 7-16 系统在干扰信号 $N(s)$ 作用下的输出时，令 $X_i(s) = 0$，系统在干扰信号 $N(s)$ 作用下的传递函数为

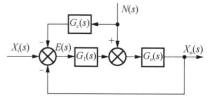

图 7-16　前馈校正系统方框图

$$G_{bn}(s) = \frac{X_o(s)}{N(s)} = \frac{G_o(s) - G_c(s)G_1(s)G_o(s)}{1 + G_1(s)G_o(s)}$$

所以系统的响应 $X_o(s)$ 为

$$X_o(s) = \frac{G_o(s) - G_c(s)G_1(s)G_o(s)}{1 + G_1(s)G_o(s)} N(s)$$

当 $X_o(s) = 0$ 时，干扰信号 $N(s)$ 对系统不产生影响，可解出完全补偿的前馈校正器 $G_c(s)$ 为

$$G_c(s) = \frac{1}{G_1(s)} \tag{7-41}$$

从结构上看，前馈校正系统人为设计了一条由干扰信号经过 $G_c(s)$ 和 $G_1(s)$ 到达方框图的第二个相加点的信号传递通道，这条信号传递通道中的信号与干扰信号在此相加点处大小相等、方向相反，因此两路信号的代数和为零，从而实现了对干扰信号的全补偿。

前馈校正在工程中，要求系统受到的干扰信号是可以检测的，这限制了其应用范围；而且要求系统前端的 $G_1(s)$ 数学模型准确及运行过程中模型不变，使得前馈校正完全补偿也较困难。但相对于顺馈校正器算法是系统后端的被控对象的模型倒数而言，前馈校正器算法是系统前端的串联校正器的模型倒数，串联校正器的模型相对于被控对象模型更加准确，且校正器的模型分子与分母阶次差别不超过两阶。因此，前馈校正相对于顺馈校正在工程中更容易实现，虽然都难以实现完全补偿，但前馈校正应用更广，且补偿效果也更好一些。

7.6　系统校正的 MATLAB 实现

本节介绍 MATLAB 在系统校正中的应用，分别通过两个实例介绍相位超前校正的设计过程和相位滞后校正的设计过程。

基于频率响应的超前校正设计通常采用对数幅频特性和对数相频特性，即通过伯德图进行设计。

【例7-3】　采用 MATLAB 编程设计实现例 7-2，即单位负反馈控制系统的开环传递函数为 $G_k(s) = \dfrac{K}{s(0.5s+1)}$。要求系统在单位斜坡输入信号的作用下，稳态误差 $e_{ss} = 0.05$，相位裕度 $\gamma \geqslant 50°$，幅值裕度 $K_g > 10$ dB。试采用 MATLAB 编程设计相位超前校正环节传递函数 $G_c(s)$，并验证校正后的系统指标是否满足要求，以及求闭环系统的极点。

解：根据稳态误差为 $e_{ss} = 0.05$，得到系统的开环增益为 $K = 20$。编程如下：

```
%%%%%系统的开环传递函数%%%%%
num = 20; % 分子多项式
den = conv([1,0],[0.5,1]); % 分母多项式
Gk = tf(num,den); % 开环传递函数
Gkk = feedback(Gk,1)% 校正前系统传递函数
gamma_add =50 + 8; % 增加量取 8°
%%%%%系统开环频率特性的幅值和相位值%%%%%
[mag,pha,w] = bode(Gk);
```

```
Mag = 20*log10(mag);
% Kg 为幅值裕度, gammak 为相位裕度, wgc 和 wpc 为响应的交接频率
[Kg,gammak,wgc,wpc] = margin(Gk);
%%%%%校正后系统传递函数%%%%%%
phi = (gamma_add-gammak)*pi/180;
a = (1+sin(phi))/(1-sin(phi));
mn= -10*log10(a);
wm = spline(Mag,w,mn);% 确定最大相位位移频率
T = 1/wm/sqrt(a);
Tz = a*T;
Gc = tf([Tz 1],[T 1])% 超前校正环节的传递函数
Gkc = feedback(Gk*Gc,1)% 校正后系统传递函数
%%%%%校正前后闭环系统阶跃响应图%%%%%%
figure;
step(Gkk,'black--',5);
set(findobj('Type','line'),'linewidth',1.5)
hold on;
step(Gkc,'black',5);
set(findobj('Type','line'),'linewidth',1.5)
grid on;
h1=legend('校正前','校正后');
set(h1,'Fontsize',15);
%%%%%%校正前后闭环系统 Bode 图%%%%%%
figure;
bode(Gk,'black--');
set(findobj('Type','line'),'linewidth',1.5)
hold on;
bode(Gk*Gc,'black');
set(findobj('Type','line'),'linewidth',1.5)
grid on;
h2=legend('校正前','校正后');
set(h2,'Fontsize',15);
%%%%%%%验证校正后的系统指标是否满足要求%%%%%%
[Kgc,gammac,wcg1,wcp1] = margin(Gk*Gc);
fprintf('校正后系统相位裕度是%.2f\n',gammac)
fprintf('校正后系统幅值裕度是%.2f\n',Kgc)
%%%%%%闭环系统的极点%%%%%%
num = [4.687 20];
den = [0.02544 0.5509 5.687 20];
[z,gammak,K] = tf2zp(num,den);
fprintf('闭环系统的极点是:\n')
disp(gammak)
```

运行结果如下。

校正前系统闭环传递函数:

```
Gkk =
        20
    -----------------
    0.5 s^2 + s + 20
```

```
Continuous-time transfer function.
```

校正环节传递函数：

```
Gc =
  0.2344 s + 1
  -------------
  0.05088 s + 1
Continuous-time transfer function.
```

校正后系统闭环传递函数：

```
Gkc =
                    4.687 s + 20
  ---------------------------------------
  0.02544 s^3 + 0.5509 s^2 + 5.687 s + 20
```
校正后系统相位裕度是 52.35
校正后系统幅值裕度是 Inf

闭环系统的极点是：

```
-7.7680 + 8.2548i
-7.7680 - 8.2548i
-6.1188 + 0.0000i
```

因此，校正后系统相位裕度是 $52.35°$，校正后系统幅值裕度是 ∞，满足设计要求。闭环系统的极点是 $s_1 = -7.77 + j8.26$、$s_2 = -7.77 - j8.26$、$s_3 = -6.12$。

运行结果如图 7-17(a) 和图 7-17(b) 所示。

由运行结果可知，相位超前校正环节 $G_c(s) = \dfrac{0.2344s + 1}{0.05088s + 1}$。由运行图可知，引入超前校正环节后，系统的带宽增大，速度稳态误差增大。

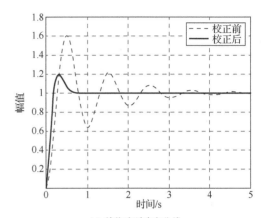

(a) 单位阶跃响应曲线

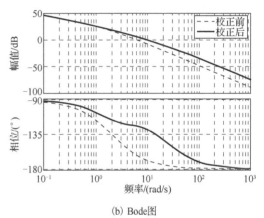

(b) Bode图

图 7-17　校正前后闭环系统单位阶跃响应曲线和 Bode 图

【例 7-4】　设单位负反馈控制系统开环传递函数为 $G_k(s) = \dfrac{100}{s(0.1s + 1)(0.01s + 1)}$，对该系统分别采用相位超前校正 $G_c(s) = \dfrac{0.05s + 1}{0.005s + 1}$、相位滞后校正 $G_c(s) = \dfrac{0.5s + 1}{10s + 1}$ 和相位滞后-超前校正 $G_c(s) = \dfrac{(0.25s + 1)(0.1s + 1)}{(1.25s + 1)(0.02s + 1)}$，要求设计 MATLAB 编程，求系统在校正前及使用不同校正方法后开环系统的相位裕度 γ、幅值裕度 K_g，并绘制出系统校正前后的闭环系统单位阶跃响应曲线和开环系统 Bode 图。

解：

```
%%%%%%%%%%%%%%%%系统的单位阶跃响应曲线和 Bode 图%%%%%%%%%%%%%%%%
num1 = 100;
den1 = conv([1 0],conv([0.1 1],[0.01 1]));
```

```
G1 = tf(num1,den1);
yg1 = feedback(G1,1);
num2 = conv(100,[0.05 1]);
den2 = conv([0.005 1],conv([1 0],conv([0.1 1],[0.01 1])));
G2 = tf(num2,den2);
yg2 = feedback(G2,1);
num3 = conv(100,[0.5 1]);
den3 = conv([10 1],conv([1 0],conv([0.1 1],[0.01 1])));
G3 = tf(num3,den3);
yg3 = feedback(G3,1);
num4 = conv(conv([0.25 1],[0.1 1]),[100]);
den4 = conv(conv([1.25 1],[0.02 1]),conv([1 0],conv([0.1 1],[0.01 1])));
G4 = tf(num4,den4);
yg4 = feedback(G4,1);
%%%%%不加校正的系统的单位阶跃响应曲线%%%%%
t=0:0.01:2;
figure(1);
step(yg1,'black-',t);
hold on;
%%%%%加入相位超前校正的系统的单位阶跃响应曲线%%%%%
step(yg2,'black--',t);
hold on;
%%%%%加入相位滞后校正的系统的单位阶跃响应曲线%%%%%
step(yg3,'black.-.',t);
hold on;
%%%%%加入相位滞后-超前校正的系统的单位阶跃响应曲线%%%%%
step(yg4,'black:.',t);
grid on
h=legend('系统校正前','加入相位超前校正','加入相位滞后校正','加入相位滞后-超前校正');
set(h,'Fontsize',10);
%%%%%不加校正的系统的 Bode 图%%%%%
figure(2)
bode(num1,den1,'black-')
[Kg1,gammak1,wgc1,wpc1] = margin(G1);
fprintf('校正前系统相位裕度是%.2f\n',gammak1)
fprintf('校正前系统幅值裕度是%.2f\n',Kg1)
hold on;
%%%%%加入相位超前校正的系统的 Bode 图%%%%%
bode(num2,den2,'black--')
[Kgc2,gammac2,wgc2,wpc2] = margin(G2);
fprintf('加入相位超前校正后系统相位裕度是%.2f\n',gammac2)
fprintf('加入相位超前校正后系统幅值裕度是%.2f\n',Kgc2);  hold on;
%%%%%加入相位滞后校正的系统的 Bode 图%%%%%
bode(num3,den3,'black.-.')
[Kgc3,gammac3,wgc3,wpc3] = margin(G3);
fprintf('加入相位滞后校正后系统相位裕度是%.2f\n',gammac3)
fprintf('加入相位滞后校正后系统幅值裕度是%.2f\n',Kgc3); hold on;
%%%%%加入相位滞后-超前校正的系统的 Bode 图%%%%%
bode(num4,den4,'black:.')
```

```
[Kgc4,gammac4,wgc4,wpc4] = margin(G4);
fprintf('加入相位滞后-超前校正后系统相位裕度是%.2f\n',gammac4)
fprintf('加入相位滞后-超前校正后系统幅值裕度是%.2f\n',Kgc4)
h1=legend('系统校正前','加入相位超前校正','加入相位滞后校正','加入相位滞后-超前校正');
set(h1,'Fontsize',10); grid on
```

运行结果如下:

```
校正前系统相位裕度是1.58
校正前系统幅值裕度是1.10
加入相位超前校正后系统相位裕度是40.63
加入相位超前校正后系统幅值裕度是5.08
加入相位滞后校正后系统相位裕度是40.11
加入相位滞后校正后系统幅值裕度是17.40
加入相位滞后-超前校正后系统相位裕度是49.18
加入相位滞后-超前校正后系统幅值裕度是6.78
```

运行结果如图 7-18(a) 和图 7-18(b) 所示。

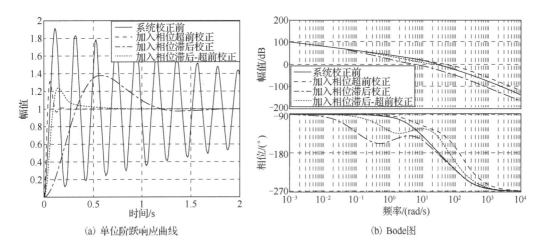

(a) 单位阶跃响应曲线　　　　　　　　　　(b) Bode图

图 7-18　校正前后系统单位阶跃响应曲线和 Bode 图

7.7　高速列车车辆垂向主动悬挂控制仿真分析

　　高速行驶中的列车受到轨道不平顺的激扰、空气动力的作用、牵引力和制动力的作用等,将做多自由度的随机振动,从而影响列车运行的稳定性(或安全性)和平稳性(或舒适性)。

　　列车悬挂系统是轮对与构架、构架与车体之间一切传递力的装置的总称,它由弹性元件和阻尼元件组成。悬挂系统对于稳定性和平稳性的影响常常是相互矛盾的,若单从提高某方面的性能来进行悬挂系统的设计容易顾此失彼。传统列车悬挂系统的设计方案往往是综合线路质量、列车设计速度、载荷、强度等多方面的因素及多目标约束下折中优化的结果,因此不可能使列车各方面的性能都达到最佳运行状态。这种传统方法设计出的悬挂系统的参数在列车行驶过程中保持不变，悬挂系统也不需要外界提供能量，只利用弹性元件的物理特性暂时将振动能量储存起来，并在动能和势能的转化过程中，通过阻尼元件逐渐消耗振动能量，这种悬挂方式即为被动悬挂。

从自动控制理论的观点来看，被动悬挂系统是开环控制系统。当列车运行载荷、速度、线路等偏离被动悬挂系统设计条件时，列车的运行平稳性和舒适性将偏离优化指标而恶化，影响旅客乘坐舒适度。针对被动悬挂系统的缺点，将自动控制理论应用到随机振动过程中，构成实时闭环振动控制，即主动悬挂控制。按控制过程中系统是否需要外界提供能量，将主动悬挂控制分为有源主动悬挂控制（又称为全主动悬挂控制或主动控制）和无源主动悬挂控制（亦称为半主动悬挂控制）。本节针对第 2 章介绍的高速列车车辆垂向动力学模型，采用可调二系悬挂阻尼器进行闭环半主动 PID 控制分析。

【例 7-5】 例 2-33 建立了图 2-39 所示的车辆垂向动力学模型，列车在以 300km/h 的速度运行时，在轨道不平顺信号 $z_w(t)$ 的激扰下，以车体垂向振动加速度信号为被控变量，以二系悬挂可调阻尼器为执行器。

(1)设列车受到 3mm 的脉冲信号的激励，采用 MATLAB 编程对车辆全主动 PID 控制进行仿真分析，并说明全主动悬挂控制对车体垂向沉浮振动的抑制情况。

(2)设列车受到 $z_w(t) = 3\sin(2\pi t)$ (mm) 的正弦信号的激励，采用 MATLAB 编程对车辆半主动 PID 控制进行仿真分析，并说明半主动悬挂控制对车体垂向沉浮振动的抑制情况。

解: (1)根据第 2 章描述车辆模型的状态空间方程(2-106)，建立被动控制时的车辆模型。其中状态量 X、观测量 Y、轨道激励 w 及系统矩阵 A、控制矩阵 B、输出矩阵 C、直接输出矩阵 D 在 2.10 节已详细列出，在此不再赘述。

$$\begin{cases} \dot{X} = AX + Bw \\ Y = CX + Dw \end{cases}$$

当采用全主动控制时，如图 7-19 所示，将传统的阻尼器替换为能够产生控制力的作动器。此时各部分的运动微分方程如下。

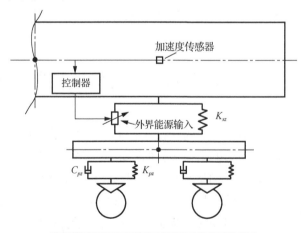

图 7-19 高速列车车辆垂向主动悬挂控制

车体沉浮运动：

$$M_c\ddot{z}_c = -K_{sz}(z_c - z_{t1} + l_c\beta_c) - K_{sz}(z_c - z_{t2} - l_c\beta_c) - f_1 - f_2$$

车体点头运动：

$$J_c\ddot{\beta}_c = -K_{sz}(z_c - z_{t1} + l_c\beta_c)l_c + K_{sz}(z_c - z_{t2} - l_c\beta_c)l_c + (f_2 - f_1)l_c$$

前转向架沉浮运动：

$$M_t\ddot{z}_{t1} = K_{sz}(z_c - z_{t1} + l_c\beta_c) - K_{pz}(z_{t1} - z_{w1} + l_t\beta_{t1}) - C_{pz}(\dot{z}_{t1} - \dot{z}_{w1} + l_t\beta_{t1})$$
$$- K_{pz}(z_{t1} - z_{w2} - l_t\beta_{t1}) - C_{pz}(\dot{z}_{t1} - \dot{z}_{w2} - l_t\beta_{t1}) + f_1$$

前转向架点头运动：

$$J_t\ddot{\beta}_{t1} = -K_{pz}(z_{t1} - z_{w1} + l_t\beta_{t1})l_t - C_{pz}(\dot{z}_{t1} - \dot{z}_{w1} + l_t\dot{\beta}_{t1})l_t + K_{pz}(z_{t1} - z_{w2} - l_t\beta_{t1})l_t$$
$$+ C_{pz}(\dot{z}_{t1} - \dot{z}_{w2} - l_t\dot{\beta}_{t1})l_t$$

后转向架沉浮运动：

$$M_t\ddot{z}_{t2} = K_{sz}(z_c - z_{t2} - l_c\beta_c) - K_{pz}(z_{t2} - z_{w3} + l_t\beta_{t2}) - C_{pz}(\dot{z}_{t2} - \dot{z}_{w3} + l_t\beta_{t2})$$
$$- K_{pz}(z_{t2} - z_{w4} - l_t\beta_{t2}) - C_{pz}(\dot{z}_{t2} - \dot{z}_{w4} - l_t\beta_{t2}) + f_2$$

后转向架点头运动：

$$J_t\ddot{\beta}_{t2} = -K_{pz}(z_{t2} - z_{w3} + l_t\beta_{t2})l_t - C_{pz}(\dot{z}_{t2} - \dot{z}_{w3} + l_t\dot{\beta}_{t2})l_t + K_{pz}(z_{t2} - z_{w4} - l_t\beta_{t2})l_t$$
$$+ C_{pz}(\dot{z}_{t2} - \dot{z}_{w4} - l_t\dot{\beta}_{t2})l_t$$

此时模型的状态空间方程如下：

$$\begin{cases} \dot{\boldsymbol{X}}_a = \boldsymbol{A}_a\boldsymbol{X}_a + \boldsymbol{B}_{a1}\boldsymbol{w} + \boldsymbol{B}_{a2}\boldsymbol{f} \\ \boldsymbol{Y}_a = \boldsymbol{C}_a\boldsymbol{X}_a + \boldsymbol{D}_{a1}\boldsymbol{w} + \boldsymbol{D}_{a2}\boldsymbol{f} \end{cases}$$

式中，状态量 $\boldsymbol{X}_a$、观测量 $\boldsymbol{Y}_a$、系统矩阵 $\boldsymbol{A}_a$、控制矩阵 $\boldsymbol{B}_{a1}$、输出矩阵 $\boldsymbol{C}_a$、直接输出矩阵 $\boldsymbol{D}_{a2}$ 同被动控制，但 $C_{sz} = 0$；$\boldsymbol{f}$ 为作动器产生的控制力，这里在车体前后两端与转向架连接处均装有作动器，产生的控制力分别为 f_1、f_2，即 $\boldsymbol{f} = \begin{bmatrix} f_1 & f_2 \end{bmatrix}^{\mathrm{T}}$，矩阵 $\boldsymbol{B}_{a2}$、$\boldsymbol{D}_{a2}$ 如下：

$$\boldsymbol{B}_{a2} = \begin{bmatrix} 0 & -1/M_c & 0 & l_c/J_c & 0 & 1/M_t & 0 & 0 & 0 & 1/M_t & 0 & 0 \\ 0 & -1/M_c & 0 & -l_c/J_c & 0 & 1/M_t & 0 & 0 & 0 & 1/M_t & 0 & 0 \end{bmatrix}^{\mathrm{T}}, \quad \boldsymbol{D}_{a2} = \begin{bmatrix} -1/M_c \\ -1/M_c \end{bmatrix}^{\mathrm{T}}$$

在 MATLAB 中建立车辆模型的程序如下：

```
%参数定义
Mc = 3.6e4;Jc = 2.3e6;Mt = 2.1e3;Jt = 2.1e3;Ksz = 5.2e5;Csz = 4e4;Kpz = 1.2e6;
Cpz = 6e4;Lc = 9;Lt = 1.25;V=300/3.6;
tao2=(2*Lt)/V; tao3=(2*Lc)/V; tao4=2*(Lt+Lc)/V;  %计算延时
%模型定义
Ap = zeros(12,12);%系统矩阵-被动控制
Ap(1,:)= [0 1 0 0 0 0 0 0 0 0 0 0];
Ap(2,:)= [-2*Ksz -2*Csz 0 0 Ksz Csz 0 0 Ksz Csz 0 0]/Mc;
Ap(3,:)= [0 0 0 1 0 0 0 0 0 0 0 0];
Ap(4,:)= [0 0 -2*Ksz*Lc^2 -2*Csz*Lc^2 Ksz*Lc Csz*Lc 0 0 -Ksz*Lc -Csz*Lc 0 0]/Jc;
Ap(5,:)= [0 0 0 0 0 1 0 0 0 0 0 0];
Ap(6,:)= [Ksz Csz Ksz*Lc Csz*Lc -(2*Kpz+Ksz)-(2*Cpz+Csz)0 0 0 0 0 0]/Mt;
Ap(7,:)= [0 0 0 0 0 0 0 1 0 0 0 0];
```

```
Ap(8,:)= [0 0 0 0 0 0 -2*Kpz*Lt^2 -2*Cpz*Lt^2 0 0 0 0]/Jt;
Ap(9,:)= [0 0 0 0 0 0 0 0 0 1 0 0];
Ap(10,:)= [Ksz Csz -Ksz*Lc -Csz*Lc 0 0 0 0 -(2*Kpz+Ksz)-(2*Cpz+Csz)0 0]/Mt;
Ap(11,:)= [0 0 0 0 0 0 0 0 0 0 0 1];
Ap(12,:)= [0 0 0 0 0 0 0 0 0 0 -2*Kpz*Lt^2 -2*Cpz*Lt^2]/Jt;
Aa = zeros(12,12);%系统矩阵-全主动控制
Aa(1,:)= [0 1 0 0 0 0 0 0 0 0 0 0];
Aa(2,:)= [-2*Ksz 0 0 0 Ksz 0 0 0 Ksz 0 0 0]/Mc;
Aa(3,:)= [0 0 0 1 0 0 0 0 0 0 0 0];
Aa(4,:)= [0 0 -2*Ksz*Lc^2 0 Ksz*Lc 0 0 0 -Ksz*Lc 0 0 0]/Jc;
Aa(5,:)= [0 0 0 0 0 1 0 0 0 0 0 0];
Aa(6,:)= [Ksz 0 Ksz*Lc 0 -(2*Kpz+Ksz)-(2*Cpz+0)0 0 0 0 0]/Mt;
Aa(7,:)= [0 0 0 0 0 0 0 1 0 0 0 0];
Aa(8,:)= [0 0 0 0 0 0 -2*Kpz*Lt^2 -2*Cpz*Lt^2 0 0 0 0]/Jt;
Aa(9,:)= [0 0 0 0 0 0 0 0 0 1 0 0];
Aa(10,:)= [Ksz 0 -Ksz*Lc 0 0 0 0 0 -(2*Kpz+Ksz)-(2*Cpz+0)0 0]/Mt;
Aa(11,:)= [0 0 0 0 0 0 0 0 0 0 0 1];
Aa(12,:)= [0 0 0 0 0 0 0 0 0 0 -2*Kpz*Lt^2 -2*Cpz*Lt^2]/Jt;
Bp = zeros(12,8);%控制矩阵
Bp(6,:)= [Kpz/Mt Kpz/Mt 0 0 Cpz/Mt Cpz/Mt 0 0];
Bp(8,:)= [Kpz*Lt/Jt -Kpz*Lt/Jt 0 0 Cpz*Lt/Jt -Cpz*Lt/Jt 0 0];
Bp(10,:)= [0 0 Kpz/Mt Kpz/Mt 0 0 Cpz/Mt Cpz/Mt];
Bp(12,:)= [0 0 Kpz*Lt/Jt -Kpz*Lt/Jt 0 0 Cpz*Lt/Jt -Cpz*Lt/Jt];
Ba1=Bp;Ba2 = zeros(12,2);
Ba2(:,1)=[0;-1/Mc;0;-Lc/Jc;0;1/Mt;0;0;0;0;0;0];Ba2(:,2)=[0;-1/Mc;0;Lc/Jc;0;0;0;0;0;1/Mt;0;0];
Cp=zeros(1,12); Cp(1,:)=Ap(2,:);%输出矩阵-被动控制
Ca=zeros(1,12);Ca(1,:)=Aa(2,:);%输出矩阵-半主动控制
Dp=zeros(1,8); Da1=Dp;Da2=[-1/Mc -1/Mc];%直接输出矩阵
```

下面根据前面的内容，设计一个 PID 控制器，该控制器以车体沉浮运动加速度 $\ddot{z}_c$ 为输入，以控制力 f 为输出。这里假设前后车体前后两端的作动器产生的控制力均为 f，即 $f_1=f_2=f$。PID 控制器的具体形式如式(7-37)所示。其中 K_p、K_i、K_d 分别为比例系数、积分系数、微分系数，这里分别选取为 10000、100000、20，同时由于控制器输入信号的高频成分，微分环节会产生很大的输出，对系统造成不利影响，这也对执行器提出了很高的要求，因此这里在微分环节中加入了一个低通滤波器 $1/(Ts+1)$ 来将减少高频信号的影响，这里取 $T=0.02$，此时低通滤波截止频率约为 8Hz。为便于计算，先将控制转化为状态空间方程的形式：

$$G_s(s)=K_p+K_i\frac{1}{s}+K_d\frac{s}{Ts+1} \tag{7-42}$$

```
Kp=10000;Ki=100000;Kd=20;T=0.02;%PID控制器参数
syms s %转化为状态空间方程的形式
Gc=(Kp+Ki/s+Kd*(1/(1+T*s)));[num,den]=numden(Gc);
num=sym2poly(num);den=sym2poly(den);[Ac,Bc,Cc,Dc]=tf2ss(num,den);
```

在建立好控制器后，下面开始仿真求解，定义仿真步长为 0.001，仿真时长 10s，并进行初始化。

```
dt=0.001; %仿真步长
tmax=10; %仿真时间
t=0:dt:tmax;
%仿真初始化
Xp=zeros(12,tmax/dt+1); %车辆模型状态量-被动控制
Xa=zeros(12,tmax/dt+1); %³车辆模型状态量-全主动控制
Xc=zeros(2,tmax/dt+1); %控制器状态量
u=zeros(8,tmax/dt+1);%模型激励输入
f=zeros(2,tmax/dt+1);%控制力
y=zeros(1,tmax/dt+1);%测量值
```

下面根据题意，构造了一组起始时间为 1s，幅值为 3mm 的阶跃输入，作为车辆模型的激励输入，同时考虑了轮对间的相位差。

```
tao2=round(tao2/dt);tao3=round(tao3/dt);tao4=round(tao4/dt);
u(1,1/dt+1:end)=0.003;%阶跃输入
u(2,:)=u(1,:);u(2,:)=circshift(u(2,:),tao2);u(2,1:tao2+1)=0;
u(3,:)=u(1,:);u(3,:)=circshift(u(3,:),tao3);u(3,1:tao3+1)=0;
u(4,:)=u(1,:);u(4,:)=circshift(u(4,:),tao4);u(4,1:tao4+1)=0;
u(5,:)=[diff(u(1,:))0]/dt;u(6,:)=[diff(u(2,:))0]/dt;
u(7,:)=[diff(u(3,:))0]/dt;u(8,:)=[diff(u(4,:))0]/dt;
```

完成上述工作后，可以进行求解，这里使用四阶龙格库塔法，具体过程如下：

```
for i=1:tmax/dt %四阶龙格库塔法求解
y(:,i)=Ca*Xa(:,i)+Da1*u(:,i)+Da2*f(:,i);acc=y(1,i);%车体沉浮加速度
%控制器求解
K1=dt*dynamic(Ac,Bc,Xc(:,i),acc);
K2=dt*dynamic(Ac,Bc,Xc(:,i)+1/2*K1,acc);
K3=dt*dynamic(Ac,Bc,Xc(:,i)+1/2*K2,acc);
K4=dt*dynamic(Ac,Bc,Xc(:,i)+K3,acc);
Xc(:,i+1)=Xc(:,i)+(K1+2*K2+2*K3+K4)/6;
f(:,i+1)=Cc*Xc(:,i)+Dc*acc;%控制力
%车辆模型求解-被动控制
K1=dt*dynamic(Ap,Bp,Xp(:,i),u(:,i));K2=dt*dynamic(Ap,Bp,Xp(:,i)+1/2*K1,u(:
,i));K3=dt*dynamic(Ap,Bp,Xp(:,i)+1/2*K2,u(:,i));K4=dt*dynamic(Ap,Bp,Xp(:,i)+K3,u
(:,i));Xp(:,i+1)=Xp(:,i)+(K1+2*K2+2*K3+K4)/6;
%车辆模型求解-全主动控制
K1=dt*(dynamic(Aa,Ba1,Xa(:,i),u(:,i))+Ba2*f(:,i+1));
K2=dt*(dynamic(Aa,Ba1,Xa(:,i)+1/2*K1,u(:,i))+ Ba2*f(:,i+1));
K3=dt*(dynamic(Aa,Ba1,Xa(:,i)+1/2*K2,u(:,i))+ Ba2*f(:,i+1));
K4=dt*(dynamic(Aa,Ba1,Xa(:,i)+K3,u(:,i))+ Ba2*f(:,i+1));
Xa(:,i+1)=Xa(:,i)+(K1+2*K2+2*K3+K4)/6;
end
```

```
%结果对比
figure(1);plot(t,1000*Xp(1,:),'k');hold on;plot(t,1000*Xa(1,:'k--'));
grid;xlabel('时间/s');ylabel('车体沉浮位移/mm');
legend('被动控制','全主动控制');
figure(2);ap=Cp*Xp+Dp*u; aa=Ca*Xa+Da1*u+Da2*f;
plot(t,ap,'k');hold on;plot(t,aa,'k--');
grid;xlabel('时间/s');ylabel('车体沉浮加速度/(m/s^2)');
legend('被动控制','全主动控制');
```

其中，dynamic()等价于模型的状态方程，MATLAB中的实现如下：

```
function X=dynamic(A,B,x,u)
X=A*x+B*u;
End
```

求解完成后，通过对比控制前后车体的沉浮加速度来评估控制效果，如图 7-20 所示。可以发现，经过相同的激励时，采用主动控制后车体的沉浮振动整体更加平稳。在1s附近进入阶跃激励处，采用被动控制时车体沉浮加速度将会出现剧烈的变化，这将导致乘客舒适性大大降低，而采用全主动控制后，1s附近车体的振动被明显地被抑制了，没有出现较剧烈的振动情况。这表明采用全主动控制可以明显抑制车体的振动，从而提高车辆的动力学性能。

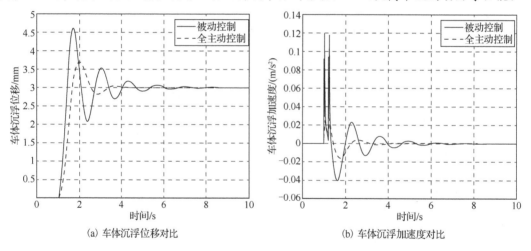

(a) 车体沉浮位移对比　　　　　　　　　　(b) 车体沉浮加速度对比

图 7-20　控制前后车体沉浮振动对比

(2)当采用半主动控制时，如图 7-21 所示，将传统的阻尼器替换为能够调节阻尼系数的可调减振器。此时车辆模型的状态空间方程如下。此时模型的状态量 X_s 及轨道不平顺输入 w 同全主动控制，f 为可调减振器产生的控制力，且始终为耗散力。

$$\begin{cases} \dot{X}_s = A_s X_s + B_{s1} w + B_{s2} f \\ Y_s = C_s X_s + D_{s1} w + D_{s2} f \end{cases}$$

采用半主动控制时，车辆模型的系统方程与采用全主动控制时完全相同，但此时除测量车体沉浮加速度外，还需要额外测量前后可调减振器的两端相对运动速度，以便于后续的阻尼控制，故此时的模型的观测方程有所改变。此时 C_s、D_{s1}、D_{s2} 如下：

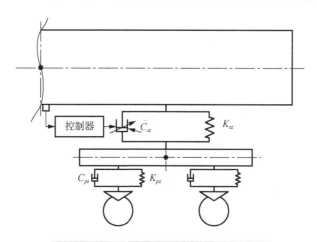

图 7-21　高速列车车辆垂向半主动悬挂控制

$$\boldsymbol{C}_s = \begin{bmatrix} -2K_{sz} & -2C_{sz} & 0 & 0 & K_{sz} & C_{sz} & 0 & 0 & K_{sz} & C_{sz} & 0 & 0 \\ 1 & 0 & l_c & 0 & -1 & 0 & 0 & 0 & 0 & 0 & 0 & 0 \\ 1 & 0 & -l_c & 0 & 0 & 0 & 0 & 0 & -1 & 0 & 0 & 0 \end{bmatrix}^{\mathrm{T}}$$

$$\boldsymbol{D}_{s1} = \boldsymbol{0}, \quad \boldsymbol{D}_{s2} = \begin{bmatrix} -1/M_c & 0 & 0 \\ -1/M_c & 0 & 0 \end{bmatrix}^{\mathrm{T}}$$

在 MATLAB 中建立车辆模型的程序如下：

```
As=Aa;Bs1=Ba1;Bs2=Ba2;
Cs=zeros(3,12);%输出矩阵-半主动控制
Cs(1,:)=As(2,:);Cs(2,:)=[1 0 Lc 0 -1 0 0 0 0 0 0 0];Cs(3,:)=[1 0 -Lc 0 0 0
0 -1 0 0 0];
    Ds1=zeros(1,8);%直接输出矩阵-半主动控制
    Ds2=zeros(3,2);Ds2=[-1/Mc -1/Mc;0 0;0 0];
```

　　下面设计一个 PID 控制器以进行半主动控制。与全主动控制不同的是，半主动控制的可调减振器并不能产生大小和方向可调的控制力，其只能通过改变减振器的阻尼系数来产生不同控制力，此时的控制力与该时刻的阻尼系数及减振器两端的相对运动速度有关。

　　因此，对于半主动控制，这里先设计一个 PID 控制器，以产生理想控制力，然后设计一个阻尼控制器，结合理想控制力以及可调减振器两端的相对运动速度来计算出最终所需的阻尼系数。PID 控制器的形式同(1)，参数选取为 17500、185000、20、0.02，同样地，先将控制转化为状态空间方程。

```
Kp=17500;Ki=185000;Kd=20;T=0.02;%PID 控制器参数
syms s  %将控制转化为状态空间方程
Gc=(Kp+Ki/s+Kd*(1/(1+T*s)));[num,den]=numden(Gc);
num=sym2poly(num);den=sym2poly(den);[Ac,Bc,Cc,Dc]=tf2ss(num,den);
```

　　对于阻尼控制器，假定可调减振器的阻尼系数变化范围为 2～500kN/(m·s⁻¹)，那么阻尼控制器的算法如下：

$$\tilde{C} = \frac{f}{\Delta v}$$

$$\tilde{C} = \begin{cases} C_{\max}, & \tilde{C} \geq C_{\max} \\ \tilde{C}, & C_{\min} < \tilde{C} < C_{\max} \\ C_{\min}, & \tilde{C} \geq C_{\min} \end{cases}$$

式中，f 为 PID 控制器计算出的理想控制力；Δv 为减振器两端相对运动速度；$C_{\max}$、$C_{\min}$ 分别为阻尼系数变化的上下限；$\tilde{C}_{sz}$ 为最终的可调减振器阻尼系数。

阻尼控制器在 MATLAB 中的程序实现如下：

```
function [fc,yc]=controller_c(dv,f)
c=f/dv; cmax=500000;cmin=2000;
if c>=cmax
    yc=cmax;
elseif c<=cmin
    yc=cmin;
elseif c<cmax&&c>cmin
    yc=c;
else
    yc=cmin;
end
fc=yc*dv;
```

下面开始仿真求解，首先进行仿真初始化。

```
dt=0.001;tmax=10;t=0:dt:tmax;
%仿真初始化
Xp=zeros(12,tmax/dt+1)%车辆模型状态量-被动控制
Xs=zeros(12,tmax/dt+1)%车辆模型状态量-半主动控制
Xc=zeros(2,tmax/dt+1);%控制器状态量
u=zeros(8,tmax/dt+1);%模型激励输入
f_c=zeros(2,tmax/dt+1);%控制力
y=zeros(3,tmax/dt+1);%测量值
c=zeros(2,tmax/dt+1);%阻尼值
```

下面根据题意，构造了一组幅值为 3mm，频率为 2π 的正弦激励，作为车辆模型的激励输入，同时考虑了轮对间的相位差。

```
u(1,:)=0.003*sin(2*pi*t);%正弦激励
u(2,:)=0.003*sin(2*pi*t);u(2,:)=circshift(u(2,:),tao2);u(2,1:tao2+1)=0;
u(3,:)=0.003*sin(2*pi*t);u(3,:)=circshift(u(3,:),tao3);u(3,1:tao3+1)=0;
u(4,:)=0.003*sin(2*pi*t);u(4,:)=circshift(u(4,:),tao4);u(4,1:tao4+1)=0;
u(5,:)=0.0075*pi*cos(2*pi*t);
u(6,:)=0.0075*pi*cos(2*pi*t);u(6,:)=circshift(u(6,:),tao2);u(6,1:tao2+1)=0;
u(7,:)=0.0075*pi*cos(2*pi*t);u(7,:)=circshift(u(7,:),tao3);u(7,1:tao3+1)=0;
u(8,:)=0.0075*pi*cos(2*pi*t);u(8,:)=circshift(u(8,:),tao4);u(8,1:tao4+1)=0;
```

完成上述工作后，下面这里使用四阶龙格库塔法进行求解，具体过程如下。

```
for i=1:tmax/dt %四阶龙格库塔法
y(:,i)=Cs*Xs(:,i)+Ds1*u(:,i)+Ds2*f_c(:,i);
 acc=y(1,i);dv1=y(2,i);dv2=y(3,i);%车体沉浮加速度、前后可调减振器两端相对运动速度
%控制器求解
K1=dt*dynamic(Ac,Bc,Xc(:,i),acc);
K2=dt*dynamic(Ac,Bc,Xc(:,i)+1/2*K1,acc);
K3=dt*dynamic(Ac,Bc,Xc(:,i)+1/2*K2,acc);
K4=dt*dynamic(Ac,Bc,Xc(:,i)+K3,acc);
Xc(:,i+1)=Xc(:,i)+(K1+2*K2+2*K3+K4)/6;
f=Cc*Xc(:,i)+Dc*acc;%理想控制力
[fc1,c(:,i)]=controller_c(dv1,f);%前端阻尼力
[fc2,c(:,i)]=controller_c(dv2,f);%后端阻尼力
f_c(:,i+1)=[fc1;fc2];
%车辆模型求解-被动控制
K1=dt*dynamic(Ap,Bp,Xp(:,i),u(:,i));
K2=dt*dynamic(Ap,Bp,Xp(:,i)+1/2*K1,u(:,i));
K3=dt*dynamic(Ap,Bp,Xp(:,i)+1/2*K2,u(:,i));
K4=dt*dynamic(Ap,Bp,Xp(:,i)+K3,u(:,i));
Xp(:,i+1)=Xp(:,i)+(K1+2*K2+2*K3+K4)/6;
%车辆模型求解-半主动控制
K1=dt*(dynamic(As,Bs1,Xs(:,i),u(:,i))+Bs2*f_c(:,i+1));
K2=dt*(dynamic(As,Bs1,Xs(:,i)+1/2*K1,u(:,i))+Bs2*f_c(:,i+1));
K3=dt*(dynamic(As,Bs1,Xs(:,i)+1/2*K2,u(:,i))+Bs2*f_c(:,i+1));
K4=dt*(dynamic(As,Bs1,Xs(:,i)+K3,u(:,i))+Bs2*f_c(:,i+1));
Xs(:,i+1)=Xs(:,i)+(K1+2*K2+2*K3+K4)/6;
end
%结果对比
figure(1);plot(t,1000*Xp(1,:),'k');hold on;plot(t,1000*Xs(1,:),'k--');
grid;xlabel('时间/s');ylabel('车体沉浮位移/mm');
legend('被动控制','半主动控制');
figure(2);yp=Cp*Xp;ys=Cs*Xs+Ds2*f_c;
plot(t,yp(1,:),'k');hold on;plot(t,ys(1,:),'k--');
grid;xlabel('时间/s');ylabel('车体沉浮加速度/(m/s^2)');
legend('被动控制','半主动控制');
```

　　求解完成后，通过对比控制前后车体的沉浮加速度来评估控制效果，如图 7-22 所示。可以发现，经过相同的正弦激励时，采用半主动控制后车体的沉浮振动整体更加平稳。经过计算，采用半主动控制后，车体沉浮位移的均方根由 0.0024m/s^2 减小至 0.0018m/s^2，降低了 25%，车体沉浮加速度的均方根由 0.092m/s^2 减小至 0.067m/s^2，降低了 27%。这表明采用半主动控制可以明显抑制车体的振动，从而提高车辆的动力学性能。

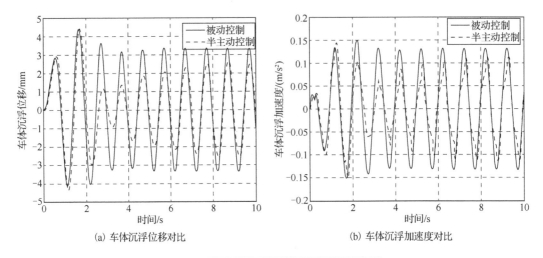

(a) 车体沉浮位移对比　　　　　　　　(b) 车体沉浮加速度对比

图 7-22　半主动控制前后车体沉浮振动对比

习　题

7-1　控制系统的性能指标有哪些类型？

7-2　什么叫校正？校正有哪些方法？

7-3　控制系统的校正与控制系统的设计有何区别？

7-4　试说明相位超前校正、相位滞后校正及相位滞后-超前校正的使用条件。

7-5　串联校正与反馈校正有什么异同？

7-6　顺馈校正与前馈校正有什么异同？

7-7　试写出 PID 控制的微分方程模型和传递函数模型，并说明微分和积分对控制系统的性能的影响。

7-8　设单位负反馈控制系统开环传递函数为 $G_k(s) = \dfrac{K}{s(s+1)}$，若要求在单位斜坡输入信号作用时，系统的稳态误差 $e_{ss} = 0.1$，校正后开环系统的幅值穿越频率为 $\omega_c = 4.4\text{rad/s}$，相位裕度 $\gamma \geqslant 45°$，幅值裕度 $K_g \geqslant 10\text{dB}$，试设计相位超前校正环节 $G_c(s)$，并采用 MATLAB 编程绘出校正环节的 Bode 图，验证设计系统是否满足要求。

7-9　设单位反馈控制系统的开环传递函数为 $G_k(s) = \dfrac{8}{s(2s+1)}$，若采用相位滞后-超前校正装置控制器 $G_c(s) = \dfrac{(10s+1)(2s+1)}{(100s+1)(0.2s+1)}$ 对系统进行串联校正，试绘制系统校正前后的对数幅频特性的渐近线，并计算系统校正前后的相位裕度。

7-10　设单位负反馈系统开环传递函数为 $G_k(s) = \dfrac{10}{s(s+1)}$，若希望系统校正后的开环 Bode 图如图 7-23 所示，求所需串联校正环节 $G_c(s)$ 的传递函数，并绘制出校正环节 $G_c(s)$ 的 Bode 图。

7-11 控制系统方框图如图 7-24 所示。

(1)当输入信号 $x_i(t) = t$ 时，要求系统的稳态误差为 0.2，在图 7-24 的基础上设计一个校正环节 $G_{c1}(s)$，并绘制出带校正环节的控制系统方框图。

(2)当输入信号 $x_i(t) = 5\sin 2t$ 时，要求系统的稳态误差为 0，设计一个校正环节 $G_{c2}(s)$，并绘制出带校正环节的控制系统方框图。

7-12 设控制系统方框图如图 7-25 所示，$X_i(s)$ 为系统的输入信号，$X_o(s)$ 为系统的输出信号，$N(s)$ 系统干扰信号。其中，$K_1 = 2$，$K_2 = 5$，$K_3 = 1$，$K_4 = 10$。试设计校正环节 $G_c(s)$，使控制系统完全消除干扰对系统输出的影响。

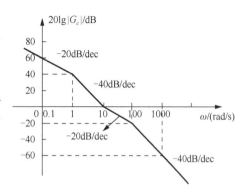

图 7-23　系统校正后的开环 Bode 图

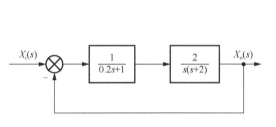

图 7-24　控制系统方框图(一)

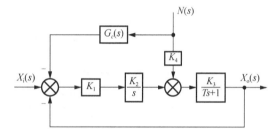

图 7-25　控制系统方框图(二)

参 考 文 献

陈春俊，2011. 控制工程基础. 成都：西南交通大学出版社.

陈春俊，张洁，戴松涛，2007. 控制原理与系统实验教程. 成都：西南交通大学出版社.

董景新，赵长德，郭美凤，等，2015. 控制工程基础. 4 版. 北京：清华大学出版社.

董玉红，2003. 机械控制工程基础学习指导. 哈尔滨：哈尔滨工业大学出版社.

韩利竹，王华，2003. MATLAB 电子仿真与应用. 北京：国防工业出版社.

胡寿松，2019. 自动控制原理. 7 版. 北京：科学出版社.

黄忠霖，2007. 自动控制原理的 MATLAB 实现. 北京：国防工业出版社.

姜素霞，冯巧玲，丁莉芬，等，2018. 自动控制原理. 3 版. 北京：北京航空航天大学出版社.

刘明俊，于明祁，杨泉林，2000. 自动控制原理. 长沙：国防科技大学出版社.

柳洪义，罗忠，宋伟刚，等，2011. 机械工程控制基础. 2 版. 北京：科学出版社.

钱学森，2007. 工程控制论(新世纪版). 戴汝为，何善堉，译. 上海：上海交通大学出版社.

王广雄，何朕，2008. 控制系统设计. 北京：清华大学出版社.

王建辉，顾树生，2014. 自动控制原理. 2 版. 北京：清华大学出版社.

王显正，莫锦秋，王旭永，2020. 控制理论基础. 3 版. 北京：科学出版社.

吴麒，王诗宓，2006. 自动控制原理. 2 版. 北京：清华大学出版社.

熊良才，杨克冲，吴波，2013. 机械工程控制基础学习辅导与题解(修订版). 武汉：华中科技大学出版社.

绪方胜彦，2006. 现代控制工程. 4 版. 北京：清华大学出版社.

薛定宇，2012. 控制系统计算机辅助设计——MATLAB 语言与应用. 3 版. 北京：清华大学出版社.

杨叔子，杨克冲，吴波，等，2018. 机械工程控制基础. 7 版. 武汉：华中科技大学出版社.

赵长德，郭美凤，董景新，等，2007. 控制工程基础实验指导. 北京：清华大学出版社.

FRANKLIN G F，POWELL J D，NAEINI A E，2002. Feedback control of dynamic systems. 4th ed. Boston: Addison-Wesley Publishing Company.

GUPTA S，2004. Elements control systems. 北京：机械工业出版社.

KUO B C，1975. Automatic control systems. New York: Prentice-Hall, Inc.